生物质催化转化技术

时君友　编著

科学出版社

北　京

内 容 简 介

本书首先介绍了可再生能源、生物质能等发展与开发现状，然后对生物质催化转化技术进行了深入分析，对生物质能资源的生产与再生产、生物质与生物质催化转化技术和平台等理论进行了阐述，在此基础上对生物质催化转化的单元操作、过程工程、前处理平台、后处理平台、多联产模式、制备新型平台化合物等进行了全面研究，最后对生物航空燃料的发展背景、制备工艺、面临的挑战与展望进行了简要介绍。

本书既可作为能源、化工、材料、环境、机械等相关学科的师生阅读材料，也可供该技术相关人员及关注该技术的人员参考。

图书在版编目(CIP)数据

生物质催化转化技术/时君友编著. —北京：科学出版社，2019.6
ISBN 978-7-03-061109-3

Ⅰ. ①生… Ⅱ. ①时… Ⅲ. ①生物质-转化-研究 Ⅳ. ①TK62

中国版本图书馆 CIP 数据核字(2019)第 080341 号

责任编辑：霍志国 孙静惠/责任校对：杜子昂
责任印制：吴兆东/封面设计：东方人华

科学出版社出版
北京东黄城根北街 16 号
邮政编码：100717
http://www.sciencep.com
北京中石油彩色印刷有限责任公司 印刷
科学出版社发行 各地新华书店经销
*
2019 年 6 月第 一 版 开本：720×1000 B5
2020 年 1 月第二次印刷 印张：14
字数：281 000

定价：98.00 元
(如有印装质量问题，我社负责调换)

前　　言

人类从征服自然的工业文明走向善待自然的生态文明，要想实现可持续发展，首先要保护地球，寻找可以替代石油资源的有形工业通用原料。生物质是太阳能的有效储存器，现已成为清洁可再生资源研究和应用的核心。

生物质催化转化技术与物理、化学转化技术相比，具有清洁、高效、温和的特点，其在研究和应用领域中备受关注。

本书前 3 章是对生物质和生物质催化转化的理论概述。第 4～6 章围绕生物质催化转化技术，解析生物质催化转化过程中的各个单元操作，论述各个单元操作对应的技术平台，深入分析各个技术平台的技术优势、限制因素及突破点，为生物质催化转化技术的进一步研究提供参考。第 7 章提出以生物质催化转化可再生能源为核心的多联产模式，为生物质催化转化技术的工业化生产发展提供了技术依据。第 8 章介绍生物质催化转化制备新型平台化合物。第 9 章介绍生物航空燃料的制备。本书内容全面，逻辑严谨，结构清晰，技术具有前沿性。

本书既可作为能源、化工、材料、环境、机械等相关学科的师生阅读材料，也可供相关人员及关注该技术的相关人员参考。

编著者

2019 年 5 月

目　录

第1章　绪　　论

生物质能是人类利用最早的能源之一，具有分布广、可再生、成本低等优点。现阶段，生物质能约占全球能源供给量的10%，其中约2/3的生物质资源应用在发展中国家。我国作为人口众多的农业国家，生物质能在能源结构中占有相当重要的地位，尤其在广大农村地区，生物质能曾经是最重要的能源。然而，如果生物质能以直接燃烧为主，不仅热效率低下，而且伴随着大量的烟尘和余烬，成为阻碍农村经济和社会进步的重要因素之一。随着科学技术的发展和进步，生物质能可以通过各种转换技术高效地加以利用，生产各种清洁燃料和供电，以代替煤炭、石油和天然气等矿物燃料。所以，开发与利用生物质能源，对实现可持续发展、保障国家能源安全、改善生存环境和减少二氧化碳排放都具有重要作用和实际意义。

1.1　我国可再生能源发展现状与生物质能的组成

1.1.1　我国可再生能源的发展现状

一次能源可以进一步分为可再生能源和不可再生能源两大类。在自然界中经过亿万年形成，短期内无法恢复且随着大规模的开发利用，其储量越来越少并终将枯竭的能源称为不可再生能源，包括煤、原油、天然气、油页岩、核能等，它们是不能再生的。可再生能源包括太阳能、水能、风能、生物质能、波浪能、潮汐能、海洋温差能等。受全球气候变化和石油价格上涨的影响，可再生能源的开发利用受到国际社会的广泛关注，各国纷纷提出了明确的发展目标，制定了扶持可再生能源发展政策法规，使可再生能源应用技术水平不断升级、提高，相关产业规模逐步扩大，使可再生能源成为推进能源多样化和实现可持续发展的重要能源。

1997年，欧盟提出，能源消费结构中，1996～2010年可再生能源在一次能源消费中的比例要从6%提高到12%，在总发电量中，可再生能源发电量占比从14%提高到22%。2007年年初，欧盟又拟定新的发展目标，要求到2020年，可再生能源消费占全部能源消费的20%，在全部发电量中可再生能源发电量占30%。美国、巴西、日本、澳大利亚、印度等国也制定了明确的发展目标，促进可再生能源的发展。

我国资源潜力大、发展前景好的可再生能源主要包括水能、生物质能、风能、太阳能、地热能及海洋能。经过多年发展，我国在可再生能源方面取得了较大的进步，风电、光伏发电、太阳能热利用和生物质能的高效利用也取得了明显进展，这些都为调整能源结构、保护环境、促进经济和社会发展做出了重大贡献。

1. 水能

水力发电是指将水能转换为电能的工程建设和生产运行等。水能是取之不尽、用之不竭的清洁能源，它仅利用大自然所赋予的能量，不消耗水，也不产生污染。水力发电是目前最成熟的可再生能源发电技术，在世界各地得到广泛应用。当前，经济发达国家的水能资源已基本开发完毕，水电建设主要集中在发展中国家。根据初步统计，截至 2018 年年底，我国水电总装机容量约 3.5 亿 kW，年发电量约 1.2 万亿 kW·h，双双继续稳居世界第一。此外，据不完全统计，截至 2018 年年底，我国大陆已建 5 万 kW 及以上大中型水电站约 640 座。

2. 风能

风电又称风能发电或者风力发电。根据最新风能资源评价，我国陆地可利用风能资源约 3 亿 kW，近岸海域可利用风能资源 7 亿 kW，总计约 10 亿 kW。风能资源主要分布在东北、华北北部和西北地区，以及东部沿海陆地、岛屿及近岸海域。近年来，并网风电机组的单机容量不断增大，随着风电的技术进步和应用规模的扩大，风电成本持续下降，其经济性与常规能源已十分接近。全球风能理事会发布的报告指出，截至 2017 年年底，全球风电累计装机容量达到 539 123MW，过去 16 年复合增长率为 21.50%。从全球风电累计装机容量的分布看，截至 2017 年年底，全球风电市场主要集中在中国、美国、德国、印度和西班牙。其中，中国累计装机容量达到 188 392MW，位居世界第一；美国累计装机容量 89 077MW，位居世界第二。风电作为现阶段发展最快的可再生能源之一，在全球电力生产结构中的占比正在逐年上升，拥有广阔的发展前景。未来全球风电累计装机容量仍将以每年 9.5%左右的速度保持稳定增长，并将在 2022 年达到 840.90GW。另外，未来全球风电新增装机容量也将继续保持稳定增长，预计每年新增装机容量都能达到 50GW 以上。

3. 太阳能

太阳能是指太阳的热辐射能，太阳能的利用有光电转换和光热转换两种方式，太阳能的利用形式主要包括光伏发电、太阳能热发电。我国 2/3 的国土面积年日照在 2200h 以上，年太阳辐射总量大于每平方米 5000MJ/m^2，属于太阳能利用条件较好的地区。西藏、青海、新疆、甘肃、内蒙古、山西、陕西、河北、山东、辽宁、吉林、云南、广东、福建、海南等地区的太阳辐射能量较大，尤其是青藏高原太阳能资源最为丰富。

近年来并网光伏发电飞速发展，其市场容量已超过分散光伏电源。此外，太阳能的热利用技术成熟，运行成本低，正在大规模应用。2018年前三季度，我国光伏发电新增装机容量3454.4万kW，同比下降19.7%，其中，光伏电站1740.1万kW，同比减少37.2%；分布式光伏1714.3万kW，同比增长12%。截至9月底，全国光伏发电装机容量达到16 474.3万kW，其中，光伏电站11 794.1万kW，分布式光伏4680.2万kW。前三季度光伏发电量1338.3亿kW·h，同比增长56.2%；弃光率2.9%，同比下降2.7%。

4. 地热能

地热能是指由地壳抽取的天然热能，这种能量来自地球内部的熔岩，并以热力形式存在。地热资源在全球的分布主要集中在3个地带：第一个是环太平洋带，包括美国西海岸、新西兰、印度尼西亚、菲律宾、日本以及中国台湾；第二个是大西洋中脊带，大部分在海洋，北端穿过冰岛；第三个是从地中海到喜马拉雅山，包括意大利和我国西藏地区。地热能的利用主要包括发电和热利用两种方式，目前这两种技术均比较成熟。据初步勘探，我国地热资源以中低温为主，适用于工业加热、建筑采暖、保健疗养和种植养殖等，资源遍布全国各地。适用于发电的高温地热资源较少，主要分布在藏南、川西、滇西地区，可装机容量潜力约为600万kW。目前我国地热发电总装机容量约为2.78万kW，据初步估算，全国可采地热资源量约相当于33亿t标准煤。国土资源部(现自然资源部)发布的数据表明，我国浅层地温能的资源量相当于95亿t标准煤，年可利用量约3.5亿t标准煤；常规地热能的资源量相当于8530亿t标准煤，年可利用量约6.4亿t标准煤；增强型地热能的理论资源量相当于860万亿t标准煤，为2013年全国能源消费总量的20多万倍。其中，西藏地热蕴藏量居我国首位，其地热资源发电潜力超过100万kW·h。羊八井地热电厂自从1977年9月第1台0.1万kW试验机组试运行成功后，装机容量最高曾达2.5万kW，目前约2.1万kW，占拉萨电网总装机容量的41.5%。在冬季枯水季节，地热发电量占拉萨电网的60%，成为其主力电网之一，为缓解拉萨市电力紧缺、促进经济发展做出了重大贡献。

5. 海洋能

潮汐发电是海洋能利用的主要方式，是指通过储水库，在涨潮时将海水储存在水库内，以势能的形式保存，在落潮时放出海水，利用高、低潮位之间的落差，推动水轮机旋转，带动发电机发电。潮汐发电、波浪发电和洋流发电等海洋能的开发利用也取得了较大进展，初步形成规模的主要是潮汐发电。1967年朗斯潮汐电站在法国投入商业运行，该电站是世界上第一座大型潮汐电站；2011年韩国始华湖潮汐电站建成发电，装机容量为25.4万kW，成为当时世界上最大的潮汐发电站。我国拥有丰富的海洋能资源，其中潮流能资源非常密集，我国近海是世界上潮流能功率密度最大的地区之一。我国潮汐能的资源蕴藏量约为1.1亿kW，可开发总装机容量为2179万kW，年发电量可达624亿kW·h，主要集中在福建、浙江、江苏等沿海地区。我国潮汐能资源丰富，开发和生产新一代高效可靠的潮流发电机，对于我国实施可再生能源发展战略将起到巨大的推动作用。

1.1.2 生物质能的组成

生物质能作为重要的可再生能源，其资源丰富，利用方式多样，能源产品多元，社会经济效益显著。

我国生物质能资源主要有农作物秸秆、树木枝丫、能源作物(植物)、工业有机废水、城市生活污水和废弃物等。国家能源局公布的数据显示，我国农作物秸秆年产生量约6亿t，除部分作为畜牧饲料和造纸原料外，大约3亿t可作为燃料使用，折合约1.5亿t标准煤。林木枝叶和林业废弃物年可获得量约9亿t，大约3亿t可作为能源利用，折合约2亿t标准煤。甜高粱、小桐子、黄连木、油桐等能源作物(植物)可种植面积达2000多万hm^2，可满足年产量约5000万t生物液体燃料的原料需求。畜禽养殖和工业有机废水理论上可年产沼气约800亿m^3。全国城市生活垃圾年产生量约1.2亿t。目前，我国生物质资源可转换为能源的潜力约5亿t标准煤，今后随着造林面积的扩大和经济社会的发展，生物质资源转换为能源的潜力可达10亿t标准煤。

“十二五”时期，我国生物质能产业发展较快，开发利用规模不断扩大，生物质发电和液体燃料形成一定规模。生物质成型燃料、生物天然气等发展已起步，呈现良好势头。“十三五”时期是实现能源转型升级的重要时期，是新型城镇化建设、生态文明建设、全面建成小康社会的关键时期，生物质能面临产业化发展的重要机遇。根据国家《能源发展“十三五”规划》和《可再生能源发展“十三五”规划》，制定《生物质能发展“十三五”规划》(以下简称“《规划》”)。《规划》分析了国内外生物质能发展现状，阐述了“十三五”时期我国生物质能产业发展的指导思想、基本原则、发展目标、发展布局和建设重点，提出了保障措施，是“十三五”时期我国生物质能产业发展的基本依据。

现代生物质能的发展目的是高效、清洁地将生物质转化为优质能源，包括电力、燃气、液体燃料和固体成型燃料等。

1. 生物质能发电

生物质能发电主要是以农业、林业和工业废弃物或城市垃圾为原料，采取直接燃烧或气化等方式发电，将生物质能转化为电能。

2011 年 11 月，广东省粤电集团有限公司宣布，由该集团投资的世界上装机容量最大的生物质电厂正式投入商业运营。广东粤电湛江生物质发电项目为 2 台 5 万 kW 机组，其中 1 号机组已于 2011 年 8 月底投运；2 号机组现已顺利通过 (72+24) h 满负荷试运行，试运期间，机组平均负荷率达 100.6%，各项技术参数指标优良。到 2017 年年底，全国生物质发电并网装机容量 1476 万 kW（不含自备电厂），同比增长 21.6%；2017 年生物质发电量 795 亿 kW·h，同比增长 22.9%。我国《生物质发电“十三五”规划布局方案》将“十三五”生物质发电规模目标提升至 2334 万 kW，为原“十三五”规划目标的 155.6%，我国生物质发电行业进入发展快车道。

我国生物质发电主要包括蔗渣、垃圾、稻壳等农林废弃物的气化发电和沼气发电等。在引进国外垃圾焚烧发电技术和设备的基础上，经过消化吸收，我国现已基本具备制造垃圾焚烧发电设备的能力，建设了一些垃圾填埋气发电示范项目。虽然我国生物质发电发展较快，但总体来看，我国在生物质发电的原料收集、净化处理、燃烧设备制造等方面与国际先进水平还有一定差距。

2. 生物质固体成型燃料

生物质固体成型燃料是指在外力作用下，以生物质中的木质素充当黏合剂，将分散的秸秆、木屑或树枝等农林生物质压缩成棒状、块状或颗粒状等具有一定形状和密度的成型燃料。秸秆、木屑、锯末等生物质结构松散、能量密度低，热效率仅为 10%左右，且不易保存、不便运输。生物质经固化成型后，体积压缩比为 7～10，燃烧效率平均提高 20%～30%，便于储存、运输和处理。

《可再生能源中长期发展规划》指出，到 2020 年，生物质固体成型燃料将成为普遍使用的一种优质燃料。生物质固体成型燃料的生产包括两种方式：一种是分散方式，在广大农村地区采用分散的小型化加工方式，就近利用农作物秸秆，主要用于解决农民自身用能需要，剩余量作为商品燃料出售；另一种是集中方式，在有条件的地区，建设大型生物质固体成型燃料加工厂，实行规模化生产，为大工业用户或城乡居民提供生物质商品燃料。全国生物质固体成型燃料年利用量达到 5000 万 t。

3. 生物质燃气

生物质燃气就是利用农作物秸秆、林木废弃物、食用菌渣、禽畜粪便及一切可燃性物质作为原料转化为可燃性气态能源。生物质燃气主要包括沼气和生物质气化气。

(1) 沼气是指利用厌氧消化将有机垃圾、废弃农作物及人畜粪便等生物质转化为燃料气体，其主要成分为甲烷，沼气经提纯压缩后可进入天然气管道，也可作为车用燃料。

(2)生物质气化气是指利用热化学途径将生物质转化为燃料气体，即在高温条件下使生物质发生不完全燃烧和热解，产生可燃气体，含有一氧化碳、氢气、甲烷以及富氢化合物。

2018 年上半年全国沼气总产量达 25.3 亿 m^3，处理废弃物工程达到 143 649 个，净化沼气池 198 347 个。目前全国沼气用户已达 9166 万户，受益人口约 3.6 亿人。建成大型畜禽养殖场沼气工程和工业有机废水沼气工程约 1500 处，年产沼气约 10 亿 m^3。沼气技术已从单纯的能源利用发展成废弃物处理和生物质多层次综合利用，并广泛地同养殖业、种植业相结合，成为发展绿色生态农业和巩固生态建设成果的一个重要途径。沼气工程的零部件已实现了标准化生产，沼气技术服务体系已比较完善。

在农村地区主要推广户用沼气，特别是与农业生产相结合的沼气技术。在中小城镇发展以大型畜禽养殖场沼气工程和工业废水沼气工程为气源的集中供气。到 2020 年，约 8000 万户(约 3 亿人)农村居民生活燃气主要使用沼气，年沼气利用量约 300 亿 m^3。我们应充分利用沼气和农林废弃物气化技术，提高农村地区生活用能的燃气比例，并把生物质气化技术作为解决农村废弃物和工业有机废弃物环境治理的重要措施。

4. 生物液体燃料

生物液体燃料是指利用生物质资源生产的甲醇、乙醇、生物柴油、生物航空煤油等液体燃料，主要用于替代石化燃油作为运输燃料。随着国际石油市场供应紧张和价格上涨，发展生物乙醇和生物柴油等生物液体燃料已成为替代石油燃料的重要方向。

目前，我国生产使用的生物液体燃料主要包括生物乙醇和生物柴油。2017 年我国生物乙醇总产量突破 356 万 t，成为世界上继美国、巴西之后第三大生物乙醇生产国。

根据我国土地资源和农业生产的特点，合理选育和科学种植能源植物，建设规模化原料供应基地和大型生物液体燃料加工企业。不再增加以粮食为原料的生物乙醇生产能力，合理利用非粮生物质原料生产生物乙醇。重点发展以木薯、甘薯、甜高粱等为原料的生物乙醇技术，以及以小桐子、黄连木、油桐、棉籽等油料作物为原料的生物柴油生产技术，逐步建立餐饮等行业的废油回收体系。从长远考虑，要积极发展以纤维素生物质为原料的生物液体燃料技术。目前，已重点在东北、山东等地，建设了若干个以甜高粱为原料的生物乙醇试点项目；在广西、重庆、四川等地，建设了若干个以薯类作物为原料的生物乙醇试点项目；在四川、贵州、云南、河北等地，建设了若干个以小桐子、黄连木、油桐等油料作物为原料的生物柴油试点项目。到 2020 年，生物乙醇年利用量达到 1000 万 t，生物柴油年利用量达到 200 万 t，总计年替代约 1200 万 t 成品油。

1.2　生物质能发展现状

1.2.1　生物质能与“十三五”规划

《可再生能源中长期发展规划》、《生物质能发展“十三五”规划》中提出了从当前到 2020 年我国生物质能发展的指导思想、发展任务、发展目标以及保障措施，以便指导我国生物质能的发展。

“十三五”时期，生物质能发展的主要目标如表 1-1 所示：到 2020 年，生物质能产业形成较大规模，在电力、供热、农村生活用能领域初步实现商业化和规模化利用，在交通领域扩大替代石油燃料的规模。生物质能利用技术和生产重大装备技术的能力显著提高，出现一批技术创新能力强、规模较大的新型生物质能企业，形成较为完整的生物质能产业体系。

表 1-1　“十三五”时期生物质能发展的主要目标

利用方式	利用规模		年产量		替代化石能源/(万 t/a)
	数量	单位	数量	单位	
1. 生物质发电	1500	万 kW	900	亿 kW·h	2660
2. 生物天然气			80	亿 m^3	960
3. 生物质成型燃料	3000	万 t			1500
4. 生物液体燃料	600	万 t			680
生物燃料乙醇	400	万 t			380
生物柴油	200	万 t			300
总计					5800

《可再生能源中长期发展规划》明确指出，2007 年之后的 15 年我国可再生能源发展的总目标是：提高可再生能源在能源消费中的比重，解决偏远地区无电人口用电问题和农村生活燃料短缺问题，推行有机废弃物的能源化利用，推进可再生能源技术的产业化发展。

我国探明的石油、天然气资源贫乏，单纯依靠石化能源难以实现经济、社会和环境的协调发展。生物质能技术已经成熟或接近成熟，具有大规模开发利用的良好前景。加快发展生物质能的规模化应用，降低煤炭在能源消费中的比重，是我国生物质能发展的首要目标。

1.2.2　生物质能发展的基本原则

1. 坚持资源的开发利用与经济、社会和环境相协调

生物质能的发展既要重视规模化的开发利用，不断提高生物质能在能源供应中的比重，也要重视生物质能对解决农村能源问题、发展循环经济，以及建设资源节约型、环境友好型社会的作用，更要重视与环境和生态保护的协调。要根据资源条件和经济社会发展的需要，在保护环境和生态系统的前提下，科学规划，因地制宜，合理布局，有序开发。特别是要高度重视生物质能开发与粮食和生态环境的关系，不能违法占用耕地，不能大量消耗粮食，不能破坏生态环境。

2. 坚持市场开发与产业发展互相促进

对资源潜力大、商业化发展前景好的风电和生物质发电等新兴生物质能，在加大技术开发投入力度的同时，采取必要措施扩大市场需求，以持续稳定的市场需求为生物质能产业的发展创造有利条件。建立以自我创新为主的生物质能技术开发和产业发展体系，加快生物质能的技术进步，提高设备制造能力，并通过持续的规模化发展提高生物质能的市场竞争力，为生物质能的大规模发展奠定基础。

3. 坚持近期开发利用与长期技术储备相结合

积极发展未来具有巨大潜力、近期又有一定市场需求的生物质能技术。既要重视近期适宜应用的水电、生物质发电、沼气、生物质固体成型燃料、风电和太阳能热利用，也要重视未来发展前景良好的太阳能光伏发电、生物液体燃料等生物质能技术。

4. 坚持政策激励与市场机制相结合

国家通过经济激励政策支持采用生物质能技术解决农村能源短缺和无电问题，发展循环经济。同时，国家建立促进生物质能发展的市场机制，运用市场化手段调动投资者的积极性，提高生物质能的技术水平，推进生物质能的产业化发展，不断提高生物质能的竞争力，使生物质能在国家政策的支持下得到更大规模的发展。

1.2.3　生物质能的发展方式

根据各地生物质资源条件和用能特点，加快推广应用技术已基本成熟、具备产业化发展条件或产业化有一定基础的生物质燃气、发电、成型燃料和液体燃料等多元化利用技术，推进生物质能规模化、产业化发展，提高生物质能梯级综合

利用的水平。

1. 有序发展生物质发电

(1)在发展农林生物质发电方面，在秸秆剩余物资源较多、人均耕地面积较大的粮棉主产区，有序发展秸秆直燃发电，提高发电效率；在重点林区和林产品加工集中地区，结合林业生态建设，利用林业三剩物①和林产品加工剩余物发展林业生物质直燃发电，结合能源林种植，建设林醇电综合利用工程；结合防沙治沙，建设灌木林种植基地，发展沙生灌木平茬剩余物直燃发电及综合利用工程；在甘蔗种植主产区和蔗糖加工集中区推进蔗渣直燃发电。鼓励将生物质发电与纤维素乙醇、生物柴油及生物化工相结合，实现生物质梯级利用。鼓励发展生物质热电联产，提高能源利用效率。预计2020年，农林生物质发电将达到1312万kW。

(2)在城市垃圾发电方面，结合城市生态环境保护选择适宜的生活垃圾、污水处理厂污泥处理及能源利用方式，推进垃圾处理减量化、资源化、无害化。在人口密集、土地资源紧张的中东部城市，合理布局生活垃圾焚烧发电项目。在西部地区采取垃圾填埋方式处理垃圾的城市建设填埋场沼气发电项目，大力推动垃圾发电关键设备和清洁燃烧技术的进步。《生物质发电“十三五”规划布局方案》提出，到2020年我国垃圾焚烧发电1022kW。

(3)在沼气发电方面，在农村生物质资源比较丰富、人口密集的乡镇，发展分布式生物质燃气发电项目；依托大型畜禽养殖场，结合污染治理，建设大型畜禽养殖废弃物沼气发电项目；积极推动造纸、酿酒、印染、皮革等工业有机废水和城市生活污水处理沼气发电项目。《生物质能发展“十三五”规划》目标为，到2020年，沼气发电50万kW，生物质发电总装机容量达到1500万kW，年发电量900亿kW·h。

2. 加快发展非粮生物液体燃料

建设非粮能源原料基地，在盐碱地、荒草地、山坡地等未开发荒地较多的地区，根据当地自然条件和作物植物特点，种植甜高粱、木薯、油棕、小桐子等能源作物植物，建设非粮生物液体燃料的原料供应基地。“十二五”期末，建成油料能源林基地200万hm^2。

重点突破高效低成本的非粮生物质液体燃料原料生产、处理和制备技术瓶颈，建设万吨级生物质制备液体燃料及多产品联产综合利用示范工程，推进生物

① 林业三剩物是采伐剩余物、造材剩余物和加工剩余物的统称。采伐剩余物指枝丫、树梢、树皮、树叶、树根及藤条、灌木等；造材剩余物指造材截头；加工剩余物指板皮、板材、木竹截头、锯末沫、碎单板、木芯、刨花、木块、边角余料等。

质液体燃料与其他替代石油基原料化工产品的规模化生产及生物质全株梯级综合利用。完善原料供应体系，有序开发利用废弃油脂资源和非食用油料资源发展生物柴油。推进利用纤维素生产燃料乙醇、丁醇等的示范，加大油藻、纤维素生物柴油和生物航空燃料等前沿技术的研发力度，推动产业化示范与市场应用。截至2017年末，我国燃料乙醇合计产能288万t/a，年表观消费量约260万t。

3. 积极推广生物质燃气

积极推进生物质燃气集中供气，《生物质能发展“十三五”规划》中提出，到2020年建设160个生物天然气示范点，年产量达到80亿m^3；到2030年超过400亿m^3，国内生物质燃气主要用于绿色公交、工业改造和居民燃气等。在居住区域附近有规模化畜禽养殖场的地区，优先发展沼气集中供气，建设大中型沼气集中供气工程。结合工业有机废水和城市污水处理，建设利用工业有机废水、城市生活污水和污泥中的有机物生产沼气的集中供气工程。

农村沼气转型升级取得重大进展，产业体系基本完善，多元协调发展的格局基本形成，以沼气工程为纽带的种养循环发展模式更加普及，科技支撑与行业监管能力显著提升，服务体系与政策体系更加健全。农村沼气在处理农业废弃物、改善农村环境、供给清洁能源、助推循环农业发展和新农村建设等方面的作用更加突出。

“十三五”期间农村沼气工程总投资500亿元，其中，规模化生物天然气工程181.2亿元，规模化大型沼气工程133.61亿元，中型沼气工程91亿元，小型沼气工程59亿元，户用沼气33.3亿元，沼气科技创新平台1.89亿元。

4. 推进生物质成型燃料产业化

生物质成型燃料具有原料适应范围广、规模适应性强、易于运输储存等特点，作为供热燃料，是一种经济实用的方式。在“十三五”时期，积极推动生物质成型燃料在商业设施与居民采暖中的应用。结合当地关停燃煤锅炉进程，发挥生物质成型燃料锅炉供热面向用户侧布局灵活、负荷响应能力较强的特点，以供热水、供蒸汽、冷热联供等方式，积极推动在城镇商业设施及公共设施中的应用。结合农村散煤治理，在政策支持下，推进生物质成型燃料在农村炊事采暖中的应用。

1.3　国外生物质能开发利用概况

自从1981年8月在内罗毕召开联合国新能源和可再生能源会议以来，许多国家对能源、环境和生态问题越来越重视，特别是利用现代新能源技术和新材料来开发包括生物质能在内的新能源，备受各国关注。生物质能的技术研究和开发利用已成为世界重大热门课题之一，许多国家都制订了相应的开发研究计划，如日本的阳光计划、印度的绿色能源工程、巴西的酒精能源计划等。另外，生物质碳排放具有特殊性：生物液体燃料的碳排放重新被植物吸收存在延迟，碳补偿时间(carbon payback)、碳排放与全碳循环分析(carbon emission and analysis of total carbon cycle)因生物质原料来源不同而有差异。现阶段，各国针对生物质原料的种类和土地来源制订了相应更细的政策，以推荐或限制使用某些特定生物质原料，鼓励使用空地荒地等边际土地，维持森林可持续性。

1.3.1 美国

2002 年《美国生物质能技术发展路线图》、《美国生物质能与生物基产品展望》对美国生物质资源研究做出了远景规划。美国农业部和能源部在 2012 年 11 月详细规划了生物质能源原料来源，主要集中在四个方面：林业生物质资源、农业生物质资源、畜禽粪便、污水及固体废弃物。现阶段美国每年生物质可利用量为 13 亿 t；生物质能利用占一次能源消耗总量的 4.6%左右。

生物质成型燃料利用：美国主要以生物质直燃发电方式加以利用，85%的木材加工废弃物和林业废弃物用于生物质直燃发电，除了生物质直燃发电(2013 年直燃发电占生物质发电总量的 66%)，美国生物质发电中，垃圾填埋场沼气占 16%，有机市政垃圾占 12%和其他废弃物发电占 6%。

液体燃料利用：美国是全球最大的生物乙醇和生物柴油生产国。近年来美国生物燃料生产主要有两个挑战：①汽车效率提高，燃料需求减少；②电动汽车和天然气汽车竞争。除了传统的玉米乙醇工厂，美国也在积极推进非粮生物质能的发展。其中，KiOR Columbus Ⅱ 主要发展依靠松木碎片生产生物汽油和生物柴油的技术，技术的核心部分是其催化专利系统，这个系统是在现有的在石油精炼上使用了超过 60 年的流化催化裂化(fluid catalytic cracking，FCC)技术基础上建立的专利系统生物质流化催化裂化(biomass fluid catalytic cracking，BFCC)，该公司的技术理念是将上万年的石油生产过程缩短至工业催化时间。POET-DSM 公司与艾奥瓦州政府合作的 Liberty 计划利用当地农户的玉米芯、叶子、壳和最少量的秸秆生产纤维素乙醇，将大部分秸秆留在原地堆肥；计划每年生产约 2000 万加仑(1 加仑约 3.785 41 升)生物乙醇。

生物燃气是美国发展比较成熟的生物质能源技术之一。典型沼气工程如纽约的斯塔藤垃圾处理站，采用湿法处理垃圾，回收沼气，用于发电，同时生产肥料；STM 公司是美国通用汽车公司发展斯特林发动机技术的专业公司，研制出的 STM4-120 发动机被美国能源部评价为世界上最先进的斯特林发动机，可与沼气技术或生物质气化技术相结合，构成 50kW 左右的村级生物质能发电系统。

为了促进生物质能发展，美国联邦以及各州政府不断提供政策法规支持，如

《国家能源政策法案》(2005 年)、《先进能源计划》(2006 年)、《能源自主和安全法案》(2007 年)、《国家生物燃料行动计划》(2008 年)、《第二代生物质能源发展举措》(2010 年)、《联邦公报》(2013 年)……相继出台一系列促进生物质能产业发展的相关法规。正是这些政策的支持和引导促进了美国生物质能产业的快速发展。

1.3.2 巴西

巴西的主要能源形式为水电、乙醇、生物质；由于巴西现阶段可再生能源中占最大比重的水电在规模上有所限制，其占巴西能源的比例已逐年减小；巴西拥有广阔土地和优势气候，巴西生物质能源的地位因而将进一步提升。巴西独特的气候、地理及发达的制糖工业等优势，促进了生物质能在巴西的广泛发展。

现阶段，生物质能在巴西能源利用量中约占 30%，其中甘蔗渣和乙醇占 13.6%，木材和木炭占 13%，农业废弃物等占 2.7%。巴西的乙醇燃料开发应用最有特色，巴西是盛产甘蔗的国家，也是世界上主要的糖生产国和出口国，伴随着制糖工艺的发展，巴西从 1975 年开始发展生物乙醇，巴西现在是全球第二大乙醇生产国，也是全球最大的乙醇出口国(原料主要是制糖工艺中的甘蔗、甘蔗渣等)；巴西国内乙醇燃料已占汽车燃料消费量的 50%以上。巴西制糖工艺生物质利用率自 2000 年起有显著上升，除了生产乙醇，甘蔗渣也逐步广泛用于发电和产热。

巴西是世界上最早通过立法手段强制推广乙醇汽油的国家，近 30 年来，巴西政府在国内推进生物质能源发展的措施包括：①巴西政府制订了强制推行在汽油中添加乙醇，在地方使用乙醇加油泵的法律；②对种植甘蔗和生产乙醇的个人和单位提供财政扶持；③固定汽油和燃料乙醇的销售价格；④大规模开发推广灵活燃料汽车，目前巴西销售的汽车中 90%以上是使用乙醇和汽油混合的灵活燃料汽车；⑤招商引资，以解决国内资金短缺的难题；⑥扩大出口。

1.3.3 欧洲

欧洲是生物质能开发利用非常活跃的地区，新技术不断出现，并且在较多的国家得以应用。整体来说，现阶段欧洲的生物燃料主流工艺在于生产生物柴油，据估计约 80%的生物质用于生物柴油生产，欧洲是全球最大的柴油生产和消费市场。德国和法国是欧洲的柴油主要生产国，即便如此，欧洲仍需进口约 30%生物柴油。欧洲现阶段法律法规促进了其生物柴油市场蓬勃发展。欧洲生物燃料的主要组成如图 1-1 所示，主要包括生物柴油、生物乙醇，还有部分植物油和车用压缩天然气。

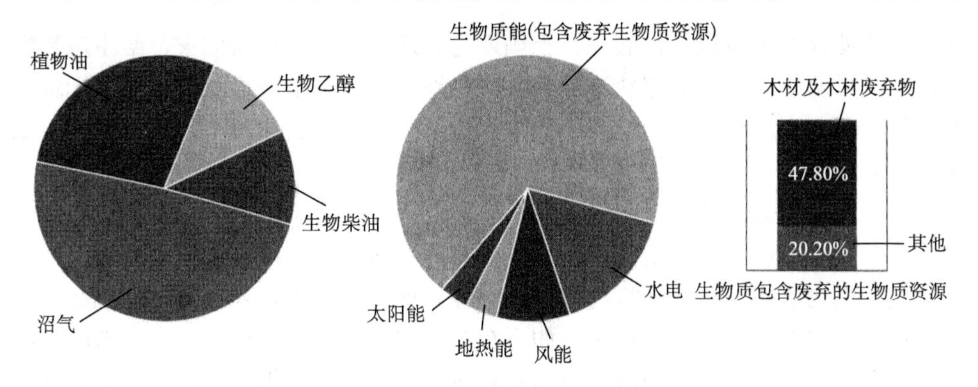

图 1-1 欧洲生物燃料组成

除了广阔的生物燃料市场，欧洲生物质也应用于供热和发电。欧洲是最大的利用生物质现代工艺供热的市场。欧洲生物质发电领域既包含拥有成熟的沼气发电工艺(欧洲多数沼气电站已使用 CHP 工艺，截至 2015 年年底，欧洲沼气发电站增加到 17 376 个)的发电站，也有近年来燃煤电厂改进成的与生物质或沼气混燃的电厂，或者 100%生物质直燃电厂。针对传统电厂改进成生物质电厂，由于生物质资源情况不同，各国态度不一。例如，英国由于其生物质电厂的生物质来源主要依靠进口，英国已修正相关法案中止了国内的生物质电厂改造计划。

欧盟各成员国结合各国的实际提出了促进生物质能源发展的政策和措施，包括高价收购、投资补贴、减免生物燃料燃料税等。例如，瑞典从 1975 年开始财政支持生物燃烧和转换技术、生物质能热电联产项目等，补贴生物质能采暖系统，补贴生物质发电等；丹麦从 1981 年开始财政支持生物质生产企业；德国联邦政府从 1991 年至 2017 年支持生物质能领域，并提供低息贷款，德国政府制订了《可再生能源法》，加大对可再生能源的扶持力度；意大利从 1991 年到 1995 年，对生物质利用项目提供投资补贴；芬兰政府制订了气候和能源战略，到 2020 年将可再生能源比例提高到 38%(在芬兰目前各种可再生能源利用中，生物能源所占比例最大，占可再生能源的近 90%)。

1.4 国内生物质能开发利用现状

自古以来农牧民直接燃烧生物质来做饭和取暖，直到现在，包括我国在内的发展中国家的广大农村，基本上还是沿用着这种传统的用能方式。旧式炉灶热效率很低，只有 10%～15%；经过一些改革(如变为省柴灶)，热效率也没超过 25%，资源浪费严重。直接燃用秸秆、薪柴、干粪、野草，劳动强度大，不卫生，烟熏火燎，易患呼吸道疾病。在一些燃料缺乏的地区，农民极力向大自然索取，砍伐林木，致使森林及草原植被破坏、土壤退化、水土流失、洪涝成灾，给生态环境造成了严重恶果。在生活燃料不缺乏的某些地区，夏季忙于换茬、复种、倒地，在田地中焚烧大量秸秆，火焰四起，浓烟滚滚，影响了交通和人们的健康，也浪费了资源。

改革开放以来，随着农村经济的发展和农民生活水平的提高，农村对优质燃料的需要日益迫切。生物质能传统利用方式与农村逐步实现现代化的发展形势很不适应，生物质能优质化转换利用势在必行。城镇的扩大，乡镇企业的崛起，导致有机垃圾和有机废水日渐增多，如不有效处理，不仅浪费能源，也会造成环境污染。面对上述情况，我国政府部门要求科研单位和有关组织，抓紧生物质能新技术的研究与应用，制订了许多相关政策并付诸实施，共同努力，使我国生物质能开发利用取得了长足的进步。

1.4.1　生物燃气

20 世纪 90 年代以来，我国沼气建设一直处于稳定发展的势态；生物燃气产业进步很快，但生产模式基本以农户为主体，绝大多数都是小型的、分散的农村沼气工程，基本建设单元为“一池三改”，即户用沼气池和改圈、改厕、改厨；有的把沼气生产与种养加结合起来，发展生态农业。到 2015 年，全国户用沼气用户(含集中供气户数)发展到 5000 万户。目前，广西武鸣安宁淀粉有限责任公司、中国石油天然气集团有限公司分别在武鸣、海口建设日产沼气规模为 4 万 m^3、1 万 m^3 的车用沼气工程项目。但从总体上看，生物燃气企业数量、规模都有很大的提升空间，企业化的生产模式尚未成为生物燃气产业的主体。现阶段我国主要沼气工程如表 1-2 所示。

表 1-2　我国部分沼气工程

生产厂家	地点	原料	发电装机或车用燃气	备注
山东民和牧业股份有限公司	山东蓬莱	鸡粪	3 万 m^3	已建成
北京德青源农业科技股份有限公司	北京延庆	鸡粪	2 万 m^3	已建成
中粮集团金东台农场	江苏东台	猪粪	1.8 万 m^3	已建成
江苏海丰农场	江苏大丰	牛粪	1 万 m^3	已建成
内蒙古蒙牛集团	内蒙古和林格尔	牛粪	1.26 万 m^3	已建成
广西安宁淀粉厂(一期)	广西武鸣	木薯乙醇、淀粉废液	15 000MW	已建成
广西安宁淀粉厂(二期)	广西武鸣	木薯渣等	60 000MW	调试中

1.4.2　液体燃料

我国与美国等发达国家不同，人口数量庞大，粮食产量还有待提高，因此在生物质能源发展过程中产生了“不与人争粮，不与粮争地”的原则，生物质资源主要原料是木薯、甘薯、甜高粱、菊芋、浮萍等非粮作物及秸秆、林业废弃物纤维素乙醇等。2010 年年底，非粮作物乙醇产能为 31.8 万 t，最大规模为 20 万 t/a，纤维素乙醇产能为 2.71 万 t。据统计，2017 年中国的燃料乙醇产量约 260 万 t。培育了一批抗逆性强、高产的能源作物新品种，木薯乙醇生产技术基本成熟，甜高粱乙醇技术取得初步突破，纤维素乙醇技术研发取得较大进展，建成了若干小规模试验装置。表 1-3、表 1-4 分别列举了我国部分非粮乙醇和纤维素乙醇厂家。

表 1-3　我国非粮乙醇部分厂家

生产厂家	地点	原料	产能/(万 t/a)	备注
河南天冠燃料乙醇有限公司	河南南阳	薯类	100	已建成
广西中粮生物质能源有限公司	广西北海	木薯	200	已建成
四川银山鸿展工业有限责任公司	四川资中	甘薯	10	已建成
湖北金龙泉集团股份有限公司	湖北荆门	甘薯	100	筹建中
中国石化江西雨帆酒精有限公司	江西东乡	木薯	100	筹建中
吉林三华农牧业集团有限公司	吉林长寿	甘薯	30	筹建中

表 1-4　我国纤维素乙醇部分厂家

生产厂家	地点	原料	产能/($\times 10^3$t)	备注
吉林松原来禾化学有限公司	吉林松原	秸秆	5	已建成
山东龙力生物科技股份有限公司	山东禹城	玉米芯	10	已建成
河南天冠燃料乙醇有限公司	河南南阳	秸秆	5	已建成
山东泽生生物科技有限公司	山东东平	秸秆	3	已建成
安徽丰原集团有限公司	安徽蚌埠	玉米芯	3	已建成
上海天之冠可再生能源有限公司	上海虹口	秸秆、稻壳	0.6	已建成
中粮生化能源(肇东)有限公司	黑龙江肇东	秸秆	0.5	已建成
广西农垦明阳生化集团股份有限公司	广西南宁	蔗渣	2	筹建中
温州中科(营口)新能源科技有限公司	辽宁营口	秸秆	10	筹建中
中粮生化能源(肇东)有限公司	黑龙江肇东	玉米秸秆	100	筹建中

生物柴油方面，全国生物柴油厂家有 40 余家，主要以地沟油等废弃油脂为原料。废弃油脂成分复杂、酸度高，对柴油加工技术要求严格，我国生物柴油生产能力已超过 300 万 t/a，实际柴油产量不到 80 万 t，其中以废弃动植物油脂为原

料的生物柴油年产量约 50 万 t。很多企业引进国外生产工艺，无法适应国内原材料特性，行业发展已陷入困境。生物质热解油领域仅处于研发阶段，流化床热解装置加工能力达 5000t/a，我国独创的陶瓷球热载体循环加热下降管热解系统基本实现了定向热解，加工能力达到 2000t/a；移动床热解装置达到中试水平。相关生物质经由糖平台水相催化合成技术和生物油提质及直接应用研究是近年来研究热点。表 1-5 列举了我国部分生物柴油厂家。

表 1-5　我国生物柴油部分厂家

生产厂家	地点	2007 年销量/t	市场份额/%	建成时产能/万 t	2007 年产能/万 t
古杉集团	四川、河北、福建、北京	165 000	44.4	24	190
龙岩卓越新能源股份有限公司	福建	26 116	7.0	10	26
武安正和生物能源有限公司	河北	25 000	6.7	3	30
安徽国风集团有限公司	安徽	25 000	6.7	5	
山东三维油脂集团股份有限公司	山东	25 000	4.8	5	50
福建源华能源科技有限公司	福建、浙江	18 000	4.6	5	26
河南星火生物能源有限公司	河南	17 000	3.2	5	
无锡华宏生物燃料有限公司	江苏	12 000	4.6	6	14
青岛绿诺环保科技有限公司	山东	9 500	2.6	2.5	
湖南天源生物质能源有限公司	湖南	5 000	1.3	2	20
丹东市精细化工厂	辽宁			3	22
湖南海纳百川生物工程有限公司	湖南			10	20
奥地利碧路生物柴油能源公司	山东				
联美实业美国国仁德环保能源有限公司	上海			5	
荣利新能源有限公司	江苏				
总计		327 616			

1.4.3　生物质固体成型燃料

我国生物质成型燃料技术及产业开始于20世纪70年代，目前基本完成了自主研发与创新，形成了适合我国国情的发展模式和产业链。我国已研制出螺旋挤压式、活塞冲压式和环模滚压式等几种生物质压缩成型设备，其中螺旋挤压式压缩成型机推广应用较多，有关单位对挤压螺杆的耐磨性做了较深入的研究，延长了它的使用寿命。生物质经压缩成型后可直接用作燃料，也可经炭化炉炭化，获得生物炭，用于烧烤和冶金工业；还可生产块状饲料。我国主要以农林剩余物为原料生产成型燃料。生物质成型燃料主要在河南、山东、辽宁、黑龙江、吉林、安徽、河北、广东、北京等地示范推广。农业秸秆成型燃料主要分布在华北、华中和东北，林业木质颗粒燃料主要集中在华东、华南、东北和内蒙古等地。表1-6列举了我国部分生物质固体成型燃料厂家。

表1-6　我国生物质固体成型燃料部分厂家

生产厂家	地点	原料	产能/(万 t/a)	备注
广州迪森热能技术股份有限公司	广东	木屑、秸秆	13	已建成
北京奥科瑞丰新能源股份有限公司	北京、河南	秸秆	9	已建成
黑龙江省盛焱新能源开发有限公司	黑龙江	秸秆	8	已建成
河南三利新能源开发有限公司	河南	秸秆	5	已建成
北京盛昌绿能科技股份有限公司	北京	木屑、秸秆	5	已建成
辽宁森能再生能源有限公司	辽宁	木屑、秸秆	4	已建成
东莞百发新能源公司	广东	木屑	4	已建成
杜蒙县龙睿新能源有限公司	黑龙江	秸秆	4	已建成
山东百川同创能源有限公司	山东	秸秆	4	已建成

1.4.4　生物质发电

我国生物质发电产业以农林生物质直燃发电为主。生物质发电方面，中国的生物质发电处于领先地位。典型直燃电站包括：国能生物发电集团有限公司建成我国第一家国家级生物发电示范项目——单县秸秆直燃发电电站；浙江大学和北京中环联合环境工程有限公司联合自主研制的燃用生物质燃料的循环流化床燃烧锅炉在宿迁建立中节能宿迁秸秆直燃发电示范项目。

在生物质气化领域，经过十几年的研究、试验、示范，生物质气化技术已基本成熟，气化设备已有系列产品，产气量由200 m^3/h 到 1000 m^3/h，气化效率达70%以上。以前用固定床气化炉，以稻壳为原料进行气化发电，规模较小。现在国内已有数处用流化床气化炉，可以用稻壳、锯末，乃至粉碎的秸秆为原料进行气化发电，由于生物质发电项目的建设规模较小，单位造价高，生物质发电效率较低，关键技术需要改进，大部分生物质发电项目在经济效益测算期内，仍然难以实现商业化运行。表 1-7 列举了我国部分生物质发电厂家。

表 1-7　我国生物质发电部分厂家

生产厂家	地点	原料	电装机/kW	备注
安能晋州生物能源有限公司	河北晋州	玉米秆、麦秆、果木枝条	25	直燃，已建成
国能生物发电集团有限公司	山东单县	棉花秆、树枝	25	直燃，已建成
国信淮安生物质发电有限公司	江苏淮安	稻秆、麦秆	30	直燃，已建成
武汉凯迪电力股份有限公司	福建南平	鸡粪和谷壳	45	直燃，筹建中
国电科技环保集团股份有限公司	山东德州	玉米秆、棉花秆、树枝等	25	直燃，筹建中
华电国际电力股份有限公司	山东枣庄	煤+秸秆	140(18.5%)	混燃，已建成
无锡特能生物能科技有限公司	江苏无锡	稻壳	0.4	气化，已建成
高邮市林源科技开发有限公司	江苏高邮	秸秆成型燃料	4	气化，已建成
合肥天焱绿色能源开发有限公司	安徽望江	稻壳	0.4	气化，已建成
中国科学院广州能源研究所	江苏兴化	稻壳、木屑	5.5	气化，已建成
禾佳能源开发有限公司	吉林通榆	稻壳	2	气化，已建成
内蒙古蒙牛生物质能有限公司	内蒙古呼和浩特	牛粪发酵沼气	1.36	沼气，已建成
威立雅环境有限公司	北京昌平	垃圾填埋场沼气	2.7	沼气，已建成
福州红庙岭垃圾焚烧发电有限公司	福建福州	生活垃圾	24	垃圾，已建成
成都威斯特再生能源有限公司	成都洛带	生活垃圾	24	垃圾，已建成

1.5　生物质能在中国未来可持续发展战略中的地位

随着人口和经济的持续增长，我国能源消费量也在不断增长。2017 年，中国石油表观消费量增速回升，对外依存度达 67%。预计到 2020 年，我国石油需求将达到 3.6 亿 t，净进口量将突破 2 亿 t，这势必对我国能源供应安全造成一定的负面影响，成为长期制约我国经济发展和社会进步的主要障碍之一。我国生物质资源主要来自于废弃物资源：以最大限度优先利用废弃物资源，促进资源综合利用和环境保护；合理开发边际土地资源，不占用耕地，不破坏森林、草地和自然生态环境。《国家中长期科学和技术发展规划纲要(2006—2020 年)》、《"十三五"国家科技创新规划》、《能源发展"十三五"规划》、《可再生能源发展"十三五"规划》、《生物质能发展"十三五"规划》都明确指出促进生物质能产业的发展。

生物质能属于清洁能源，有助于国家的环境建设和 CO_2 减排。我国矿物能源消费的SO_2排放量已居世界第一位，CO_2排放量仅次于美国，居第二位。我国每年由矿物燃料消费所排放的CO_2总量可达22.7亿t，相当于6.2亿t碳排量，占全球温室气体(greenhouse gas，GHG)总排量的11.8%左右。酸雨面积已超过国土面积的1/3。SO_2和酸雨造成巨大经济损失和环境危害。生物质的有害物质(硫和灰分等)含量仅为中质烟煤的1/10左右。同时，生物质生产和能源利用过程所排放和吸收的CO_2可纳入自然界碳循环，是减排CO_2的最重要的途径。

我国在电力供应方面也存在较大的缺口，要实现2020年国民经济翻两番的目标，保障可靠的电力供应是必备条件。因地制宜地利用当地生物质能资源(如秸秆、薪柴、谷壳和木屑等)，建立分散、独立的离网或并网电站拥有广阔的市场前景。生物质可广泛地用来生产电力，保障国家电网电力供应安全。如果用当前农林废弃物产量的40%作为电站燃料，可发电3000kW·h，占目前我国总耗电量的20%以上。

生物质一直是我国农村的主要能源之一，大多以直接燃烧为主，不仅热效率低下(低于10%)，而且大量的烟尘和余烬使人们的居住和生活环境日益恶化，严重损害了人们的身心健康。以新技术转化生物质的能源利用方式，可大幅度提高农村能源利用效率。采用生物质能转化技术可使热效率提高到35%～40%，节约资源，改善农民的居住环境，提高生活水平。

近年来，随着农村经济的发展和农民生活水平的提高，大多数农民更倾向于使用方便的高档能源，如煤炭和液化气等。大量以前作为生活能源的作物秸秆成为废弃物，被遗弃在田间地头，甚至就地焚烧，不仅造成资源的极大浪费，而且烟气污染十分严重，有时对高速公路和航空交通安全构成严重威胁。尽管政府严令禁止秸秆焚烧行为，但到目前尚无彻底解决的办法。生物质的能源利用可根本解决我国农村普遍存在的而又始终无法根治的“秸秆问题”，将农林废弃物转化为优质能源，形成产业化利用，可大量消纳秸秆废弃物，达到消除秸秆危害的目的。

生物质的能源利用可带来一系列生态、社会和经济效益。目前，薪柴消费量超过合理采伐量的15%，导致大面积森林植被破坏、水土流失加剧和生态失衡。工业、城镇和农村的有机垃圾产生量和堆积量均在逐年增加，年增长率在10%左右，成为农村和城镇现代化建设的重要障碍之一。生物质能利用不仅可消纳各种有机废弃物，消除其对环境的负面影响，推动农村和城镇的现代化建设；而且，由于能源农业和能源林业的大规模发展，将有效地绿化荒山荒地，减轻土壤侵蚀和水土流失，治理沙漠，保护生物多样性，促进生态的良性循环。同时，现代生物质能一体化系统的建设将促进现代种植业的发展，成为农村新的经济增长点，增加农村就业机会，改善生活环境，提高农村居民收入，振兴农村经济。

总而言之，生物质能源的国家战略功能体现于多方面、多层次，包括能源安全、生态环境、农村经济、社会生活等。既然生物质能源具有如此重要的战略地位，我国政府有关决策部门有必要紧密地配合，协调科研单位、企业、地方政府等各方面力量，加大对生物质能源发展的支持力度，为未来生物质能源产业的形成和发展提供技术支撑。

1.6 中国生物质能源发展方向与对策

我国具有丰富的生物质能资源，在开发利用方面也取得了可喜的成绩，为进一步发展奠定了良好基础。但是，从总体来看，无论是科研水平、开发利用层次、转换设备规模，还是产业发展、市场营销等方面，我国与先进国家相比还有很大的差距。存在的主要问题是：对发展可再生能源的战略意义认识不足；生物质能源尚没有纳入国家能源建设计划；开发资金没有正常的拨款渠道，投入太少；缺乏完整的激励政策，也很少有相应的法规；生产规模小、成本高、缺少产品质量标准及质量监督体系，商品化程度低，产业化薄弱；管理混乱等。

我国的经济在快速发展，人们对优质燃料需求日益迫切，鉴于常规能源资源的有限性和环境压力的增加，要加速开发新能源和可再生能源，尤其是要加速生物质能现代化利用的步伐，提高其转换效率，降低生产成本，新技术、新工艺要有大的突破；成熟的技术要实现大规模、现代化生产，形成比较完善的生产体系和服务体系；增大生物质新能源在能源结构中所占比例。在未来 20 年生物质能源基本发展策略如下。

(1) 农村能源：进一步推广实用技术，充分发挥生物质能作为农村补充能源的作用。为农村提供清洁的能源，改善农村生活环境及提高人民生活条件。

(2) 工业化应用：促进成熟技术的产业化，提高生物质能利用的比重，提高生物质能在能源领域的地位，为生物质能今后的大规模应用奠定工业基础。

(3) 技术前沿与新技术：提高生物质能的利用价值，实现生物质能多途径利用，大力开发高品位生物质能转化的新技术，建立工业性试验示范工程，为未来大规模利用生物质能源提供技术支撑和技术储备。

(4) 基础理论研究：对于生物质能技术研究中存在且必须加以解决的重大科学理论问题，应予以足够的重视，加大研究力度，为生物质能新技术或新工艺的开发与研究提供理论依据。

(5) 资源发展：研究、培育、开发速生、高产的能源植物品种，利用山地、荒地、沙漠、湖泊和近海地区发展能源农场、林场或养殖场，建立生物质能资源发展基地，提供可工业化利用的糖类、淀粉、木质或油类等生物质能资源。

由于生物质能的现代化利用尚处于发展初期，与其他能源建设相比，需要政府给予更多的支持和相应的扶持政策。

(1)提高认识，加强领导。

各级政府和主管部门以及广大群众，应提高对生物质能现代化利用重要意义的认识，把推进其开发作为一项基本的能源政策。切实加强领导，归口明确，职责落实。把包括生物质能在内的新能源和可再生能源纳入国民经济建设总体规划中，列入政府的财政预算。

(2)制定优惠政策，增加资金投入。

现在生物质能技术开发产业规模小而分散，经济效益不显著，尚不具备参与市场竞争的能力，应得到国家宏观调控政策支持和保护。应为开发生物质能制订相应的财政、投资、信贷、减免税、价格补贴和奖励等政策；增加科研、新产品试制、技术培训的投资力度；扩大宣传，调动各方面投资热情，拓宽资金渠道，提高资金使用效果。

(3)应用高新技术，做好试验示范。

开发新项目要立足于高起点，实现跨越式前进。因地制宜地引进国内外先进技术，结合本地情况进行深入研究、试验、改进、示范，用技术水平高、效益显著的成果宣传教育群众，中国的老百姓最习惯“眼见为实”，有了良好的群众基础，各地根据自然条件、经济基础、能源需求等实际情况，分期分批建设，逐步推广应用。

(4)加强产业建设，提高经济效益。

要重视科研成果的转化，使技术上基本成熟的产品尽快定型，鼓励企业打破部门、地区界限，实行横向联合，组织专业化生产。要有计划、有步骤地支持一批骨干企业的发展，建立有规模生产能力的产业体系，使之不断提高产品质量，降低生产成本，扩大市场销路。目前，有些项目建设带有福利性、公益性色彩，要按市场经济规律逐步实行产业化、企业化、商业化运作；要保证产品质量，提高公司(或厂家)信誉，在公平竞争中开拓国内外市场，扩大产品销售量，实现社会效益、生态效益和经济效益的统一，增强自身发展的后劲。

随着企业的发展，必须建立相应的服务体系，并要不断提高服务质量。鼓励有条件、有能力的个体和集体开办能源技术服务公司，承包新能源设备的销售、安装、调试、维修等技术服务工作。应建立国家级的质量监督系统，抓好产品的标准化、系列化和通用化。

(5)提高业务素质，壮大技术队伍。

生物质能的利用地区主要是农村，而用高技术开发它，就需要有一大批相应的技术人员，包括科研、管理、生产、推广等。办法是在高等院校、中等专业学校设立相关专业，举办各种类型的进修班，派出学习、请进指导、参观访问等；并要制订一些激励政策，使懂技术的人员能坚持在这个行业里工作。要有计划地培养一大批本行业的技术骨干力量，提高研究层次，实现管理与生产科学化，推广使用不走样。

(6)开展国际合作，引进先进技术和资金。

包括生物质能在内的新能源和可再生能源开发利用，是当今国际上的一大热点，我国要抓住当前大好时机，继续坚持自主开发与引进、消化吸收相结合的技术路线，积极开展对外交流与合作。克服一切自我从头做起的思想，要有目的、有选择地引进先进的技术工艺和主要设备，站在高起点上发展我国生物质能应用技术，加强与国际组织和机构的联系与合作，提倡双边的、多边的合作研究及合作生产，加强人员、技术和信息的交流。采取切实步骤，为吸收国际机构、社会团体、企业家和个人投资、独资或合资开办各种包括生物质能在内的新能源和可再生能源实体创造条件。

1.7 发展生物质能的效益和前景

为应对全球气候变化、国家能源安全等挑战，我国将发展生物质能作为替代石化能源、保障能源安全的重要战略措施。积极推动生物质能的开发利用，生物质能将在我国能源安全、减排中发挥更加重要的作用。

1. 能源效益

到 2020 年，全国生物质能开发、利用量分别相当于 3 亿 t 标准煤和 6 亿 t 标准煤，可大大减少煤炭消耗，弥补石化燃料资源的不足。初步估算，生物质能达到 2020 年的利用量时，年发电量相当于替代煤炭约 6 亿 t，沼气年利用量相当于 240 亿 m^3 天然气，生物乙醇和生物柴油年用量相当于替代石油约 1000 万 t，太阳能和地热能的热利用相当于降低能源年需求量约 7000 万 t 标准煤。生物质能的开发利用将对改善能源结构和节约能源资源起到重要作用。

2. 环境效益

生物质能的开发利用将带来显著的环境效益。达到 2020 年发展目标时，生物质能年利用量相当于减少二氧化硫年排放量约 800 万 t，减少氮氧化物年排放量约 300 万 t，减少烟尘年排放量约 400 万 t，减少二氧化碳年排放量约 12 亿 t，年节约用水约 20 亿 m^3，可使约 3 亿亩(1 亩≈666.7 平方米)林地免遭破坏。

3. 社会效益

开发利用生物质能，是发展循环经济的重要内容，也是促进农村发展和农民增收的重要举措。到 2020 年，将利用生物质能累计解决无电地区约 1000 万人口的基本用电问题，改善约 1 亿户农村居民的生活用能条件。农作物秸秆和农业废弃生物质的能源利用可提高农业生产效益，预计达到2020年开发利用规模时，可增加农民年收入约1000亿元。农村户用沼气池和畜禽养殖场沼气工程建设将改善农村地区环境卫生，减少畜禽粪便对河流、水源和地下水的污染。生物质能的开发利用将促进农村和县域经济发展，提高农村能源供应等公用设施的现代化水平。

能源林基地建设、林业生物质能源及木材加工废弃物的能源利用可促进植树造林和生态环境保护，预计林业领域生物质能的利用达到2020年目标时，可增加林业年产值约500亿元。处理城市生活污水和利用工业生产废水处理沼气可促进循环经济发展。生物质能的开发利用、设备制造和相关配套产业可增加大量就业岗位，到2020年，预计生物质能领域的从业人数将达到200万人。

生物质能的开发利用将节约和替代大量石化能源，显著减少污染物和温室气体排放，促进人与自然的协调发展，对全面建设小康社会和社会主义新农村起到重要作用，有力地推进经济和社会的可持续发展。

1.8 生物质能的示范工程和重点工程

1.8.1 生物质能的综合利用产业化示范工程

借鉴欧美国家生物质能发展的经验，我国将建设一批梯级综合利用生物质能示范项目和若干个示范区，推动生物质能利用从单一原料和产品模式转向原料多元化、产品多样化的循环经济梯级综合利用模式，使生物质资源利用获得更好的综合效益。

1. 纤维素原料生物燃料多联产示范工程

积极推动农林剩余物(纤维素)生产生物乙醇为主产品的综合利用产业化示范。建设纤维素生物燃料综合利用示范区，利用当地丰富的农作物秸秆资源，建设产业化规模纤维素水解制备液体燃料和生物基化工产品及醇电联产综合利用示范工程。

中国科学院过程工程研究所陈洪章研究员主持的“秸秆等木质纤维素原料炼制关键技术与产业化示范”项目，从原料多组分特性、转化过程集成和结构与功能入手，提出“选择性组分拆分—功能经济性利用”的生物质炼制新途径实现秸秆等生物质分层多级转化集成的研究思路，实现秸秆等木质纤维素原料的全组分生物炼制，整套技术及其工艺达到国际领先水平。

依托示范项目，推进生物乙醇及其他替代石油基原料的化工产品的规模化生产，废水经厌氧发酵处理生产沼气及沼气发电，或者利用废水培养微藻能源作物，最终的生物质残渣用于燃烧发电和供热，整体实现生物质梯级综合利用。

由中南林业科技大学承担的“林木纤维乙醇生物共转化关键技术创新与示范”项目在长沙启动。中南林业科技大学牵头与中国林业科学研究院林产化学工业研究所、常德联合生物能源研究所、陕西德融科技信息发展有限公司 3 家项目协作单位，共同攻克生物乙醇制备技术的难题。

2. 微藻生物燃料多联产示范工程

在条件适合地区，利用工业废水及富含 CO_2 废气，采用先进养殖技术，建设含油微藻规模化养殖场，开展微藻生物燃料多联产示范。

依托示范项目，推进商业化规模的微藻生物燃油生产，同时生产高附加值的营养藻粉和饲料藻渣等生物基产品。通过微藻生物燃料多联产，实现 CO_2 减排、工业污水处理与生物能源制备、生物基产品开发的有机结合，建设多产业组合的循环经济示范基地。

2012 年 7 月，我国首个以炼厂 CO_2 废气为碳源的“微藻养殖示范装置”在中国石化石家庄炼化分公司建成并投入运行。微藻养殖示范基地占地 500m^2，可以很好地满足微藻养殖的环境条件，保证 CO_2 减排与微藻养殖试验的开展。示范基地各项功能齐全、运行正常，可以进行连续规模化微藻养殖、采收、生物质抽提等全流程试验，为微藻生物质能源的技术开发提供示范，也为实现利用微藻养殖减排炼厂烟气 CO_2 20%的目标奠定了技术基础。

中国石化石家庄炼化微藻养殖示范基地的建成，为炼厂 CO_2 减排与微藻生物能源技术的开发奠定了基础。该技术的成功开发将为我国实现 2020 年单位国内生产总值 CO_2 排放下降 40%～45%的目标提供支撑。

3. 生物质热化学转化制备液体燃料及多联产示范工程

加快生物质气化合成醇醚、生物质热解液化及直接催化转化制备烃类燃料技术进步，建设生物质热化学制备液体燃料产业化示范区，利用各类农林剩余物资源，开展万吨级生物质热化学转化制备液体燃料，以及燃气、热力、电力、生物质炭、多元醇生物基化学品等多联产系统示范工程，实现低成本规模化生物质资源梯级综合利用。

依托示范项目，突破大型生物质气化、先进高效净化与组分调变一体化、生物油炼制加工催化剂及相应的反应精馏分离等关键技术，降低生物燃料生产成本。结合化工项目工程和工业园区用热需求，整合生物化工技术开展综合精炼，生产生物柴油、石脑油和航空煤油等生物燃料，以及热力、电力、精细化工原料和产品、医药产品等系列化产品，拓展相关产品应用市场，全面推进各类农林生物质资源梯级综合利用，提升生物质能及综合利用的经济性和竞争力。2015 年年底，形成若干以农林剩余物为原料的生物质热化学转化制备液体燃料及多联产循环经济产业示范区。

4. 大型沼气综合利用示范工程

加快大型沼气工程技术进步，提高大型沼气生产成套设备、沼气净化设备、沼气管道供气和罐装成套设备制造水平。在具备资源、市场等条件的地区，建设大型混合原料沼气综合利用产业示范区，将沼气输入城市天然气管道网络。在乡镇布设沼气供应服务站点，以供应罐装沼气的方式为周边居民提供生活燃气；探索沼气作为城市公共交通车辆燃料的利用方式；推动大型沼气工程的沼液沼渣综合利用，拓展有机肥市场，支持有机蔬菜、水果种植产业发展，发展大型沼气综合利用循环经济生态园。

1.8.2 生物质能的重点工程

1. 城市生物质供热工程

结合城市大气环境治理和新能源示范城市建设，在城市推广生物质成型燃料和专用锅炉，替代区域集中供热及分散锅炉燃煤。

“十二五”时期，在生物质资源稳定供应、有采暖需求的北方城市建设生物质供热工程，利用农林剩余物、城市生活垃圾及有机污水、养殖场畜禽粪便等资源，采用生物质成型燃料采暖锅炉、生物质燃气供热锅炉等技术，综合发展各类生物质供热，减少城市中的煤炭直接燃烧，改善大气环境和城市面貌。

2015 年，年供热消耗生物质燃料 10 万 t 以上的城市达到 50 个，平均每个城市生物质供热总面积达到 100 万 m^2 以上，相应每个城市平均每年替代石化能源 5 万 t 标准煤。全国生物质供热总面积达到 5000 万 m^2，相应年替代石化能源 250 万 t 标准煤。

2. 农村生活燃料清洁化工程

将生物质能技术作为实现农村生活用能优质化、清洁化、现代化，促进城乡能源公共服务均等化的重要手段。“十二五”时期，结合绿色能源示范县建设，推广农村生活燃料清洁化工程，充分利用当地农作物秸秆、畜禽粪便、林业剩余物等生物质资源，推广生物质热解气化、生物质干馏、生物质成型燃料、大中型沼气工程和户用沼气池、省柴灶等技术，为当地居民提供清洁生活燃料。

在生物质资源比较丰富、农村居民集中的地区，建设生物质燃气集中供气工程，铺设生物质燃气管网，推进农村燃气物业化管理和服务。在具有采暖需求的北方农村，重点推广生物质成型燃料采暖技术。在林区及退耕还林地区，结合生态保护工程，重点发展分布式生物质能技术，充分利用林业剩余物建设生物质气化和成型燃料项目，为林区提供清洁的生活燃料，减少林木质燃料消耗，巩固退耕还林成果。积极支持在农村学校、医院等公益设施和公用机构推广应用清洁生物质燃料。2015 年，农村生活燃料清洁化工程惠及 1000 个乡镇、100 万户农户，年替代石化能源 100 万 t 标准煤。

3. 生物质能源作物和能源林基地建设

按照“不与民争粮，不与粮争地”的原则，根据我国土地资源和农林业生产特点，立足非粮原料，结合现代农林业发展和生态建设，在有条件的地区实施生物质能源作物和能源林种植工程，合理选育和科学种植能源作物植物，因地制宜开发边际性土地，规模化种植各类非食用粮糖油类作物植物，建设生物质能原料供应基地。

重点在“三北”(东北、西北、华北)地区的半荒漠化区、沙区等边际性土地，结合生态环境，建设以灌木林为主的木质能源林基地；在东北、内蒙古、山东等地区开展甜高粱规模化种植；在广东、广西、海南、江西、四川、云南等地种植薯类作物，以及芭蕉芋、葛根等植物；在海南、福建、四川、贵州、云南、河北等地建设油棕、小桐子、黄连木等油料植物种植基地；加强富油藻类培育技术研发，开展藻类原料培育工程。

2015 年，建成木质能源林基地 520 万 hm^2，甜高粱原料基地 50 万亩，木薯等薯类作物基地 800 万亩，油料能源林基地 200 万 hm^2，其他非粮原料(能源草等)基地 30 万亩。种植能源作物和能源林满足年产 100 万 t 生物柴油的原料需求，年替代石化能源 140 万 t 标准煤。

第 2 章　生物质能资源的生产与再生产

我国经济正在快速持续发展，但又面临着有限的化石燃料资源和更高的环境保护要求的严峻挑战。坚持节能优先，提高能源效率；优化能源结构，以煤为主多元化发展；加强环境保护，开展煤清洁化利用；采取综合措施，保障能源安全；依靠科技进步，开发利用新能源和可再生能源等，是我国长期的能源发展战略，也是我国建立可持续能源系统最主要的政策措施。

2.1　生物质能资源的生产与再生产

2.1.1　生物圈的环境

地球表面有生命的地带称为生物圈，在 1875 年由奥地利地质学家休斯(E. Suess)首次提出，它包括地球上一切生命有机体(植物、动物和微生物)及其赖以生存和发展的环境。因此，生活在大气圈、水圈、岩石圈和土壤圈界面上的生物，就构成了一个有生命的生物圈。根据生物分布的幅度，生物圈的上限可达海平面以上 10km 的高度，下限可到海平面以下 12km 的深度。

1. 大气圈

地球表面的大气圈的厚度从地球表面到空中有 1000km 以上，但是对生物生活起直接作用的是大气圈下部的对流层，其平均厚度约为 10km，占全部大气质量的 70%～80%。对流层中空气的主要成分保持不变。氧气总含量近 10^8kg。氮气是中性介质，主要起到稀释氧气、减少氧化的作用。二氧化碳在空气中的含量不多，为光合作用提供原料，且具有吸收和释放辐射能的作用，是主要的温室气体。

对流层中形成的风、霜、雪、雨、露、冰雹等自然现象，一方面调节了地球环境的水分平衡，有利于生物的生长发育；另一方面给植物带来了破坏和损伤，如风灾、水灾及冰雹对植物的破坏作用。

2. 水圈

地球表面 71%的面积覆盖着海洋和江河，加上地下水、气体水及雪山冰盖的固体水，形成了地球表面的水圈。全球共有水 15×10^9km^3，其中海水占 97%，淡水仅占 3%，而 3%的淡水中又有 3/4 是人类目前无法利用的固态水，如两极的冰川、高山上永久不化的冰川和积雪等。各地区水质不同(海水、淡水、咸水等)，环境中水分的多少也不一样(水生、中生和旱生环境等)，从而为生物的生长发育和分布提供了丰富的生态环境条件。

3. *岩石圈和土壤圈*

岩石圈是指地球表面厚 30～40km 的地壳层，是组成生物体各种化学元素的仓库。由于岩石的组成成分不同，风化后形成的土壤成分、结构、有机质含量等也不同，从而为植物的生存创造了各种不同的土壤类型。土壤圈不仅是岩石圈的疏松表层，而且是在生物体的参与下形成的。坚硬岩石在物理和化学分化的作用下，逐渐破碎成细小的矿物颗粒，而死亡的动物残体，在微生物的不断分解下，最后形成了腐殖质，腐殖质与无机风化物形成了复合体，增加土壤肥力，给植物生长发育提供了良好的场所。

2.1.2 生态系统

生物群落与环境之间以及生物群落内部通过能量流动和物质循环形成一个统一的生态系统。这个概念最初由英国生态学家坦斯列(A. G. Tansley)在 1935 年提出。一个发育完整的生态系统分为生物部分和非生物部分。生物部分是指植物、动物和微生物，按照它们获得营养和能量的方式及在能量流通与物质循环过程中所担负的作用，分为以下三种类型。

1. *生产者*

生产者是只能进行光合作用的绿色植物和化能合成细菌，它们是生态系统中最积极的成分。绿色植物通过光合作用将太阳能转化成化学能，同时合成的糖类、脂类和蛋白质等为其他生物的生存提供了食物来源。所以，没有绿色植物就没有生态系统。

2. *消费者*

消费者指专门以绿色植物或动物为食的生物，包括各类动物和某些寄生或腐生的菌类。它们只能依赖生产者生产的有机物为营养，进行自身的生命活动，是异养生物。异养生物根据食性可分为草食类和肉食类。肉食类又可分为Ⅰ类肉食类(以食草动物为食者)、Ⅱ类肉食类(以Ⅰ类肉食类为食者)和Ⅲ类肉食类(以Ⅱ类肉食类为食者)。此外，还有一类杂食性消费者。

3. *分解者*

分解者是指细菌、真菌、某些土壤原生生物和腐食性无脊椎动物。它们营腐生生活，把动植物的尸体、排泄物和废弃物等分解成简单的化合物，最终分解为无机物，回归自然环境中去，被生产者再利用，在物质循环和能量流动中起到重要作用，约有 90%的陆地生物质要经过分解者分解。

非生物部分是指环境中生物所需要的无机物、太阳能和空间，包括气候因子，如日光、温度及其他物理因素；无机物，如水、氮、氧、二氧化碳和各种无机盐等；有机物，如腐殖质、蛋白质、碳水化合物、脂类及次生物质等。

2.1.3　生态系统的能量流动

生态系统的能量来源于太阳。太阳能照射到地球表面，一部分以热能的形式温暖着大地并驱动着水分循环和空气流动；另一部分被绿色植物吸收，转变为化学能，制造有机物。被植物吸收的太阳能约占照射日光的 50%，而其中仅约有 0.4%用于生产有机物；除提供环境热量外，植物仅利用太阳能的 0.1%左右。虽然如此，地球上的植物每年为地球生产了约 1700 亿 t 的有机物，其中 99%存于生产者中，消费者仅占 1%。

生态系统是一个开放系统，能量流动是单向、不可逆的。能量通过光合作用从外界输入，生态系统的总能量是增加的；而生物代谢过程则需要消耗能量，主要以呼吸的方式散溢。光合作用的能量输入与呼吸作用的能量输出是持续过程。当输入大于输出，生物群落的能量增加，生物群落发展；反之则相反。当输入与输出平衡时，则群落趋于稳定，形成顶级群落。

在系统中生态系统能量流动是通过以食物为枢纽的营养关系——食物链方式进行的。绿色植物通过光合作用吸收太阳能，制造初级营养能源，然后沿着一定的方向进行传递流通，即第一种生物被第二种生物食用，第二种生物被第三种生物食用，形成以食物为枢纽的链锁关系。食物链上每一环节称为一个营养级。通常是生产者(植物)为 I 类肉食类所食用，I 类肉食类为 II 类肉食类所食用，II 类肉食类为III类肉食类所食用，如草→昆虫→蛙→蛇→鹰，藻类→浮游生物→小虾→小鱼→大鱼等都是不同的食物链。

2.1.4　生态系统的物质循环

生态系统的物质循环是指生态系统从大气、水体或土壤中获得营养物质，通过植物吸收进入生态系统，被其他生物重复利用，最后回归自然环境的过程。生态系统的物质循环可分为内部的和外部的两种方式：内部的物质循环是物质沿着食物链，从生产者到消费者，再到分解者，循环流动；外部的物质循环是指整个生态系统物质的流入与流出，参与自然界物质大循环。水循环、碳循环和氮循环是比较重要的物质循环。

全球碳的存有量约 2.6×10^{16}t，其中 96.2%以碳酸盐的形式储存于岩石(如石灰岩、大理岩等)中，2.9%的碳是地层中的有机化合物(如煤炭、石油和天然气等)，这些固体或液体状态的碳是全球碳循环的储存库。实际上参与圈层间交换与循环的碳只占总量的 0.9%。在这部分参与循环的碳中，大气中的二氧化碳气体约占1.6%，构成现存生命体的有机碳约占 1%，其余是海水中和海底沉积物中的固体碳。碳循环的方式可分为以下几种层次。

(1)细胞级循环：主要指植物的光合作用与动植物的呼吸作用释放出CO_2。

(2)植物级循环：指植物吸收有机碳而生长，死亡后尸体腐烂，经微生物分解释放出CO_2。

(3)食物链循环：植物的非木质化部分被吞食后转化为动物组织，且沿食物链进行传递。

(4)生物地球化学循环：包括地球生物系统、人类活动(如煤炭、石油和天然气的燃烧)及火山活动等与大气之间的碳交换。

(5)大范围循环：包括陆地生态系统与大气之间、海水深层与表层之间、海水与大气之间的碳循环。

以上五种方式相互影响，相互制约，构成了自然界中碳循环。所以地球上的绿色植物就好像是一座“绿色工厂”，源源不断地为地球上绝大多数生命体提供物质和能量的来源。绿色植物又好比是一台天然的“空气净化器”，不断地通过光合作用吸收CO_2和释放O_2，使大气中的O_2和CO_2的含量相对稳定(图 2-1)。基于生物质的独特的形成过程，生物质能既不同于常规的化石能源，又有别于其他可再生能源。

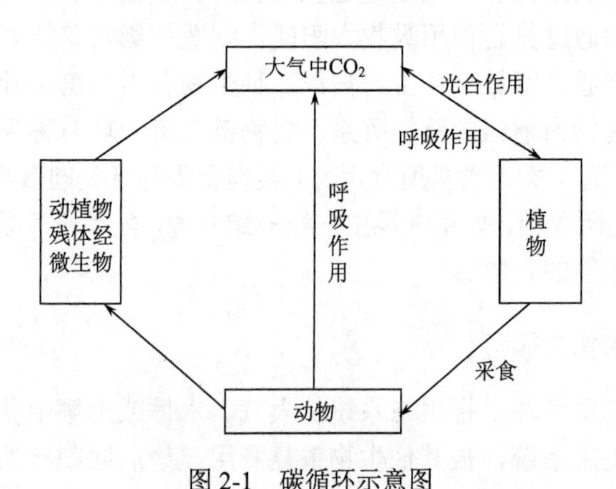

图 2-1　碳循环示意图

2.1.5　生态系统的生产与再生产

生态系统的生产包括植物性生产和动物性生产两部分。植物性生产主要是自然界自发通过光合作用来实现的，植物将太阳能固定并生产有机物，这一过程称为第一性生产或初级生产。在一定时期内，植物把无机物合成为有机物或能量固定的总数量称为生产量，其中包括同一期间植物代谢所消耗的有机物或能量。总生产量减去植物消耗量的剩余量称为净生产量。在任一时间内所有生物的总数量以物质数量表示，称为生物量。在一定面积的区域内，某一时间存活的生物数量称为现存量，用生产速率表示。如地球热带雨林生态系统生产量扣除15%～20%的植物呼吸消耗后，净生产量为 340 亿 t/a；地球农田生态系统净生产量为 91 亿 t/a。

地球上的绝大多数生物质资源都储存在森林、草场、农作物和海洋生物之中。不同的生态系统初级生产量的分布是不均等的，它们在同一时间内生产有机物质的数量也不相同。通常淡水生态系统的初级生产量最高，生产者是藻类和水生维管植物；海洋生态系统的初级生产量最低；陆生生态系统因植被系统不同而有较大差异，如荒漠生态系统的净生产量小于 0.5g/(d·m^2)，草原生态系统为 0.5～3.0g/(d·m^2)，落叶林或针叶林为 3～10g/(d·m^2)，农田生态系统为 10～25g/(d·m^2)。

生态系统的动物性生产是指动物采食植物或捕食其他动物之后，经消化吸收把有机物再次合成的过程，称为次级生产。次级生产服从金字塔营养规律。生态系统中的分解者虽然在分解过程中产生新的细胞或个体，也积累部分生物量，但数量极少，一般忽略不计。

光合作用的进行实际上保持了生态系统的生产与再生产的一种动态平衡。绿色植物通过光合作用固定大气中的碳，将太阳辐射的能量转化为化学能储存起来，然后通过食物链进行转移，生物和环境之间也因物质和能量制约而达到了生态平衡。

2.1.6　人工生产与再生产

人工生产是社会再生产和自然再生产过程的结合，人类通过劳动的调节和干预，利用光、热、水和土等自然条件和生物的生理作用进行能量积累和物质转化生产活动。人工生产的目的是满足人类生活所需的食物和工业生产所需的原料以及创造良好的生态环境。例如，人类食用的粮食、油料、食糖、瓜果和蔬菜等都来自农业生产，随着农业生产的发展、农副产品的增多，进一步有淀粉业、制糖业、油脂业和其他食品加工业发展；同时，人类利用野生牧草和栽培植物饲养家禽和家畜，发展了畜牧业。总之，人工生产过程是自然再生产过程和社会再生产过程密切联系、彼此交错、相互作用的统一过程，本质上是人类长期以来利用自然的产物。

2.2 生物质能资源生产的周期性

地球围绕着自转轴不停地自转，每转一周的时间为一天。同时，地球也围绕着太阳公转，公转一周的时间为一年。地球公转的轨道是椭圆的，公转轨道面与赤道面的交角约为 23°27′，且存在周期性变化。地球自转和公转运动的结合产生了地球上的昼夜交替、四季变化和五带(热带、南北温带和南北寒带)区分。光照时间、光照强度和温度等环境因素均呈现周期性的变化。因此，植株的生长具有明显的周期性，表现为生长大周期、季节周期性和昼夜周期性。

2.2.1 植物生活周期

种子植物的种子在适宜条件下，会萌发长成幼苗，幼苗经过营养生长，形成有根、茎、叶分化的植株；随着植株长大，开始转入生殖生长，茎枝上一部分顶芽、腋芽会转而形成花芽，发育成花朵；开花、传粉、受精之后，子房长成果实，胚珠发育成种子，种子又可长成新一代的植株。种子植物从种子开始，经过营养生长与生殖生长，又生产种子，形成了植物的生活周期，称为生长大周期。

在植物生长过程中，无论是细胞、器官或整个植株的生长率都表现出“慢—快—慢”的规律。即开始时生长缓慢，以后逐渐加快，达到最高点后又减缓以致最后停止。如果以时间为横坐标，生长量为纵坐标，则植物的生长呈 S 形曲线。植株的生长大周期产生的原因比较复杂，主要与光合面积的大小及生命活动的强弱有关。生长初期，幼苗光合作用面积小，根系不发达，生长速率慢；中期，随着植物光合作用面积的迅速扩大和庞大根系的建立，生长速率明显加快；到了后期，植株逐渐趋于衰老，光合作用速率减缓，根系生长缓慢，植株生长减慢以致停止。

2.2.2 季节周期性

一年或多年生的植物，在一年中的生长过程，随季节变化也明显地具有一定周期性。同一种植物在每年大体相同的时间出叶、开花和落叶，形成了一个生产循环。植物在一年中的生长随着季节而发生的规律性变化称为季节周期性。它主要在四季的温度、水分、日照等条件下通过内因来控制。春天开始，日照延长、气温回升、组织含水率增加，原生质从凝胶状态转变为溶胶状态，各种生理代谢活动大大加强；到了夏天，光照和温度进一步延长和升高，水分供应也比较充足，于是植物旺盛生长；秋天来临，体内发生与春季相反的多种生理代谢变化，有机物从叶向生殖器官或根、茎、芽中转移，落叶、落果；植物的代谢活动随着冬季的来临降低到很低水平，并逐渐加深休眠。

以草本植物为例，根据植株生存年限的长短，可分为一年生、二年生和多年生三类。

(1) 一年生植物：在一个生长季完成全部生活史的植物。它们从种子萌发到开花结果，直至枯萎死亡，在一个生长季内完成，如水稻、玉米、高粱、大豆、黄瓜、烟草和向日葵等。

(2) 二年生植物：在两个生长季内完成全部生活史的植物。第一年种子播种后，当年萌发，仅长出根、茎、叶等营养器官，越冬后第二年才开花结果直至枯萎死亡，如白菜、胡萝卜、菠菜、冬小麦、洋葱和甜菜等。

(3) 多年生植物：生存期超过两年以上的草本植物。地上部分每年生长季节末死亡，地下部分(根或地下茎)为多年生，如薄荷、菊、鸢尾和百合等。

2.2.3　昼夜周期性

植物的植株或器官生长速率随昼夜也发生有规律的变化，称为昼夜周期性。影响植物昼夜生长的因素主要是温度、水分和光照。在一天中，昼夜的光照强度和温度高低不同，体内的含水量也不相同，使植物的生长表现出昼夜周期性。

另外，植物体内存在一种不依赖于环境刺激的近似昼夜节奏(周期为 20～28h)的计时系统，称为生物钟，它具有内生性、对温度不敏感性和计时性三个特性。

2.3　林业生物质能资源的生产与再生产

森林是陆地生态系统的主体，是国民经济和社会发展的物质基础，是维持生态平衡和改善生态环境的重要保障。森林具有多种功能，既能固碳释氧、涵养水源、防风固沙、保持水土、保护物种和净化大气环境，又能为经济社会发展和人们生活提供木材、药材和食品等多种林产品，还能为人类提供森林观光、休闲度假、生态疗养和传承文化的场所，是人类不可或缺的自然资源。

林业生物质资源是指森林生长和林业生产过程中所提供的能源，包括薪炭林、在森林抚育和间伐作业中的零散木材、残留的树枝、树叶和木屑等；木材采运和加工过程中的枝丫、锯末、木屑、梢头、板皮和截头等；林业副产品的废弃物，如果壳和果核等；木本油料作物。

2.3.1　林业资源

第八次全国森林资源清查(2009～2013 年)结果显示，全国森林面积 2.08 亿 hm^2，森林覆盖率 21.63%，森林蓄积 151.37 亿 m^3。人工林面积 0.69 亿 hm^2，蓄积 24.83 亿 m^3。

与第七次森林资源清查结果相比，我国森林资源呈现四个主要特点。一是森林总量持续增长。森林面积由 1.95 亿 hm^2 增加到 2.08 亿 hm^2，净增 1223 万 hm^2；森林覆盖率由 20.36%提高到 21.63%，提高 1.27 个百分点；森林蓄积由 137.21 亿 m^3 增加到 151.37 亿 m^3，净增 14.16 亿 m^3。二是森林质量不断提高。森林每公顷蓄积量增加 3.91m^3，达到 89.79m^3；每公顷年均生长量提高到 4.23m^3。随着森林总量增加和质量提高，森林生态功能进一步增强。全国森林植被总碳储量 84.27 亿 t，年涵养水源量 5807.09 亿 m^3，年固土量 81.91 亿 t，年保肥量 4.30 亿 t，年吸收污染物量 0.38 亿 t，年滞尘量 58.45 亿 t。三是天然林稳步增加。天然林面积从原来的 11 969 万 hm^2 增加到 12 184 万 hm^2，增加了 215 万 hm^2；天然林蓄积从原来的 114.02 亿 m^3 增加到 122.96 亿 m^3，增加了 8.94 亿 m^3。四是人工林快速发展。人工林面积从原来的 6169 万 hm^2 增加到 6933 万 hm^2，增加了 764 万 hm^2；人工林蓄积从原来的 19.61 亿 m^3 增加到 24.83 亿 m^3，增加了 5.22 亿 m^3。人工林面积继续居世界首位。

长期以来，中国森林资源由于受人为活动和自然灾害等因素影响，其地理分布极不均衡，大部分森林资源集中分布在主要江河流域、山地丘陵地带。从地域分布来看，森林资源分布总的趋势是东南部多、西北部少；在东北、西南边远省（区、市）及东南、华南丘陵山地森林资源分布多，而辽阔的西北地区、内蒙古中西部、西藏大部，以及人口稠密、经济发达的华北、中原及长江、黄河下游地区，森林资源分布较少。随着中国政府生态建设力度的不断加大以及西部大开发战略的实施，天然保护工程等“六大”林业工程建设的推进，中国西部森林资源逐渐丰富，森林资源分布不均的状况将逐步改善。

2.3.2 薪炭林

在林业生产过程中，薪炭林提供产量高而生长期（轮伐期）短的生物质能源，是大多数发展中国家的重要能源。薪炭林也是我国森林发展的一个战略林种，发展薪炭林是改变我国目前薪柴过量使用，满足农村能源需求的重要措施。同时，对于保护其他林种，维护和改善生态环境和大气自然环境也有很大的作用。

我国幅员辽阔，从南到北兼有热带、亚热带、暖温带、温带、寒温带几个不同的气候带，其中，亚热带、暖温带、温带约占 70.5%，并拥有青藏高原这一特殊的高寒区。南部的雷州半岛、海南、台湾和云南南部各地，全年没有冬季，四季高温多雨；长江和黄河中下游地区，四季分明；北部的黑龙江等地区，冬季严寒多雪；广大西北地区，降水稀少，气候干燥，冬冷夏热，气温变化显著；西南部的高山峡谷地区，则从谷底到山顶，呈现出从湿热到高寒的多种不同气候。此外，我国还有高山气候、高原气候、盆地气候、森林气候、草原气候和荒漠气候等多种具体气候。因此，我国的树种资源十分丰富，适合我国各地的薪炭林的种类也较多(表 2-1)。

表 2-1　我国各地区主要薪炭林树种

地区	主要薪炭林树种
东北地区	松江柳、蒿柳、圆头柳、粉枝柳、蒙古栎、辽东栎、杨树、桦树、刺槐、沙棘、胡枝子、榛子、山杏等
西北地区	沙枣、沙棘、柽柳、多枝柽柳、杞柳、花棒、柠条、梭梭柴等
华北地区	刺槐、山槐、紫穗槐、栓皮栎、油松、杨树、旱柳、胡枝子、臭椿、苦楝等
南方热带、亚热带地区	台湾相思、大叶相思、银合欢、任豆、黑荆树、铁刀树、石栎、青冈栎、麻栎、窿缘桉、赤桉、柳叶桉、曼腾桉、马尾松、木麻黄、刺槐、木荷、石梓、旱冬瓜、枫杨等

(1)沙棘：胡颓子科沙棘属，又名酸柳、酸棘、黑棘等，是一种小浆果植物，落叶灌木或亚乔木，主干可达 10m，常见 2m 左右。与樟子松、落叶松、云杉营造混交林，是干旱、半干旱地区绿化荒山荒坡、营造水土保持林的最佳造林模式。沙棘属阳性树种，喜光照，对土壤的要求不高，可在多种土壤生长，一般年降水量在 400mm 以上，对温度要求不很严格，年日照时数 1500～3300h。沙棘林如长期不进行平茬利用，尤其在干旱荒坡或比较黏重的土壤上，就会出现生长停滞，甚至枝梢干枯等衰老现象。平茬一般可在造林 4～5 年开始，平茬间隔期 4～6 年为宜，平茬出材量因地类不同差异大。立地条件较好，林木较密的地方，第一次平茬一般 3.5～4t/hm^2，第二次、第三次平茬出材量更多。

(2)柠条：豆科锦鸡儿属几种灌木饲用植物的俗称，主要栽培种是小叶锦鸡儿、中间锦鸡儿和柠条锦鸡儿，均为落叶灌木，叶簇生或互生，偶数羽状复叶。中间锦鸡儿株高 70～150cm，柠条锦鸡儿株高 150～300cm。柠条是良好的饲用植物，枝叶繁茂，枝梢和叶片可作饲草，种子经加工后可作精饲料。柠条寿命长，一般可生长几十年，有的可达百年以上，具有广泛的适应性和很强的抗逆性，是干旱的干草原、荒漠草原和荒漠上长期自然选择和人工选择出的优良饲用植物。柠条长至 3～4 年后进行第一次平茬，平茬后可放牧，过 5～6 年后再进行平茬。

(3)沙柳：属杨柳科，落叶丛生直立灌木或小乔木，别名筐柳、北沙柳。高 3～5m。沙柳的适应性是非常广的，除在干草原分布外，还能在半荒漠、荒漠地区生长，在森林草原生长良好，它除能在丘间低湿地自然落种衍生外，还可通过人工栽植在迎风坡和较干的丘间低地、滩地上。对沙柳进行定期平茬是经营沙柳的一项重要措施。平茬不仅可以提供种条、燃料及编织、造纸纸浆用材等，而且能够更好地促进沙柳的生长发育，达到沙柳资源的永续利用。沙柳地上部分的单株生物量每隔 4 年平茬一次，平茬时单株生物量为 1.34kg，每公顷产量约 3.5t。

根据沙生灌木的生物学特性，为促其生长，每隔几年需要平茬复壮一次，各种树种平茬产量并不相同，典型灌木林树种的平茬剩余物生产量见表 2-2。

表 2-2 典型灌木林树种的平茬剩余物生产量

名称	平茬(轮伐)期/a	热值/(MJ/kg)	平均平茬产量/(kg/亩)
沙柳	4	18.8	900(含水率约 35%)
红柳	4	18.8	900(含水率约 35%)
柠条	5	19.3	660(含水率约 40%)
杨柴	5	17.6	660(含水率约 30%)

薪炭林的经营方式分为短轮伐期矮林、速生薪炭林、木作业薪炭林、鹿角桩作业薪炭林、材薪兼用林和材薪混交林等几种。短轮伐期矮林通常选用阔叶树种进行萌芽更新，轮伐期一般为 3～5 年，有的为 1～2 年或 6～8 年，每公顷年产 4～10t 干柴，可维持三四十年。速生薪炭林是国内外发展最广的薪炭林，通过发挥树种生产潜力和提高集约化经营强度可达到速生和高产的目的。以印度四年生木麻黄速生林为例，每公顷林地的年产量可达 200～250t(干重)。

需要说明的是，灌木林大多生长在森林分布线以上的地区，以及自然条件恶劣、生态脆弱的地区，利用难度很大。

2.3.3 林产品加工业废弃物

林产品加工业的废弃物来源于林木伐区剩余物(立木→原木)和木材加工区剩余物(原木→成品)。

1. 林木伐区剩余物

林木伐区剩余物包括经过采伐、集材后遗留在地上的枝杈、梢头、灌木、枯倒木、被砸伤的树木、不够木材标准的遗弃材等。据不完全统计，每采伐 100m^3 木材，剩余物约占 30%，其中约有 15m^3 的枝杈和梢头，8m^3 的木截头，还有部分小杆等。采伐、造材剩余物(包括树干梢头、枝丫和树叶)约占林木生物量的 40%。

2. 木材加工区剩余物

在我国几乎所有木材加工厂的生产线都是跑车带锯制材生产线。此类制材生产线能加工各种径级、不同形状、内部质量各异的原木，但单一的制材生产线模式不利于节约木材。带锯机锯条稳定性差，对修锯和操作技术水平要求高，造成带锯制材锯切精度低，使我国锯材规格质量较差，合格率仅为 50%。

根据木材加工场所的不同及加工工艺和木材加工产品的不同，木材的剩余物获得量也有所不同。出材率(由立木到原木的利用率)主要取决于针叶林和阔叶林的比重，按我国目前水平，综合出材率为 65%，木材利用率(从原木到成品的利用率)为 60%左右。

2.3.4　木本油料作物

我国木本含油植物种类丰富，分布范围广。我国现有木本油料植物栽培面积 342.9 万 m^2，种子含油量在 40%以上的木本植物约为 154 种。目前，培育开发技术较为成熟的油料能源树种主要有麻风树、黄连木、光皮梾木、文冠果、油桐和乌桕，上述 6 个树种的成片分布面积约为 135 万 hm^2，其中约 60 万 hm^2 可经改造培育为油料能源林，果实年产量约 114 万 t，如全部加工利用，可获得 40 余万 t 生物柴油。黄连木集中分布区约 28.47 万 hm^2，每年可生产生物柴油约 10 万 t。

同时，我国还有不适宜农耕的宜林荒山荒地 5400 多万 hm^2，盐碱地、沙地、矿山、油田复垦地等边际性土地近 1 亿 hm^2。据专家测算，如果用其中 20%的土地来种植能源植物，按照每公顷平均年生长量 10t 计，每年生产的生物质可达 3 亿 t，相当于 1.5 亿多 t 标准煤。此外，通过品种改良和高产培育技术，把现有低产、低效林改造成为专用能源林，可大大增加资源总量，提高资源质量。

2.3.5　林业的可持续发展

《林业发展“十三五”规划》明确了“十三五”期间林业发展的指导思想、目标指标、发展格局、战略任务、重点工程项目和重要制度。各级林业主管部门要加强组织领导，提高认识，以维护森林生态安全为主攻方向，以增绿增质增效为基本要求，深化改革创新，加强资源保护，加快国土绿化，增进绿色惠民，强化基础保障，扩大开放合作，完成十大战略任务，实施九大重点工程，建立七大制度体系。要将营造林生产、森林蓄积量净增、国有天然林保有量、防沙治沙、湿地保有量等任务，分解落实到地区和单位，层层落实责任，采取有力措施，确保实现国家战略意图。

全面实施以生态建设为主的林业发展战略，以发展现代林业、建设生态文明、推动科学发展为主题，以加快转变林业发展方式、提升林业质量效益为主线，以实现兴林富民为目标，坚持依靠人民群众，坚持依靠科技进步，坚持依靠深化改革，加大生态建设保护力度，加强森林经营，加快培育主导产业，加快繁荣生态文化，更好地完善林业三大体系，更好地凸显林业四个地位，更好地履行林业四大使命，更好地发挥林业五大功能，努力构建现代林业发展的基本框架，奠定生态文明建设的牢固基础，创建科学发展的良好环境，为全面建设小康社会做出新贡献。

2.4　农业生物质能资源的生产与再生产

2.4.1　农作物秸秆

农作物秸秆是指农业生产过程中，收获了稻谷、小麦、玉米等作物籽粒以后，残留的不能食用的茎、叶等副产品。秸秆作为农业的生产过程中的副产品，是一种多用途的可再生资源。农作物光合作用的产物有一半以上存在于秸秆中。秸秆含有的有机质和微量元素是培肥土壤、增加地力的重要来源，同时也是发展畜牧业的重要饲料和农村居民生活用炊事与采暖燃料。

我国是农业大国，作物秸秆数量大、种类多、分布广。每年秸秆产生的数量取决于当地气候条件、土壤条件和采用的农业技术，其中差异非常大。一般根据农作物产量和各种农作物的草谷比，可以大致估算出各种农作物秸秆的数量，即农作物秸秆产量=农作物产量×草谷比。而农作物产量又等于播种面积乘以单位面积产量。

1. 秸秆资源调查与评价方法

由于没有统一的评价指标和调查方法，实际上不同的资源调研工作缺乏可比性。因此，建立科学、合理的评价指标体系，制定规范、有效的调查与评价方法，是非常紧迫和必要的。通过建立农作物秸秆评价标准体系，提出了秸秆资源调查与评价范围、内容和方法，可以指导我国农作物秸秆资源的调查与评价工作，有利于我国秸秆综合利用进程。

1) 评价指标的建立

农作物秸秆资源具有分布广，能源密度低，收集受农时、耕作制度等限制，不确定性程度大等特点。在评价时必须充分考虑上述特点，才能获得真实可靠的结果。该标准综合了国内外相关研究结果，建立了农作物秸秆资源评价指标体系，主要包括特性、资源量、密度、时间、经济性等指标，如图 2-2 所示。

2) 秸秆的特性

特性是指具有的某种特有性质或特殊的品性、品质，可分为物理特性和化学特性等，与利用的角度有关。该标准从调查与评价的角度出发，提出了含水量和草谷比等两个特性。

(1) 含水量。

含水量是指秸秆的外在水分和内在水分的总和。秸秆的水分变化较大，将会影响利用，含水量较高秸秆的热值有所下降。一般采用烘干法进行测量。

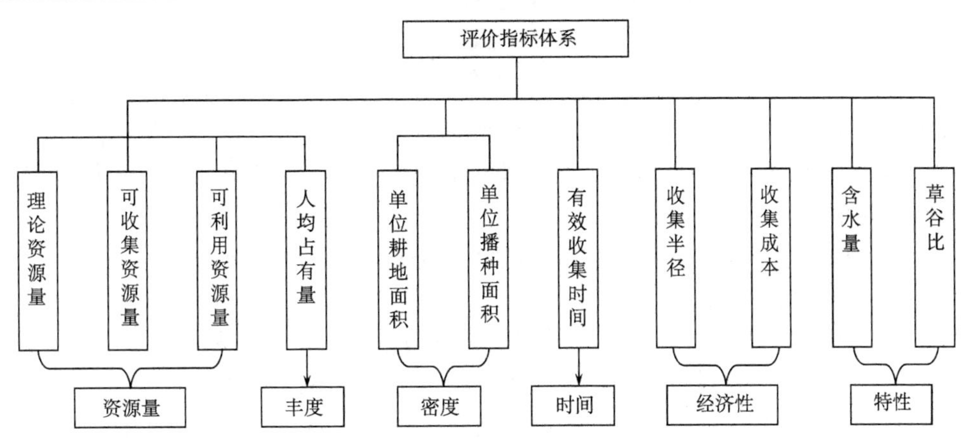

图 2-2　农作物秸秆资源评价指标体系

(2) 草谷比。

草谷比是指某种农作物单位面积的秸秆产量与籽粒产量的比值，即：草谷比=农作物秸秆产量÷籽粒产量。农作物秸秆的质量与含水量密切相关。因此，当给出某种作物的草谷比时，需同时注明含水量，通常按风干时计。由于各地区的土壤、气候以及耕作制度的不同，不同地区同一作物草谷比可能不相同。同一作物的不同品种，以及不同种植类型，其草谷比也不相同。同一地区同种作物，其丰、平、歉年的草谷比也是有差异的。一般可进行实测或参考调查区域的历史资料。某一地区某种农作物秸秆的草谷比的计算公式为

$$\lambda_i = \frac{m_{i,\mathrm{s}}(1 - A_{i,\mathrm{s}}\%)/(1-15\%)}{m_{i,\mathrm{G}}(1 - A_{i,\mathrm{G}}\%)/(1-12.5\%)}$$

式中，$m_{i,\mathrm{s}}$ 为第 i 种农作物秸秆的质量，kg；$m_{i,\mathrm{G}}$ 为第 i 种农作物籽粒的质量，kg；$A_{i,s}$ 为第 i 种农作物秸秆的含水量，%；$A_{i,\mathrm{G}}$ 为第 i 种农作物籽粒的含水量或杂质率，%；15%为秸秆风干时的含水量；12.5%为国家标准水杂率。

3) 资源量

资源量是指自然界赋存的已查明或推断的资源数量，是已经证明在经济上有利用价值的，或在可预见的时期内有利用价值的。根据利用层次的不同，秸秆的资源量可分为理论资源量、可收集资源量和可利用资源量。

(1) 理论资源量。

理论资源量是指某一区域作物秸秆的年总产量，表明理论上该地区每年可能拥有的农作物秸秆资源量。因为农作物分布得比较分散，通常均匀地分布在某一地区，并与当地的自然条件、生产情况有关，统计起来比较困难。一般根据农作物产量和各种农作物的草谷比，大致估算出各种农作物秸秆的产量。计算公式为

$$P=\sum_{i=1}^{n}\lambda_i G_i$$

式中，P 为某一地区农作物秸秆的理论资源量，t/a；i 为农作物秸秆的编号，i=1，2，…，n；G_i 为某一地区第 i 种农作物的年产量，t/a；λ_i 为某一地区第 i 种农作物秸秆的草谷比。

注：稻谷按早稻、中稻和一季晚稻以及双季晚稻分别进行计算。

(2) 可收集资源量。

可收集资源量是指某一区域通过现有收集方式可供实际利用的农作物秸秆的数量。考虑到收集过程中的损耗，可收集资源量与理论资源量并不相同，受到收集方式、气候等原因的影响，与收集技术和收集半径等因素有关。在农作物收获过程中，许多农产品需要留茬收割；在秸秆收割以及运输过程中，也发生部分枝叶脱落而造成损失，可以实地调查作物割茬高度占作物株高的比例和秸秆枝叶损失率，计算收集系数。

$$\eta_{i,1}=[(1-L_{i,\mathrm{jc}}/L_i)\ J_i+(1-L_{i,\mathrm{sc}}/L_i)(1-J_i)](1-Z_i)$$

式中，L_i 为第 i 种农作物的平均株高，cm；$L_{i,\mathrm{jc}}$ 为机械收获时，第 i 种农作物的平均割茬高度，cm；$L_{i,\mathrm{sc}}$ 为人工收获时，第 i 种农作物的平均割茬高度，cm；J_i 为第 i 种农作物机械收获面积占总收获面积的比例；Z_i 为第 i 种农作物在收获及运输过程中的损失率。

(3) 可利用资源量。

可利用资源量是某一区域可供实际利用的农作物秸秆资源量，主要包括农村居民家庭生活燃用和废弃焚烧的秸秆资源量。秸秆作为农作物的副产品，除了能源利用外，也是工业、农业的重要生产资源，可用作肥料、饲料、生活燃料以及造纸、建材、编织、养殖食用菌等工副业的生产原料，用途广泛。因此，评价可利用的秸秆资源量时，除了扣除为保证土壤肥力的秸秆还田(或过腹还田)量外，还需要考虑当地秸秆资源现有的竞争性用途，实际可利用资源量低于可收集资源量。

三种资源量的关系见图 2-3。

4) 人均秸秆资源占有量

人均秸秆资源占有量是指某一区域人均可利用秸秆资源占有的数量，表明秸秆资源的相对丰富程度。这一指标越高，则该地区的秸秆资源相对越丰富，扣除用于农村居民家庭生活用能外，还有剩余用于其他用途。反之，这一指标越低，则该地区的秸秆资源相对越匮乏。可用该地区可利用秸秆资源量除以该地区乡村人口进行计算。

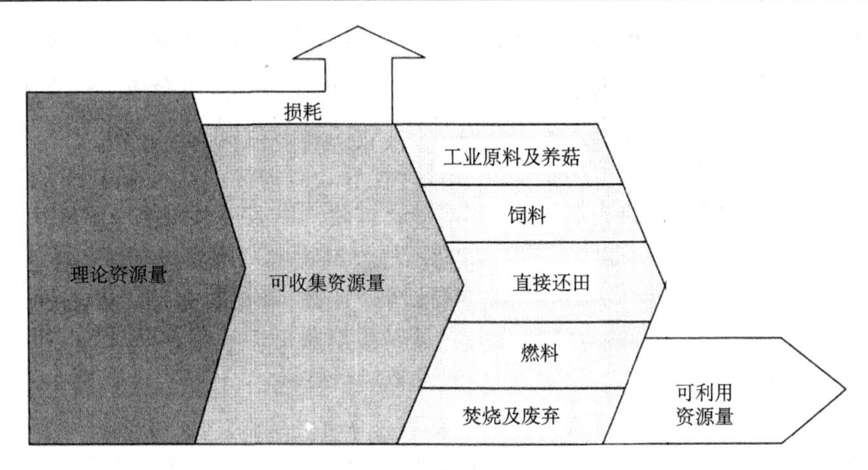

图 2-3　三种资源量的关系

5）资源密度

资源密度是指某一区域单位面积秸秆资源的数量，表明资源的丰度及经济性。从资源收集的角度来看，这一指标高，则秸秆资源集中度高，收集半径小，收集成本低，资源化利用的经济性好，适合于规模化开发利用方式。但资源密度较小时，并不意味着不适合利用，而只是说明不适合规模化利用方式，仅适用于分散式利用方式。

当秸秆资源量分别选取理论资源量、可收集资源量和可利用资源量时，对应理论资源密度、可收集资源密度和可利用资源密度。区域的面积可以分别选取国土面积、耕地面积和播种面积。

6）有效收集时间

由于秸秆利用项目是一个集中、连续的生产系统，其原料来源于农业；而我国农业是一个分散、间断的生产系统。所以，需要将两个不同的系统有机地结合起来，保证持续、稳定的原料供应。有效收集时间是指农作物秸秆在作物收获后，在不影响下茬作物播种的前提下可供收集的时间，与耕作制度和气候有关。我国长江以南（包括广东、广西、福建、湖南、江西、浙江、皖中南、鄂中南）以双季稻或双季稻三熟制占多数，长江以北、淮河以南以及西南地区则以麦（油菜）稻两熟居多数。华北平原小麦-玉米、小麦-大豆等一年两熟面积扩大。目前，复种指数约 150%。东北、西北以玉米、春小麦、谷子等一年一熟为主。

7）成本

成本是指农作物秸秆利用过程中，在收集、临时储藏以及短途运输过程中所发生的费用，通常是指农作物秸秆的到厂价格，与当地的劳动力价格以及运输距离长短（收集半径）有关。农作物秸秆的成本通常是由收集成本与运输成本组成的。

收集成本指秸秆收集过程中发生的费用，包括收集、装卸、储藏以及短途运输等费用。由于具体计算较为困难，可采用机会成本进行替代。机会成本是指生物质资源用于某一用途，同时丧失了用于其他用途所能带来的潜在收入。如农作物秸秆用作燃料，就丧失作为饲料的机会，秸秆作为饲料的价格可以作为其机会成本。运输成本是指生物质资源从临时储藏点运输至处置地点的费用，每吨生物质资源的运输成本与运输距离成正比。

2. *调查方法和内容*

1) 调查方法

调查采用座谈和入户调查相结合的方式。其中，选择所调查乡镇和村时，应考虑经济(发达、较发达、不发达)、农民收入(高、中、低)、农作物播种面积、是否具有典型性等因素。

(1) 座谈：分县、乡(镇)、村三级进行。

第一级：县级座谈。参与的部门包括农技推广、土肥、畜牧和农村能源等部门，通过了解所调查县的整体情况，选出典型调查乡(镇)。

第二级：乡(镇)级座谈。了解所选乡(镇)的整体情况，并在每个乡(镇)挑选至少 2 个具有代表性的自然村。

第三级：村级座谈。了解所选村的整体情况，根据情况选择不少于 15 户进行入户调查。

(2) 入户调查：调查人员携带调查表进入农户调查。

2) 调查内容

调查内容主要包括三部分：所选县基本情况，主要农作物生产、养殖业及秸秆利用情况，农户秸秆利用与生活用能情况。其中前两部分内容主要由相关县进行填写，第三部分内容入户调查。

(1) 基本情况。

社会经济发展状况：包括国内生产总值(gross domestic product，GDP)、村镇数量与分布、总人口数、农业人口数、农户数、人均收入、劳动力成本等。

气候状况：包括近三年的平均气温、平均相对湿度、降雨量、降雨天数、日照时数、无霜期等。

土地资源及利用情况：包括土地面积、耕地面积、农作物种植种类等。

(2) 主要农作物生产、养殖业及秸秆利用情况。

主要农作物生产情况：包括近三年的耕地面积、播种面积、产量等。

养殖业情况：调查牛的养殖情况，包括肉牛年出栏数、奶牛的年存栏数、规模化养殖场状况等。

秸秆利用情况：包括秸秆收获方式、秸秆利用情况(还田、饲料青贮、家庭燃用、工业用途等)、秸秆收购方式及成本等。

(3) 入户调查内容。

入户调查内容包括农户基本情况、农作物生产情况、秸秆利用情况、生活用能情况等方面。

3) 农作物秸秆的特性试验

为调查秸秆草谷比、含水量、株高、留茬高度等特性，需开展秸秆特性试验。一般在农作物收获时直接取样，与各种农作物的收获时间有关。对当地栽培面积最大、普遍推广，且其播种期、栽培期对当地也最适宜的品种，选择当地具有代表性的地形、地势、耕作制度和栽培水平的大田，且周围无障碍和特种小气候影响的地块进行取样。按照 GB/T 5262 进行取样：平作和垄作作物，每点取 $1m^2$ 面积内的植株(垄作作物在一条垄上割取)；平作作物每点割取 5 行 5 穴，具体取样方式按当地实际条件进行调整。试验过程具体为：①根据农作物的收获方式的不同，分别测量各种收获方式的秸秆割茬高度。②在取样地块里采用对角线分割 5 点进行取样，将每点的农作物秸秆地上部分整株割下，测量株高并记录。③将作物收割保存，待全部收获后将收割的样本晾晒、烘干、脱粒后，分别称取秸秆和籽粒的质量。④首先按照 GB/T 3543.6 测定籽粒的含水量和杂质率，再按照热风干燥法的试验方法测定秸秆的含水量。⑤分别计算各样品的草谷比，并取平均值。其中，秸秆含水量按风干(约 15%)计，籽粒含水量调整至国家标准水杂率，粮食一律按脱粒后的原粮计算，棉花产量按皮棉计算，豆类按去豆荚后的干豆计算，薯类按 5kg 鲜薯折 1kg 粮食计算。⑥按照 NY/T 12 测定农作物秸秆的发热量。

3. 评价方法

在完成资源调查后，按照下述步骤对该区域的秸秆资源进行评价。评价过程中，如果发现问题，将及时反馈，进行补充调查。

1) 秸秆可利用资源量评价

(1) 根据上述调查结果，包括主要农作物草谷比、播种面积、产量、收集系数、可利用系数等，分别计算秸秆理论资源量、可收集资源量和可利用资源量。

(2) 分别选取国土面积、耕地面积和播种面积，计算秸秆的资源密度。

(3) 计算人均秸秆资源占有量。

2) 秸秆经济性评价

(1) 根据当地劳动成本情况和运输状况，计算秸秆的成本。

(2) 对于不同的秸秆利用技术潜力进行评价。如秸秆能源化(如秸秆固体成型燃料、秸秆沼气以及秸秆气化等)、秸秆饲料化以及秸秆工业原料化等利用技术，包括秸秆资源数量、价格和收集半径等。

3) 秸秆资源未来发展预测

根据当地农业发展规划、发展趋势以及其他竞争性用途的发展趋势，测算秸秆资源未来可利用资源量等。

4) 不确定性分析

不确定性分析对秸秆资源的开发决策具有重大影响，有时这种影响甚至是决定性的。不确定性问题影响秸秆资源预期数量的不确定性和成本的不确定性，在资源评价中必须加以处理。可采用敏感性分析，考察秸秆资源利用的不确定性。秸秆资源不确定性主要包括自然灾害和农业产业结构调整对农业生产的影响，劳动力成本的变化，以及新型秸秆资源利用技术的出现等。

最后，编写秸秆资源调查与评价报告，报告包括：①前言，包括调查与评价的目的与意义、调查任务承担单位、调查任务合作单位、调查区域和时间；②调查区的自然环境和社会经济特征；③调查过程；④样品采集分析和数据处理方法；⑤秸秆资源量可供性分析；⑥秸秆经济性评价；⑦秸秆资源的未来发展趋势分析；⑧不确定性分析；⑨结论和建议。

4. 全国秸秆资源调查与评价

农业部印发的《全国农作物秸秆资源调查与评价工作方案》，要求以县为单位，调查与评价稻谷、小麦、玉米、薯类、油料和棉花等大宗农作物秸秆资源产量分布和秸秆利用现状。主要调查与评价结果如下。

1) 理论资源量

由于各地区的土壤、气候以及耕作制度的不同，不同地区同一作物草谷比可能不相同。同一作物的不同品种，以及不同种植类型，其草谷比也不相同。同一地区同种作物，其丰、平、歉年的草谷比也是有差异的。本次调查采取实测草谷比的方式进行测算。据调查，2015 年，全国农作物秸秆理论资源量约为 10.4 亿 t。

从“五料化”利用途径看，秸秆肥料化利用量为 3.9 亿 t，占可收集量的 43.2%；秸秆饲料化利用量 1.7 亿 t，占可收集量的 18.8%；秸秆基料化利用量 0.4 亿 t，占可收集量的 4.0%；秸秆燃料化利用量 1.0 亿 t，占可收集量的 11.4%；秸秆原料化利用量 0.2 亿 t，占可收集量的 2.7%。

从分布来看，稻草主要分布在湖南、江苏、湖北、四川、安徽和黑龙江等省，湖南资源最为丰富；麦秸主要分布在河南、山东、河北、江苏和安徽等省，河南资源最为丰富；玉米秸主要分布在黑龙江、吉林、河北、山东、河南、内蒙古和辽宁等省区，黑龙江资源最为丰富；油料作物秸秆主要分布在湖北、四川、山东、安徽、湖南和江苏等省，湖北资源最为丰富。

2) 可利用资源量

调查结果表明，秸秆作为肥料使用量约 1.02 亿 t(不含根茬还田，根茬还田量约 1.33 亿 t)，占可收集资源量的 14.8%；作为饲料使用量约 2.11 亿 t，占 30.7%；作为燃料使用量约 1.29 亿 t，占 18.8%；作为种植食用菌基料量约 1500 万 t，占 2.1%；作为造纸等工业原料量约 1600 万 t，占 2.3%；废弃及焚烧约 2.15 亿 t，占 31.3%。具体见图 2-4。

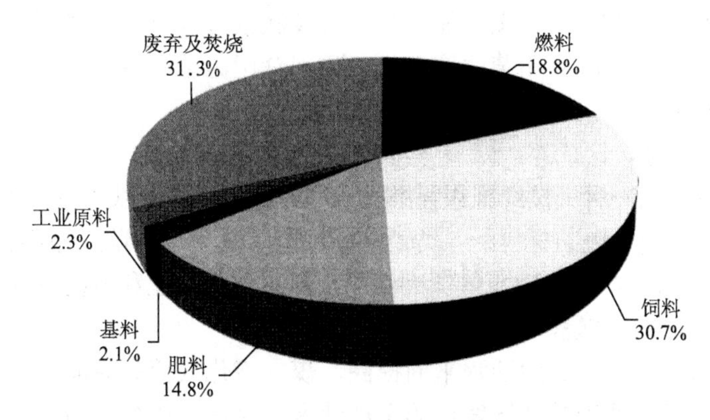

图 2-4　各种用途资源占可收集资源量的比例

(1) 秸秆直接还田。

秸秆还田分直接还田和间接还田两种形式。过腹还田实际是秸秆经饲喂后变为厩肥还田，统计时通常归入饲料用途，不计为秸秆还田范畴。

(2) 秸秆养畜。

秸秆是草食性家畜重要的粗饲料来源。据专家测算，1t 普通秸秆的营养价值平均与 0.25t 粮食的营养价值相当。但未经处理的秸秆不仅消化率低、粗蛋白质含量低，而且适口性差，单纯饲喂这种饲料，牲畜采食量不高，难以满足需要。而经过青贮、氨化等科学处理，秸秆的营养价值可以大幅度提高，是秸秆饲料化的主要技术途径。

自 1992 年以来，由国家农业综合开发办公室和农业农村部(原农业部)共同组织实施秸秆养畜示范县项目，项目选择牛羊等反刍动物养殖基础好、农作物秸秆资源丰富的地区(县级)，建设秸秆青储氨化设施、配置秸秆处理机械、畜舍等，重点推广秸秆青储、氨化等处理技术。

(3) 秸秆能源化利用。

秸秆能源化利用的主要方式有直接燃烧(包括通过省柴灶、节能炕、节能炉燃烧及直燃发电)、固体成型燃料、气化和液化等。长期以来，秸秆和薪柴等传统生物质能是我国农村地区居民传统炊事和采暖用燃料。但随着农村经济发展和农民收入的增加，农村居民生活用能结构正在发生着明显的变化，煤、油、气和电等商品能源越来越得到普遍应用，秸秆仅在传统利用地区(如“三北”地区)、经济不发达地区(如西部)以及经济发达地区的贫困人群中使用，目前利用量约为1.29亿t，主要省份为黑龙江(2866万t)、吉林(2261万t)、四川(1555万t)、辽宁(1024万t)。

(4)秸秆种植食用菌。

由于秸秆中含有丰富的碳、氮、矿物质及激素等成分，且资源丰富、成本低廉，因此很适合作多种食用菌的培养料。我国食用菌总产量约1800万t，秸秆利用量约1500万t。

(5)秸秆作为工业原料。

秸秆纤维作为一种天然纤维素纤维，生物降解性好，可以作为工业原料，如纸浆原料、保温材料、包装材料、各类轻质板材的原料，可降解包装缓冲材料、编织用品等，或从中提取淀粉、木糖醇、糖醛等。我国秸秆工业利用量约1600万t。

(6)秸秆废弃及焚烧。

随着农村经济条件和生活水平的提高，煤、液化气等商品能源在农村地区的应用越来越广泛，特别是经济发达的东部地区，直接用作燃料的秸秆越来越少。此外，化肥的大量使用，使秸秆作为肥源的用量减少。不少秸秆被弃置于田头和路边、村前和屋后，最终被付之一炬，严重污染环境，影响工农业生产和人民生活。我国每年废弃焚烧的秸秆总量约2.15亿t。

秸秆焚烧的污染和安全问题相当突出。目前焚烧的秸秆主要是小麦、水稻和玉米秸秆三大类。秸秆焚烧的区域主要集中在粮食主产区、经济发达地区和大中城市郊区。焚烧秸秆发生在收获期与下一个播种期之间，时间短，处理量大。麦秸焚烧主要集中在河南、山东、河北、安徽、江苏、北京、天津、陕西、山西等省市，焚烧时段多在5月下旬至6月中旬；稻草焚烧主要集中在四川、江西、湖南、福建、广东、浙江、湖北、上海、江苏等省市，焚烧时段多在10～11月；玉米秸焚烧主要集中于山东、河南、河北、吉林、辽宁、黑龙江、北京、天津、山西、陕西等省市，多发生于9月下旬至10月中旬。

2.4.2 农产品初加工剩余物

农作物收获后进行加工时也会产生废弃物，如稻壳、玉米芯、花生壳、甘蔗渣和棉籽壳等。这些农业废弃物由于产地相对集中，主要来源于粮食加工厂、食品加工厂等，数量巨大，容易收集处理，可作为燃料直接燃烧使用，也是我国农村传统的生活用能。

稻壳是稻米加工过程中数量最大的副产品，与粮食生产密切相关，占稻谷质量的20%以上。

甘蔗渣是蔗糖加工业的主要废弃物之一，甘蔗渣与蔗糖的质量比例为1∶1。我国甘蔗的主产区为广东、广西、台湾、福建、云南和四川等地。甘蔗渣的热值为 8039kJ/kg。目前，我国的甘蔗渣除少量用于造纸、制造纤维板、生产木糖和糠醛外，绝大多数用作制糖厂锅炉燃料。

玉米芯是将玉米穗剥去玉米粒的轴穗，占玉米穗质量的 20%～30%。我国玉米的主产区是辽宁、吉林、黑龙江、河北、山东和四川等地，其主要作为燃料使用。

花生壳是花生初加工的剩余物，不同种类花生的花生壳含量是不同的，一般情况下占总质量的 35%。花生的主产区是山东、四川、广东、广西、江苏、河北、辽宁和台湾等地。花生壳的热值为 19 200kJ/kg，除少部分作为黏结剂原料外，绝大多数作为燃料使用。

2.4.3 畜禽粪便

畜禽粪便是畜禽排泄物的总称，它是其他形态生物质(主要是粮食、农作物秸秆和牧草等)的转化形式，包括畜禽排出的粪便、尿及其与垫草的混合物。

当前，中国畜牧业已进入一个新的发展阶段，正由传统畜牧业向现代畜牧业转变，畜牧业生产水平不断提高，综合生产能力显著增强，畜牧业已成为农业和农村经济的支柱产业。

随着畜禽疫病的增加，尤其是农村地区人畜共患病的发生和控制的难度增加，市场对畜禽产品质量方面的追求将不断提高，畜禽养殖已从农户散养为主进入散养与规模化饲养(规模化养殖场：猪出栏 50 头以上，奶牛存栏 5 头以上，肉牛出栏 10 头以上，羊存栏 30 只以上，肉鸡出栏 2000 羽以上，蛋鸡存栏 500 羽以上)并重的阶段，规模化饲养将逐步占据主导地位，规模化、产业化发展是中国畜牧发展的主要方向。但是，规模化养殖生产过程中排放的大量粪尿，由于得不到集中、有效的处理，对土壤、空气和水源等生态环境造成了严重的污染。

养殖场沼气工程是以废弃物厌氧发酵为手段、以能源生产为目标，最终实现沼气、沼液、沼渣综合利用的生态环保工程，是一种有效的利用方式，未来发展空间还很大。

目前，对于中国畜禽粪便排放量的估算有一定的报道，但均未考虑沼气生产潜力。另外，某些估算时在养殖品种上未区分肉牛和奶牛、肉鸡和蛋鸡，在对养殖数量、养殖周期、排泄系数的选取上存在不当，严重地影响了计算结果。本小节通过合理选择畜禽的养殖周期、排泄系数和沼气生产潜力，重点估算生猪、奶牛、肉牛、羊、肉鸡和蛋鸡等畜禽的粪便排放量、沼气生产潜力及其分布情况。

1. 畜禽粪便量的计算

畜禽粪便可按照畜禽饲养量、饲养周期和养殖期内的粪尿日排泄系数进行计算：

畜禽粪便总量=饲养量×日排泄系数×饲养周期

奶牛、肉牛、羊和蛋鸡的饲养周期大于 1 年，以年末存栏数作为饲养量，365

天作为饲养周期。我国生猪的生长育肥周期平均为 105～110 天，体重达 90～110kg，即可出栏；肉鸡的饲养周期为 49 天，生猪和肉鸡均以出栏数作为饲养量。畜禽粪便的日排泄量与品种、体重、生理状态、饲料组成和饲喂方式等均相关，目前我国尚没有相应的国家标准。本节收集比较了国内公开发表的文献，确定各种畜禽的粪、尿有关的日排泄系数，见表 2-3。

表 2-3　畜禽的粪、尿有关的日排泄系数　　单位：kg

类别	粪	尿	粪尿总量
生猪	1.38	2.12	3.5
奶牛	30	15	45
肉牛	15	8	23
羊	1.5	0.5	2.0
肉鸡			0.10
蛋鸡			0.12

2. *沼气生产潜力的计算*

影响畜禽粪便生产沼气的因素很多，包括厌氧环境、有机物、C/N、适宜的温度、pH 值、搅拌等，可根据化学需氧量(COD)或总固体(TS)计算，不同畜禽粪便的产气率是不同的。本书分别按猪粪 55～65 m^3/t，牛粪 40～50 m^3/t，羊粪 62 m^3/t，鸡粪 70～90 m^3/t 计算。

3. *温室气体减排潜力的计算*

规模化养殖场沼气工程对温室气体减排的影响主要表现在两个方面：①畜禽粪便等经沼气工程的处理，减少了 CH_4 排放；②生产的沼气可用于发电或供热等，替代煤炭，减少了 CO_2 排放。影响畜禽粪便 CH_4 排放的主要因素有粪便种类、粪便管理系统和气候特点等。不同气候区 CH_4 排放系数见表 2-4。沼气池中消化处

表 2-4　中国不同气候区 CH_4 排放系数　　单位：kg/（头 · a）

类别	寒冷(<15℃)	温和(15～25℃)	温暖(>25℃)
生猪	2	4	7
奶牛	10	19	31
肉牛	1	1	1
羊	0.1	0.15	0.20
家禽	0.01	0.02	0.02

理的挥发性固体量按70%计算。养殖场沼气工程一般可为周围居民提供生活能源，1 m^3 沼气可以替代 2kg 煤炭，相当于减少 CO_2 排放量为 3.79kg。

2.4.4　生产燃料乙醇的原料

燃料乙醇是指以玉米、小麦等粮食作物和薯类、甘蔗、甜菜、甜高粱等非粮作物为原料，经过发酵、蒸馏制得乙醇，进一步脱水，再经过不同形式的变性处理后，成为变性燃料乙醇。燃料乙醇一般是通过发酵法生产，利用微生物的发酵作用将糖分或淀粉转化为乙醇，也可将纤维素类物质降解为单糖后再发酵生产乙醇。按其成分不同，燃料乙醇的原料分为糖类、淀粉类和纤维素三种类型。

糖类原料包括甘蔗、甜菜和甜高粱茎秆等含糖作物，以及糖蜜等。甘蔗和甜菜等糖类原料在中国主要作为制糖工业原料，很少直接用于生产乙醇。甜高粱除了具备普通高粱的一般特点外，最大的区别是到了成熟时茎秆中含有大量汁液，其中糖分含量很高，可转化为乙醇。糖蜜是制糖工业的副产品，内含相当数量可发酵性糖，经过适当的稀释处理和添加部分营养盐分即可用于乙醇发酵，其成本低、工艺简单。

淀粉类原料包括甘薯、木薯和马铃薯等薯类和高粱、玉米、水稻、谷子、大麦、小麦和燕麦等谷类。甘薯在中国栽培极为广泛，其适应性和抗旱性都很强，能抗旱、耐瘠、耐碱，对土壤的要求较低，是一种易于保高产的作物。中国南方地区盛产木薯，北方地区盛产马铃薯，它们也是乙醇生产的优质原料。谷类原料是人类生活的主要食粮，一般情况下应尽量不用或少用。

1. 甜高粱

1) 生物学特征

甜高粱[*Sorghum bicolor* (L.) Moench]也称芦粟、甜秫秸、甜秆和糖高粱等，是禾本科高粱属粒用高粱的一个变种，具有光合效率高、生物产量高和抗逆性强、适应性广等特点。甜高粱茎秆富含糖分，汁液糖锤度 15%～21%，一般亩产茎秆 4t 左右，籽粒产量 150～400 千克/亩。茎秆纤维含量 14%～18%，亩产纤维达 600～1000kg。

甜高粱属于碳四（C_4）作物，其 CO_2 浓度的补偿点近乎 0，当 CO_2 浓度达到 1μL/L 时，便可积累光合产物，当 CO_2 浓度高达 1000μL/L 时，光合作用仍在上升。

甜高粱具有很强的抗旱、耐涝、耐盐碱、耐高温、耐瘠薄等特性，有作物中的“骆驼”之称。甜高粱可忍受的盐浓度为 0.5%～0.9%。甜高粱也很耐涝，遭洪水浸泡 1 周，大水退后能很快恢复生长。甜高粱对土壤的适应能力很强，pH 在 5.0～8.5 时，均能很好地生长。适应栽培的区域广泛，10℃以上积温 2600～4500℃的地区（从海南岛至黑龙江），均可栽培。

2) 发展现状

高粱是中国最早栽培的禾谷类作物之一。2018 年我国高粱播种面积增加 3%，单产提高 2%。进口方面，2018 年 1～11 月高粱进口量在 364.7 万 t，同比下降 25.6%左右。

甜高粱在中国各地均有种植，但种植规模还不大，相对比较分散，以北方为主，大部分为零星种植。20 世纪 70 年代中期，食糖短缺引发了我国对甜高粱的关注，从国外大量引进甜高粱品种，并进行品种改良和制糖酿酒试验等综合利用研究。改革开放后，食糖问题得到解决，甜高粱主要作为饲草和能源作物发展。经多年研究，已经自主选育出适于中国大部分地区种植的甜高粱新品种，如“醇甜系列”“原甜系列”“辽甜系列”等，茎秆产量、茎秆汁液糖锤度、籽粒产量和广泛的适应性，都达到国际先进水平，尤其适于盐碱地种植，见表 2-5。

表 2-5　中国部分甜高粱品种一览表

品种名称	生育期/天	茎秆产量/kg	汁液糖锤度（°Brix）/%	籽粒产量/kg	选育单位
‘醇甜二号’	125	4000～6000	18	340～530	北京泰天地能源技术开发有限公司
‘原甜一号’	春播 130，夏播 120	4000～5000	18	340～530	中国农业科学院
‘辽甜一号’	134	5000～6000	17.2～20.0	300～400	国家高粱改良中心
‘辽甜二号’	130	5000	19	400	国家高粱改良中心
‘能饲一号’	夏播 95～100	4500	17	150	河北省农林科学院谷子研究所
‘绿能二号’	130	4800	20.2	250	北京绿能经济植物研究所

目前，对甜高粱的产糖量最构成威胁的是蚜虫，蚜虫主要发生在后期，正是糖分积累期。由于植株高度原因，不易对蚜虫进行防治。蚜虫具有繁殖快，降低糖分明显的特点，蚜虫可能对甜高粱产业化造成毁灭性的打击。甜高粱植株高大，在 7～8 月，风雨灾害频繁，此时秸秆的木质纤维素尚未完全形成，极易倒伏。甜高粱的收割期为半个月左右，由于茎秆富含糖分，含水量高，收获后温度较高时极易受微生物感染，容易发生霉烂和干化，影响酒精的后续发酵。这造成了原料可供给时间较短，生产企业年实际生产时间较短以及设备闲置时间较长、生产成本高等。因此，如何延长甜高粱茎秆的生产周期，实现燃料乙醇厂的周年生产，是制约甜高粱产业发展的主要因素之一。

3) 发展趋势

甜高粱籽粒单产与普通高粱产量基本相当，因此，在现有种植高粱土地上种植甜高粱对粮食生产不会产生太大的影响，可以充分利用现有已种植高粱的土地替代种植甜高粱。

此外，中国北方沿海地区有大量的盐碱地，土地连片集中、交通方便，降雨集中在 7～9 月，与甜高粱旺盛生长期相吻合，甜高粱的耐旱、耐盐碱、耐涝的特性可适应盐碱地的春旱、盐碱、夏秋涝的特点。对于西北旱区，由于年降雨量少，又无水浇条件，种植甜高粱，需要设法满足甜高粱高产、稳产对水分的需求。

2. 木薯

1) 生物学特征

木薯（*Manihot esculenta* Crantz）属于大戟科木薯属植物，起源于热带美洲巴西与哥伦比亚干湿交替的河谷。木薯是全球三大薯类作物之一，种植面积 1700 余万 hm^2，仅次于马铃薯，大于甘薯，分布于南北纬 30° 之间，海拔 2000m 以下，为热带地区重要的热能来源，有 6 亿多人口以木薯为生。

木薯具备独特的生物学适应性和经济价值：①超常的光、热、水资源利用率。单位面积的生物能产量高于几乎所有其他栽培作物，10 个月周期的木薯块，块根鲜薯的单产可以达到 $90t/hm^2$，块根平均干率为 42%，淀粉率为 30%左右，经济系数为 0.55，相当于可以生产块根干物质 $37.8/hm^2$、淀粉 $30t/hm^2$ 和总生物量 $68.7t/hm^2$。②抗旱、耐瘠薄、适应性广泛。木薯具有突出的土壤养分和水分利用率，能够生长在贫瘠土壤中，具有度过严重干旱期，在雨季到来迅速生长发育的遗传特性。③块根淀粉率高，其块根淀粉含量一般在 26%～34%，高于甘薯和马铃薯，并且淀粉粒较大，透明度、黏度高，适合于制造优质变性淀粉。

2) 发展现状

木薯引入中国栽培有 180 年历史，主要分布于广西、广东、海南、云南和福建的部分地区。传统意义上，它是中国热带、亚热带地区的地下粮仓，同时又是廉价的淀粉原料。近年来，中国木薯的栽培面积均保持在 40 万 hm^2 左右，鲜薯总产 700 多万 t，总产量的 90%用于淀粉生产，木薯已成为热带地区的一种重要的旱地经济作物和产业链条。全国约 90%的木薯生产集中在广西和广东两地。

我国木薯主要分布在广西、广东、云南、福建、海南等南方省区，其中，广西木薯种植面积和产量均占全国的 60%以上，是全国最大的木薯生产区。

中国木薯主产区一直致力于木薯产品的育种、栽培及田间管理，在种植模式以及品种引进上都不断地向世界木薯生产大国靠拢。经过几十年努力，中国选育出‘华南 5 号’、‘华南 6 号’、‘华南 7 号’、‘华南 8 号’、‘华南 9 号’、‘GR891’、‘GR911’、‘南植 199’等有自主知识产权的优良品种，部分品种平均鲜薯单产可达到 $30～45t/hm^2$，比老品种增产 30%～80%；鲜薯淀粉含量可达到 30%左右，见表 2-6。

表 2-6　中国木薯主要品种一览表

品种	特性	亩产量/(吨/亩)	淀粉含量/%
‘华南 205’	高产、高粉、耐肥，土壤肥力越高产量越高	2～3(集约栽培可达 5)	28～30
‘GR891’	高粉、高产、早熟、低毒，适宜肥地栽培	2～3(肥水管理条件好可达 3～4.5)	30～33
‘华南 124’	高产、种茎耐储藏、抗风性稍差，适宜肥地栽培	2～3(集约栽培可达 4～5)	24～27
‘南植 199’	高粉、高产、低毒、抗风抗病虫能力较强，适宜中等肥力以上土壤栽培	2～3(高产可达 3～5)	28～32
‘华南 5 号(华南 057)’	高产、抗风，适合在坡地栽培，对肥力要求不高	2～3	27～29
‘华南 6068’	株高茎粗适中，分叉角度小，株型密集，适于密植和间作，抗风能力较差	1～1.5	30～35
‘华南 201’	适应性强、耐贫瘠严寒、淀粉黏度高	1.5～2.5	25～28

广西是全国木薯主产区，木薯种植面积与总产量均占全国的 2/3。根据广西木薯传统种植习惯及发展优势，广西木薯种植主要分布在：南宁、梧州、钦州、玉林、贵港、崇左、柳州、贺州、百色、河池和北海等地。同时，广西也是中国最大的木薯加工基地，有大大小小的木薯淀粉加工厂近 200 家，以木薯为原料的酒精厂 20 多家。广西木薯用作生产淀粉及变性淀粉原料的占 26%，用作乙醇原料的占 19%，用作柠檬酸等原料的占 7%，农民自用(作饲料等)原料占 16%，加工成干片销往四川、广东、河南、天津等地用作生产乙醇原料和其他用途原料的占 32%。

但是，中国木薯产业发展仍然存在诸多问题，主要表现在品种老化单一、良种覆盖率低、单产偏低，当家品种‘南洋红 201’、‘华南 205’多年来一直未能得到改良，品种退化，致使多年来平均亩产在 1.3t 左右，淀粉含量则在 25%～27%，同近年引进的优良品种相比，存在较大的差距。加上良种繁育、推广速度慢，木薯的优良品种供应数量少，价格过高而受到了相应的制约，进而影响了整个木薯产业的发展。此外，木薯种植区所用种茎长期处于一种无序状态，种茎管理十分混乱，种茎的质量难以保证，优良木薯新品种的种茎与旧品种的种茎混在一起，导致木薯产量难以再上台阶。

3) 发展趋势

由于木薯抗逆性强、对土地质量要求不高，适宜边际土地种植，扩大种植面积的潜力较大。从长远看，除在目前海南全省以及广西、云南、广东、福建四省区的中南部的木薯产区外，还可以向亚热带中、北部，如江西、湖南、四川等省的南部扩展，发展潜力估计可达 150 万～200 万 hm^2。如果培育成功较耐低温的品种，则木薯还有望推进到长江南岸附近。通过培育新品种和栽培技术的进步，单产水平进一步提高，预计在 2020 年可以生产木薯乙醇 400 余万 t，其中，发展燃料乙醇的潜力达 300 万 t 以上。

3. 甘薯

1) 生物学特征

甘薯[*Ipomoea batatas* (L.) Lam.]又称番薯、白薯、红薯、山芋、地瓜、红苕等，是旋花科番薯属的一个栽培种，是具有蔓生习性的一年或多年生草本植物。地上部茎叶可作为蔬菜，干茎叶可作为饲料。地下部块根是具有经济价值的器官。具有生物产量高、抗逆性强、适应性广等特点，一般鲜薯产量 19.5～37.5t/hm^2，高产田可达 60t/hm^2 以上，淀粉含量 20%左右，约 9t 甘薯可生产 1t 燃料乙醇。甘薯耐旱性极强，在其他作物难以生长的地方，甘薯仍能有一定的产量，是理想的开荒先锋作物。

作为生产燃料乙醇的原料，甘薯具有以下优点：①经济产量高。中国甘薯每公顷平均产量为 21.3t，试验产量已有每公顷超过 75t 的报道，大面积每公顷平均产量 45t 获得比较容易，按照 30%干物率计算，每公顷可生产薯干 13.5t。②能量产量高。甘薯的单位面积能源产量达到 10.4×10^4 kcal/(hm$^2\cdot$d) (1cal≈4.1868J)，远高于马铃薯、大豆、水稻、木薯和玉米，约是玉米的 3 倍。③适应性广。中国南自海南，北抵黑龙江，东到沿海各省，西及陕西至陇南高原，西南至四川盆地和云贵高原，西北达新疆吐鲁番、和田等地均可种植，而且特别适宜丘陵山区、旱地、山坡地和盐碱地种植。④乙醇转化效率高。3t 甘薯干可生产 1t 乙醇。

2) 发展现状

甘薯从 1594 年传入中国，已有 400 多年的栽培历史。在中国的农作物生产中，甘薯仅次于水稻、小麦和玉米，居第四位。中国是世界最大的甘薯生产国。据联合国粮食及农业组织统计，2015 年中国甘薯总产量为 2056 千克/亩，远高于世界平均水平。中国甘薯分布很广，四川盆地、黄淮海、长江流域和东南沿海各省是甘薯主产区。据统计，在中国甘薯直接被用作饲料的占 50%，工业加工占 15%，直接食用占 14%，用作种薯的占 6%，另有 15%因保藏不当而霉烂。

3) 发展趋势

世界各国的甘薯消费随着社会经济的发展，一般都经历食用为主，饲用、食用和加工并重，加工为主、食饲兼用等几个阶段。目前，发达国家甘薯人均年消费仅 2～6kg，主要是保健功能和优质鲜食用途，另外一些方便加工食品颇受欢迎。中国甘薯消费已转向加工为主的阶段，淀粉所占比例最大，优质鲜薯食用、菜用市场正在开发。发达国家经验表明，随着甘薯逐步退出食用功能，中国未来甘薯需求量将持续下降。

当前，石油供给形势将日趋严峻，生物质能的开发和利用受到世界各国普遍的高度重视。甘薯生物产量高，淀粉产量高，是生产燃料乙醇的理想原料，作为新型能源植物已经引起关注。根据中国甘薯发展历史，甘薯种植面积的发展空间至少还有 200 万 hm^2。利用甘薯生产燃料乙醇将成为甘薯的主要用途，市场潜力大，产业开发前景非常广阔。

4. 甘蔗

1) 生物学特征

甘蔗(*Saccharum* L.)是禾本科甘蔗属多年生植物，现代甘蔗栽培品种为蔗属三元或四元种间杂种，具有生物遗传多样性、C_4光合特性和生长巨型性。光合效率高，产量潜力大。普通甘蔗一般亩产 4～6t，能源甘蔗亩产可达 8t 以上，蔗糖分 12.5%～14%，纤维分 11.5%～12.5%。无性繁殖，繁殖系数低。甘蔗种植一般一年新植，多年宿根。繁殖系数 3～10 倍。甘蔗是喜温性作物。甘蔗要求年平均温度在 18～30℃，在 10℃以上活动积温 6500～8000℃范围内，其生长量随着积温的增加而增加。甘蔗生长发育的适宜温度是：除工艺成熟期需要昼夜温差大，其余各生长期和适宜温度在 25～32℃。温度低于 20℃，生长缓慢但有利于蔗糖分积累，13℃以下停止生长或生长极慢。

2) 发展现状与趋势

20 世纪 90 年代以来，由于东南沿海地区产业结构升级和农业结构调整，我国甘蔗生产逐渐向西转移，区域布局得到优化。

“十五”期间，由福建农林大学主持，利用远缘杂交、系谱选择与分子标记辅助鉴定，培育出福农 95-1702、福农 91-4621、粤糖 93-159、粤糖 94-128、桂糖 94-116 等一批糖、能兼用甘蔗新品种(系)，蔗茎产量达 6.3～8.0 吨/亩，平均蔗糖分 15.0%以上，最高 16.8%～18.6%。抗花叶病、抗旱甘蔗转基因系产量提高 20%～30%，糖锤度提高 2～3 个百分点。

2016 年我国甘蔗行业种植面积约 152.7 万 hm^2，同比 2015 年的 160 万 hm^2 下降了 4.56%，甘蔗行业产量 11 382.5 万 t，同比 2015 年的 11 696.8 万 t 下降了 2.69%。

5. 甜菜

1) 生物学特征

甜菜属苋科(Amaranthaceae)甜菜属(*Beta*)，是我国的主要糖料作物之一。二年生草本植物，第一年主要是营养生长，在肥大的根中积累丰富的营养物质，第二年以生殖生长为主，抽出花枝经异花受粉形成种子。糖用甜菜一般亩产块根 2000～4000kg，蔗糖含量 14%～21%。

甜菜为喜温作物，但耐寒性较强。全生育期要求 10℃以上的积温 2800～3200℃。块根生育期的适宜平均温度为 19℃以上。甜菜具有耐低温、耐旱、耐盐碱等特性。甜菜种子在低温甚至 1℃下也能发芽，苗期–4～–3℃仍不至冻死。甜菜的根系较发达，叶面的角质层较厚，抗旱性比较突出。甜菜对钠和氯的需求明显高于其他作物，耐盐性强，是开发利用盐碱地的先锋作物。

2) 发展现状与趋势

中国甜菜主产区在北纬 40° 以北，包括东北、华北、西北三个产区，属于春播甜菜区，无霜期短、积温较少、日照较长、昼夜温差较大，甜菜的单产和含糖率高、病害轻。2016 年我国甜菜行业种植面积约 16.6 万 hm^2，同比 2015 年的 13.7 万 hm^2 增长了 21.17%，甜菜行业产量约 956.7 万 t，同比 2015 年的 803.2 万 t 增长了 19.11%。

甜菜被欧洲视为最有潜力的能源作物，成为欧洲生产燃料乙醇的主要原料，我国部分地区如新疆、甘肃、内蒙古等自然条件与欧洲相近，开发甜菜燃料乙醇前景广阔。但是，甜菜加工具有季节性，若利用甜菜周年生产燃料乙醇，则需要保存浓缩的糖汁，这将增加成本。

6. 糖蜜

糖蜜是工业制糖过程中，蔗糖结晶后，剩余的不能结晶，但仍含有较多糖的液体残留物。农民种植甘蔗等植物，收获后削去其枝叶，再经过压榨、捣碎，从茎部榨取出汁液。透过煮沸汁液进行浓缩，使其中的糖进一步结晶。经过第一步骤的煮沸并剔除糖晶体后的液体便是“初级糖蜜”，而被剔除的糖晶体再经提炼，便成为人们日常使用的砂糖。

糖蜜是一种黏稠、黑褐色、呈半流动的物质，组成依甘蔗或甜菜的成熟程度、食糖被提炼出的量以及提炼方式而有所不同，其中主要含有大量可发酵糖(主要是蔗糖)，因而是很好的发酵原料，可用作酵母、味精、有机酸等发酵制品的底物或基料，可用作某些食品的原料和动物饲料，也可作为乙醇发酵原料。糖蜜是制糖工业的副产品。甘蔗糖蜜主要分布在广东、广西、福建、四川等南方各地，产量是原料甘蔗的 2.5%～3%。甜菜糖蜜为甜菜糖厂的一种副产物，生产分布以东北、西北、华北地区为主，产量为甜菜的 3%～4%。

糖蜜的主要成分是糖类(如蔗糖、葡萄糖和果糖)。一般含糖量(以蔗糖计)在 40%～56%之间，其中蔗糖的含量约为 30%，转化糖为 10%～20%；此外，还含有丰富的维生素、无机盐及其他高能量的非糖物质。其中，典型甘蔗糖蜜的成分见表 2-7。

表 2-7 典型甘蔗糖蜜的成分

项目	广东		四川
	碳酸法	亚硫酸法	碳酸法
糖锤度/%	85.78	85.54	82.00
全糖分/%	53.89	50.81	54.80
蔗糖/%	33.89	29.77	35.80
转化糖/%	20.00	20.00	19.00
纯度/%	62.78	59.40	59.00
非发酵性糖分/%	5.14	4.57	5.06
非发酵性糖/全糖/%	9.55	8.99	9.23
胶体/%	9.91	11.06	7.5
酸度	10.5	9.5	10.0
硫酸灰分/%	10.28	11.06	11.1
总氮量/%	0.485	0.465	0.54
磷酸 (P_2O_5) /%	0.130	0.595	0.12

7. 菊芋

1) 生物学特征

菊芋 (*Helianthus tuberosus* L.) 俗称洋姜、鬼子姜，原产于北美洲，属菊科 (Asteraceae) 向日葵属的多年生草本植物 (能形成地下块茎的栽培种)。菊芋地下块茎富含菊糖等果糖多聚物。菊糖是由 3～60 个果糖单位和 1 个葡萄糖单位组成的线状聚合物，新鲜块茎中含菊糖 10%～20%，平均含量约 15%。

菊芋适应性强，耐贫瘠，耐寒，耐旱；种植简易，一次播种多次收获；产量高。每亩普通地可产菊芋块茎 2～4t；条件较好的情况下，可以达到 5～8 吨/亩。菊芋块茎在 6～7℃时萌动发芽，8～10℃出苗，幼苗能耐 1～2℃的低温，18～22℃和 12h 日照有利于块茎形成，块茎可在–40～–25℃的冻土层内安全越冬。菊芋具有耐寒、耐旱能力特别强，抗风沙，繁殖力强，保持水土，管理简单等优良生长特性。将菊芋引种在荒地、坡地，可以不占用耕地良田，还能保护生态环境。

2) 发展现状

菊芋含有一种储存性多糖——菊糖 (inulin)。菊粉是以 β-1,2 键连接的末端为一个蔗糖基的多聚果糖，可以通过生物技术将菊糖转化为果糖、乙醇和蛋白质饲料等。在国外此项研究始于 20 世纪 70 年代，主要研究国家或地区有英国、日本、丹麦、韩国、加拿大、美国、苏联及印度等，主要利用微生物淀粉酶生产超高果糖浆和乙醇发酵。

菊芋原产北美，经欧洲传入中国，分布广，在中国南北各地均有栽培。目前，菊芋在我国只有零星种植，多年来加工腌菜食用，附加值低、利用量小。在内蒙古、甘肃、新疆等地虽有几家菊芋深加工企业，但因技术落后，缺少竞争力，与欧洲同类产品差距很大。

目前我国已培育了菊能系列、南芋系列、青芋系列等品种。南京农业大学能源生物资源研究所长期致力于沿海滩涂盐碱地资源的开发与利用工作，从 1998 年起，先后在莱州湾、江苏等沿海滩涂盐碱地开展菊芋种植实验，并培育出了‘南芋 1 号’、‘南芋 2 号’和‘南芋 8 号’等耐盐菊芋品种，可用于盐碱荒地种植，并达到较高的菊芋块茎产量。

3) 发展趋势

菊糖是一种天然果聚糖，从菊芋中提取，既是一种水溶性的膳食纤维，又是一种良好的脂肪替代品，也是一种功能性低聚糖双歧杆菌增殖因子，是十分理想的食品配料、功能性添加剂、饲料添加剂。目前菊糖已被世界上 40 多个国家批准作为食品的营养增补剂。尽管国际市场需求旺盛，国产产品却缺少市场，甚至我国目前食品产业使用的高纯度菊芋粉、高纯度低聚果糖都依靠进口，目前年使用量约有 4000t，并有迅速上升的趋势。但如能实现国产化，切实降低成本，提高技术含量，我国每年对一些高纯度原料总需求量在 20 万 t 以上。

8. 浮萍

浮萍是浮萍科植物紫背浮萍或青萍的全草，在我国各省份都是常见的水面浮生植物。全草可作家畜和家禽的饲料。浮萍是一种常见的水面浮生植物。在《新修本草》、《本草拾遗》中有记载，其功效有：发汗解表；透疹止痒；利水消肿；清热解毒。浮萍共有 5 个属，38 个种，我国有 4 个属。浮萍淀粉含量高，木质素含量很少，是用于燃料乙醇和燃料丁醇发酵生产的极具潜力的原料。

浮萍的生长能力旺盛，一旦温度和养分条件适宜，就会迅速繁殖，常分布于水田、水塘、湖泊、水沟等。只要有农作物存在的水域，几乎都有浮萍存在。浮萍具有旺盛的生长能力，近十多年来成了国外众多学者的研究热点。其可提供优质价廉的饲料蛋白质，处理有机废水。通过浮萍可以研究植物的生化作用，制造基因药品等。

浮萍有以下特点：①适宜范围广，可利用河、湖、塘、沟等水面放养，又可在水田中直接放养；②生长快，平均 3～5 天可增殖一倍；③固氮，绿萍背叶的共生腔内有鱼腥藻，能固定空气中的分子态氮，是一种可利用的优质有机肥料。绿萍属于蕨类植物，是浮萍的一种，萍体漂浮水面，是优良水生饲料植物和著名绿肥植物。

以浮萍为原料来发酵产乙醇具有的优势：①浮萍可以吸收水体中的氮、磷，在综合治理污水的同时生产了大量的生物质；②浮萍繁殖速度快，2～7天可繁殖一代，年产量高达55t(干重)/hm^2；③浮萍的淀粉含量高，可达75%；含有约10%的纤维素，只含有2.4%的木质素。

9. 综合评价

不同生产燃料乙醇能源作物的发展现状、淀粉或糖含量、主要种植区域、用途等见表2-8。

表 2-8　各类能源作物特性、发展现状

能源作物	收获时间	播种面积/万 hm^2	产量/万 t	平均单产/(kg/hm^2)	淀粉或糖含量/%	主要种植区域	用途
木薯	第一年的11月至第二年的2月	26.58	431.8	16 245	25%～35%	广西、广东、海南、云南和福建的部分地区	淀粉和乙醇原料
甘薯	甘薯没有明显的成熟期，可根据当地气候特点和市场需求来确定收获期，一般在9月下旬至11月上旬	470.85	10 022	21 285	18%～30%	四川、河南、重庆、山东、广东、安徽和福建	食品、饲料和乙醇原料
甜高粱	9～10月	仅少量种植，未统计	未统计	籽粒：2.25～6；茎秆：60～90	16%～20%(糖分)	中国北方	食品、饲料
甘蔗	第一年的10月至第二年的4月	149.5	9978.4	66 737	15.0%	广东、广西和云南	制糖
甜菜	东北种植区甜菜适宜收获期为9月下旬至10月上中旬；华北地区为10月中旬；西北地区为10月中下旬	28.7	1053.6	36 746	14%～21%(糖分)	黑龙江、新疆和内蒙古	制糖
菊芋	秋收：10月下旬至11月上旬；春收：4月上中旬	零星种植		30 000～60 000	10%～20%(菊糖)		腌制咸菜

选择木薯、甘薯、甜高粱、甘蔗、甜菜、菊芋、玉米、小麦8种作物进行比较(表2-9)。我国地域广阔，不同地区各种农作物的产量不尽相同，尤其是分布跨度大的作物品种其产量差异更大。甘蔗和木薯，以广西的单产为参照地点，因为广西是我国最大的甘蔗和木薯产地；甘薯以山东省的单产为参照地点；甜高粱以黑龙江为参照地点；甜菜以新疆为参照地点；玉米以吉林省玉米单产为参照系，因为吉林省是我国最大的玉米产地；小麦以河南省小麦单产为参照系，因为河南

省是我国最大的小麦产地。

表 2-9　不同原料的单位产量、乙醇产量、成本以及参照地点

品种	单位产量 /(t/hm²)	单价/(元/t)	乙醇所需原料 /(t/t)	单位面积乙醇产量 /(t/hm²)	乙醇原料成本/(元/t)	参照地点
木薯	19.50	480.00	6.80	2.87	3264	广西
甘薯	37.06	420.00	7.98	4.64	3352	山东
甜高粱	60.00	200.00	15.30	3.92	3060	黑龙江
甘蔗	70.67	274.00	13.31	5.31	3647	广西
甜菜	58.84	320.00	12.24	4.81	3917	新疆
菊芋	45.00	400.00	12.24	3.68	4896	盐碱地
玉米	7.07	1400.00	2.82	2.50	3948	吉林
小麦	5.70	1500.00	3.06	1.86	4590	河南

通过比较可以发现，单位面积乙醇产量依次为(大→小)：甘蔗、甜菜、甘薯、甜高粱、菊芋、木薯、玉米、小麦。不同类型能源作物生产乙醇的原料成本依次为(小→大)：甜高粱、木薯、甘薯、甘蔗、甜菜、玉米、小麦、菊芋。由于农作物价格影响因素多，敏感性强，变动性较大，仅作参考。

2.4.5　中国适宜种植能源作物边际土地资源调查评估

为了摸清中国宜能边际土地资源的现状，为中国能源作物开发提供科学的决策依据，中国农业农村部组织各级农村能源管理部门，以县为单位，在各地土地利用现状调查、自然资源科学考察、土壤普查、农业普查等资料基础上，结合实地调查，对中国适宜能源作物种植的边际土地数量、质量、类型和利用现状进行了调查。

宜能荒地是指以发展生物液体燃料为目的，适宜于开垦种植能源作物的天然草地、疏林地、灌木林地和未利用地。为防止与生态争地，凡列入天然林保护区、自然保护区、野生动植物保护区、水源林保护区、水土保持区、防护林区等保护区的疏林地、灌木林地，划入防洪、行洪区和湿地保护区的滩地，以及零散不好利用土地，无论其是否适宜于农业开发，皆不作为宜能荒地的统计范畴。

宜能荒地划分为Ⅰ等、Ⅱ等、Ⅲ等。

Ⅰ等宜能荒地是指对农业利用无限制或少限制的宜能荒地。这类荒地地形平坦，土壤肥力较高，机耕条件好，不需改造或略加改造即可开垦种植能源作物，在正常耕作管理措施下，一般都能获得较好产量，且对当地或相邻地区不会产生土地退化等不良影响。

Ⅱ等宜能荒地是指对农业利用有一定限制的宜能荒地。这类荒地需加一定的

改造才能开垦种植能源作物，或者需要一定的保护措施，以免产生土地退化。

Ⅲ等宜能荒地质量差，对农业利用有较大限制。这类荒地需加以措施，大力改造后才可种植能源作物，或在严格保护下才能耕作，否则容易发生土地退化。

宜能荒地的分等定级主要依据六大限制因素（表 2-10），即可按照每一单项限制因素把宜能荒地划分为Ⅰ等、Ⅱ等、Ⅲ等，也可六大限制因素组合在一起，进行宜能荒地的综合分等定级。宜能荒地综合分等定级的办法为：满足表 2-10 所有Ⅰ等地条件的宜能荒地为Ⅰ等宜能荒地；只要有一个条件为Ⅲ等，即为Ⅲ等宜能荒地；其他皆为Ⅱ等宜能荒地。

表 2-10　宜能荒地分等定级评价指标

评价指标		Ⅰ等	Ⅱ等	Ⅲ等	非宜能荒地
1.坡面坡度/(°)		<7	7～15	15～25	>25
2.土层有效厚度/cm	华南区、四川盆地和长江中下游区	>70	70～50	50～20	<20
	华南区、四川盆地和长江中下游区	>60	60～30	30～10	<10
	黄淮海区和东北区	>80	80～50	50～30	<30
	黄土高原区、内蒙古半干旱区和西北干旱区	>100	100～60	60～30	<30
	青藏高原区	>100	100～50	50～30	<30
3.土质		壤土	黏土、沙壤土	重黏土、沙土	沙质土、砾质土
4.土壤盐碱化	黄淮海区、东北区和黄土高原区	无盐碱化（土壤含盐总量<0.3%，Cl^-<0.02%，SO_4^{2-}<0.1%）	轻盐碱化（土壤含盐总量 0.3%～0.5%，Cl^- 0.02%～0.04%，SO_4^{2-} 0.1%～0.3%）	中强度盐碱化（土壤含盐总量 0.5%～2.0%，Cl^-0.04%～0.20%，SO_4^{2-} 0.3%～0.6%）	盐土（土壤含盐总量>2.0%，Cl^->0.20%，SO_4^{2-}>0.6%）
	青藏高原区和西北干旱区	无盐碱化或轻盐碱化（土壤含盐总量<0.5%，Cl^-<0.04%，SO_4^{2-}<0.30%）	中度盐碱化（土壤含盐总量 0.5%～1.0%，Cl^- 0.04%～0.10%，SO_4^{2-} 0.30%～0.40%）	强度盐碱化（土壤含盐总量 1.0%～2.0%，Cl^-0.10%～0.20%，SO_4^{2-} 0.40%～0.60%）	盐土（土壤含盐总量>2.0%，Cl^->0.20%，SO_4^{2-}>0.60%）

续表

评价指标		Ⅰ等	Ⅱ等	Ⅲ等	非宜能荒地
5.水分条件		旱作较稳定或有稳定灌溉条件的干旱、半干旱土地，有水源保证的南方田土	灌溉水源保证差的干旱、半干旱土地，水源保证差的南方田土	无水源保证、旱作不稳定的半干旱土地，无水源保证的南方田土	无灌溉水源保证、不能旱作的干旱土地
6.温度条件	华南区、四川盆地和长江中下游区	亚热带作物正常发育	亚热带作物生长受一定影响	亚热带作物生长受严重影响	亚热带作物不能生长
	云贵高原区	低海拔或中海拔地区	较高海拔地区，耐寒作物不稳定	高海拔地区，耐寒作物不稳定	高海拔地区，耐寒作物不能发育
	黄土高原区、西北干旱区和东北区	耐寒作物生育稳定	耐寒作物生育不稳定	耐寒作物很不稳定	—
	青藏高原区	—	≥10℃积温为 700～1400℃，耐寒作物稳定	≥10℃积温为<700℃，耐寒作物很不稳定	耐寒作物不能生长

此次调查除没有连片宜能荒地的一些直辖市、省会城市等大中城市所辖县(市、区)未要求上报外，共收到 1845 个县(市、区)的资料，基本上覆盖了中国潜在的宜能荒地资源地区。

1988 年以来中国较典型的后备耕地资源调查都以未利用土地为评价对象，即把未利用土地中的宜农荒地作为后备耕地，未包括可改作耕地的疏林地、灌木林地等。而中国适宜种植能源作物边际土地资源调查评估包括可改作耕地的疏林地、灌木林地等。两者的范围不同，因此这四次后备耕地资源调查结果与宜能荒地的调查估算结果并无可比性。

2.4.6　分区域能源作物发展潜力评价

中国幅员辽阔，跨越多个气候带，气候、地形、土壤、作物品种十分复杂，人多地少又是中国的基本国情，决定了耕作制度的集约性与复杂性，导致了各地区秸秆的种类复杂和产量差异。依据中国耕作制度区划和各地经济发展水平的不同，并保持省界完整性，将中国分为八大区域(不含香港、澳门和台湾，下同)。根据能源作物的生物特性、对环境条件的要求以及发展现状等因素，各区域的耕作制度、自然地理条件等，各区域适宜发展的能源作物品种见表 2-11。其中，青藏区属于生态脆弱区，暂不发展。

表 2-11　中国八大区自然地理条件

区域	区域范围	气候条件	地形地貌条件	土壤条件	水文与水资源条件	适宜能源作物品种
东北区	黑龙江、吉林、辽宁	具有四季分明、雨热同季、日照丰富、寒冷期长、春秋季短、东湿西干、平原风大的特点。日照时数在2000～2900h，日照百分率为55%～70%，光照比较充足；年均温在2.6～11.7℃，≥10℃的有效积温为1900～3500℃，无霜期在100～215天；年降水量在400～1200mm，年均蒸发量为1000～2100mm，年相对湿度为50%～80%	以低平和丘陵漫岗平原为主，在其西、北和东三面的边缘部分分布有大兴安岭、小兴安岭、长白山地，南临渤海，整体地貌形似马蹄	土壤主要是山地暗棕壤、山地棕壤、黑土、沼泽土、泥炭土、白浆土、盐碱土等	年径流深度介于50～200mm，降雨量为400～800mm，蒸发量大于径流量，属于平水带	甜高粱
华北区	北京、天津、河北、河南、山东	具有四季分明、雨热同季、光热充足的特点。常年日照时数在2200～3000h；年平均温度为11～15℃，≥10℃活动积温为4000～4800℃，无霜期在180～220天，可以一年两熟到两年三熟；年均降水量在400～850mm	大部为坦荡辽阔的平原，是中国三大冲积平原之一	土壤类型主要有棕壤、褐土、黄棕壤、黄褐土、潮土、砂姜黑土、风沙土、盐碱土	年径流深度介于50～200mm，降雨量为400～800mm，蒸发量大于径流量，属于平水带	甘薯、甜高粱、菊芋
黄土高原区	山西、陕西、甘肃	具有气候温和、降水少而变率大，气温年较差与日较差大、降雨集中的特点。年日照时数为1700～3300h；年平均气温4～15℃；年降水量除渭河、汾河流域的南段降雨量在600mm外，多在400mm左右	山多川少，80%以上的土地面积为丘陵山地和丘陵沟壑，70%为黄土覆盖。土层深厚，但以坡地为主	土壤类型主要是褐土和发育在黄土母质上的黑垆土和绵土	年径流深度介于10～50mm，降雨量为200～400mm，属于少水带	甜高粱
蒙新区	内蒙古、宁夏、新疆	区域光热资源特别丰富，太阳辐射总量为5200～6200MJ/(m^2·a)；气温年较差与日较差大，多年平均气温南疆为2～10℃，日温差在16～25℃；降水稀少，在200mm以下；蒸发强烈，年平均蒸发量多在1500～4000mm；相对湿度低，夏季干热，冬季干冷，风大沙多	以山地、高原和山间盆地为主，新疆是典型的干旱地貌区，内蒙古地貌结构以广阔坦荡的剥蚀平原为主体	广泛分布着草原土壤、干旱土壤系列，同时也是西部地区盐土、碱土、风沙土、沼泽土以及人为土中的灌淤土和灌漠土的主要分布区	降水稀少，在200mm以下，年径流深度小于10mm，有的地方为无流区，属于缺水带	甘薯、菊芋

续表

区域	区域范围	气候条件	地形地貌条件	土壤条件	水文与水资源条件	适宜能源作物品种
长江中下游区	上海、江苏、浙江、安徽、江西、湖北、湖南	具有气候温暖湿润、雨量充沛、四季分明、光热资源充足的特征。年日照时数在 1500～2600h，年日照百分率介于 35%～59%；年平均气温在 14～20℃，≥10℃年积温为 4500～6500℃，全年无霜期 200～300 天；年降水量在 750～2000mm，降水主要集中在 4～9 月，占全年降水量的 70%	平原、山地、丘陵面积分别占土地总面积的 44.60%、30.5%和 21%	土壤类型主要为黄棕壤、红壤、黄壤、粗骨土、沼泽土、灰潮土、风沙土和盐碱土	径流深度介于 200～900mm，年降雨量为 800～1600mm，属于多水带	甘薯
华南区	福建、广东、广西、海南	具有热量丰富、降水充足、夏秋高温多雨和冬季温和的特点。年日照时数为 1700～2300h；年平均温度为 15～26℃，年绝对最低气温平均高于 0℃，≥10℃积温高达 6500～9300℃，无霜期长达 300～365 天；年均降水量 1000～2100mm，降雨集中在 5～10 月，占全年降水量的 80%，第一年的 11 月至第二年的 4 月为旱季	山地占 56.0%，丘陵占 23.29%，平原占 20.71%	土壤类型主要是红壤、砖红壤、赤红壤、粗骨土、滨海盐土和风沙土	湿润多雨，年降雨量在 1600mm 以上，年径流深度大于 900mm，径流超过蒸发损失，属于丰水带	甘蔗、木薯
西南区	重庆、四川、贵州、云南	雨水和云雾多、温度高、日照少。年均降水量为 800～1000mm；除丘陵盆地外，高原山地 7 月的平均气温只有 22℃左右，云贵高原只有 20～22℃，川滇横断山脉地区为 16～18℃	主体由四川盆地和云贵高原组成，以山地和丘陵为主，台地、平原面积所占比例小	土壤类型主要为黄壤、红壤、砖红壤等地带性土壤类型，以及石灰土和紫色土等非地带性土壤类型	径流深度介于 200～900mm，年降雨量为 800～1600mm，属于多水带	甜高粱
青藏区	青海、西藏	具有太阳辐射强、气温低、热量不足、降水量不多的特点	属世界最高大的高原，地域辽阔，地势高峻，高原平均海拔为 4000m 左右，并有许多耸立于雪线之上高逾 6000～8000m 的山峰	土壤类型主要是高山草甸土、高山寒漠土等	年径流深度介于 10～50mm，降雨量为 200～400mm，属于少水带	暂不发展

沼泽地和苇地是一种重要的湿地资源，蕴含着丰富的生物物种；同时也是重要的动物栖息地，具有巨大的生态价值。从保护生态的角度出发，沼泽地和苇地即使有开发耕地的潜力，也不宜垦殖。因此，在计算后备耕地时，将扣除可开垦沼泽地和苇地的面积。各区域可种植能源作物的后备耕地资源状况见表 2-12。

表 2-12　各区域可种植能源作物的后备耕地资源状况　　单位：hm^2

区名	合计	可开垦荒草地	可开垦盐碱地	可开垦滩涂	其他
东北区	428 811.92	214 568.61	142 013.22	62 518.64	9 711.45
华北区	503 485.81	190 229.61	141 190.22	124 521.66	47 544.32
黄土高原区	804 364.69	479 120.2	120 295.12	28 605.85	176 343.52
蒙新区	3 663 713.72	1 933 715.35	341 071.81	28 142.96	1 360 783.6
长江中下游区	131 663.85	5 362.08	1 845.17	62 228.3	62 228.3
华南区	120 024.2	62 148.32	405.97	51 083.3	6 386.61
西南区	295 019.85	237 111.5	211.26	22 512.59	35 184.5
青藏区	227 347.96	162 575.04	49 940.41	2 317.43	12 515.08

同时，很多土地多数位于中国西北部，由于受到热量条件、水资源条件、风沙盐碱等条件限制，开发利用的成本较高。随着科学技术和现代工业、交通运输业的发展，土地开发成本是可以逐步降低的；或由于土地产品需求增加，价格上涨，而使经济效益提高，可以使原来利用不够经济的土地变成比较经济，从而增加了土地的经济供给量。所以，后备土地资源的经济供给量是动态变化的、有弹性的。

2.4.7　草本木质纤维原料

由于土地、水资源和增产潜力等因素的限制，利用木薯、甘薯和甜高粱茎秆等非粮能源作物发展燃料乙醇的空间有限，这称为第一代生物燃料（1st generation biofuel）。目前，世界各国都在着力研发第二代生物燃料（2nd generation biofuel）。第二代生物燃料是指利用木质纤维素为原料生产的生物燃料，主要技术分为纤维素乙醇和费托合成等技术。纤维素作为植物细胞壁的主要成分，是地球上最普通的有机化合物，来源广泛。农作物秸秆、灌木林、林业剩余物以及能源草等都是纤维素的来源。纤维素作为第二代生物燃料，不与人争粮，是应对气候变化的有效手段之一，各国都在竞相改进将纤维素转化为乙醇的技术。在各种纤维素来源中，多年生草本木质纤维素植物最符合生物燃料生产要求，作为新型能源作物，是世界竞相研究的重点。其中，柳枝稷、芒属植物、柳属植物等新型能源作物被认为最有潜力。

1. 柳枝稷

柳枝稷(*Panicum virgatum* L.)是原产于北美洲的本土植物，具有优良的草料特性和水土保持功能。近年来，国际上将其作为一种新型能源模式作物进行了深入研究，美国尤为重视，我国也正在开展相关研究。

1) 生物学特征

柳枝稷为禾本科黍属，是一种多年生暖季型草本植物，是一种 C_4 植物，生产力高，根系发达，耐瘠薄、洪涝和干旱，能够抵抗多种病虫害，易于收割储存，从干旱的草原到盐碱地，甚至在开阔的森林都可以生长，从墨西哥一直到加拿大皆有分布，北纬 55° 以上无自然分布区域。作为一种引进物种，柳枝稷分布于我国的华北低山丘陵区和黄土高原的中南部。

柳枝稷直立茎秆高大，为 0.5～2.7m，叶片绿色扁平，略带红色，叶片长达 150cm，宽 1.3cm。6～8 月开红色小花，圆锥花序开展，花序长 15～50cm。柳枝稷通过种子和根状茎扩散繁殖。发芽理想条件：轻质土壤，土壤温度为 25～35℃，土壤 pH 5.0～8.0。秋季柳枝稷叶片变暗黄，种子呈浅褐色，种子大小和休眠时间因品种和环境而异。冬季地上部枯死，地下宿生根系依然存活，深达 3m。

在长期的进化过程中，柳枝稷形成了许多生态型和变种，根据形态特征和生境特征，通常将其分为低地型和高地型两种生态型。粗秆低地生态型主要生长在冲积平原，植株比较高大，生长速度较快，多成丛生长，适应于温暖潮湿的生活环境，主要分布在美国南部，主要变种有 Alamo、Kanlow。细秆高地生态型生长在相对干燥的高地，茎秆较细，基部较宽，通常半匍匐生长，主要分布在美国中部和北部地区，主要变种有 Trailb-lazer、Blackwell、Cave-in-Rock、Pathfinde。低地型柳枝稷单个叶片的光合作用效率一般高于高地型柳枝稷。从性状上看，低地型柳枝稷更适宜被开发为生产燃料乙醇的能源作物。为生产燃料乙醇而研发的新变种柳枝稷介于两者之间，更接近丛生型，能够适应不同纬度。

2) 发展现状

20 世纪 90 年代早期，美国和加拿大已将柳枝稷开发为生产燃料乙醇和燃烧发电的模式草本植物。从 1998 年开始，欧洲各国开始调查研究柳枝稷在欧洲的适应性，以作为利用纤维素生产燃料乙醇的原料。目前，柳枝稷研究主要集中在柳枝稷高产品种筛选培育、种植管理等方面。

(1) 优良品种培育。

柳枝稷生物量与品种的起源地有关，品种间生物量的差异可以归因于分蘖的不同和茎节差异。栽培试验已筛选鉴定出 3 种优良高产柳枝稷品种：适宜中低纬度地区的低地型品种 Alamo，适宜中纬度地区的低地型品种 Kanlow 和适宜高地型的品种 Cave-in-Rock。各个栽培种的平均产量为 $16t/hm^2$。低地型柳枝稷品种

Alamo 和 Kanlow 生物量高于高地型品种 Cave-in-Rock。在延长光周期条件下，大部分柳枝稷品种干物质产量大幅增加。

(2) 种植管理。

柳枝稷的实际产量比其潜力低很多，有人利用地理信息系统(GIS)和地理统计方法在小范围的田间试验量化研究了柳枝稷产量的空间变化，发现产量与土壤性质直接相关。施氮肥能够使柳枝稷高产。市政污泥是一种提高柳枝稷产量的廉价氮源。通过选择最优的区域适应品种、优化采割频率和采割时机等方案，不但可减少氮肥的施用水平(大约 40%)，而且产量增加约 50%，成本减少 25%。柳枝稷平均干物质产量在第 3 年最高，产量从第 4 年开始趋于稳定。只要管理适当，柳枝稷能够长期稳定地高产。另外，柳枝稷能够在酸性土壤中生长，这与其根部的共生菌有一定关系。

英国、挪威、德国、意大利柳枝稷栽培试验表明，柳枝稷能够在欧洲低投入条件种植，且对环境影响甚微。国内对引种到黄土高原的柳枝稷的研究发现，柳枝稷光合生产力与环境因子表现出较强的生态适应性，适宜在黄土丘陵区的荒山地种植，具有抗旱、耐寒和高产等优势。

(3) 收割管理。

春季 10℃左右柳枝稷嫩芽开始萌发，其生长迅速，到夏季中期开花时已积聚 75%的生物能量。开花后，茎开始木质化并逐渐衰老，整个植株进入休眠状态。在南欧，其生长周期可延续到秋末。柳枝稷可用常规干草收割机于 10 月中期至后期收割，此时干草含水量为 15%左右。研究结果表明，于秋末或冬初，1 年收割 1 次，有利于其持续高产。单次收割和双次收割在经过 5 年的收割周期后，基本呈现出相同的生物统计量，并且双次收割时，第 1 次收割时间的选择至关重要，晚期收割时，矿物质从叶和茎重新转移到地下茎和根，既能为第 2 年的生长做准备，又可以减少矿物质在干草中的积累，减少了钾的生成。

3) 发展前景

柳枝稷为美洲的本土能源模式植物，具有种植费用低，生长迅速，耕种期长，生长期内 20 年不需要特别维护，适应性强，肥水利用率高，产量高，经济潜能大，适合推广等优点，被认为是一种理想的生物燃料作物。我国大部分地区均适合柳枝稷生长。柳枝稷可以为燃料乙醇提供原料，改善多年粗放发展带来的环境污染，而且在水土流失严重的地区(如黄土高原)，种植柳枝稷还能显著地改变当地生态环境。

2. 芒草

芒草(*Miscanthus*)是各种芒属植物的统称，含有 15～20 个物种，属禾本科，原生于非洲与亚洲的亚热带与热带地区。其中一个物种，中国芒(*M. sinensis*)的生长范围延伸到了温带亚洲，包括日本与韩国。一部分的芒属植物，如中国芒与巨芒(*M. giganteus*)，被用来生产生物燃料。也有一些芒草用来作为观赏植物。更多则以杂草的形式，生存于野外或人工设施周围。

1) 生物学特征

芒草为禾本科多年生草本植物，属甘蔗的亲本植物，高可达 4m，丛生状。叶大部分基生，叶片扁平，长达 1m。顶生总状花序，主轴四周为散房状穗状花序，小穗上有成束的丝状毛，秋季形成红色花序。喜阳光充足和湿润的沙壤土。

芒草生长迅速、适应性强，耐寒、耐旱，从亚热带到温带的广阔地区都能生长，它主要通过根茎进行繁殖，幼苗只需适当灌溉，基本不需要施肥，一个生长季就能长 3～4m 高。通常情况下，从第 2 年开始便可以收割，产量逐年增长，五六年后达到高峰，此后保持稳产。

芒草的根状茎保证了来年还会重新发芽生长，无须每年重新种植，节省了耕种和施除草剂所要消耗的劳力。另外，由于芒草的种植和收获不需要专门的机械设备，完全可以使用现有的收割机等，种植芒草也不需像其他作物那样施用化肥和喷洒农药，能节约开支。

2) 发展现状

近年来，欧洲各国重视芒属植物的基因型选择和栽培技术改进，在耕地准备、越冬、施肥和植保等方面都做了较多研究。英国是较早将芒草作为能源植物进行研究、开发的国家，早在 20 世纪 90 年代，英国就开始从现有的芒草品种中筛选、培育适宜作为火力发电厂燃料的理想品种。

通过大量试验，Heaton 等认为，在欧洲芒草比柳枝稷更适合作为能源作物栽培。在芒草中，现在大多数研究集中于三倍体的奇岗(*M. giganteus*)，其具有耗水少、需肥少，多年生、栽培管理简单等特点，被认为是最有潜力的能源作物之一。近年来奇岗也被引入我国，部分科研单位对其进行了无性繁殖技术研究和以能源生产为目的的栽培技术方面的研究。

3) 发展前景

芒草既可用于火力发电，也可用于制取燃料乙醇的燃料。此外，其非常适宜作为培养基来制种及栽培食用菌。芒草还可作为观赏禾草，是新颖的园林配置植物，花坛、花境布置或点缀于草坪上，也可做切花，同时芒草还是制作手工艺品的好原料。

3. 柳属植物

柳属(*Salix* spp.)植物是杨柳科下的一个属。柳属植物是温带、寒带次生林的先锋树种，全世界柳属植物 560 种，绝大多数分布在亚洲、欧洲和北美洲。柳属植物的遗传多样性、生态多样性和对各种立地条件的适应性非常突出。在北半球，无论是沼泽、沙地、盐渍化土地，还是高山、低地，均有分布。中国有柳属植物257种，以西南、东北、西北山区种类最为集中。柳属生态适应较广，具有耐寒冷、耐干旱，扦插即可成活等特点。随着生物质能源越来越受到全社会的关注，开展柳属植物生态学研究，具有重要理论价值和生产实践意义。

柳属植物天然杂交非常容易，自然条件下很容易通过天然杂交创造出杂交种，所以自然界柳属植物有各种适生类型，既有可以耐低温的种类，也有可以耐盐的种类；既有高度几厘米的极矮小灌木，也有高达20m以上的大乔木；既有可在淹水没顶2个月后正常生长的种类(品种)，也有可以在干旱地区造林的种类。

目前，作为能源作物栽培的主要品种有灌木类蒿柳(*S. schwerinii*)和毛枝柳(*S. dasyclados*)，年产干物质可达15～20t/hm^2。适合柳树生长的土壤类型广，生产投入低。一般在种植3年后开始收获。建植后第二年开始施肥。在欧洲北部，柳树主要作为能源作物种植，育种公司向市场投放了高产、抗病虫和耐霜的新品系，许多企业参与柳树插条、建植、收获和能源转化利用等方面的经营。英国、芬兰、荷兰、丹麦和爱尔兰等国家对柳树都进行了大量的研究与开发。瑞典于1975年以大量的研究项目发展灌木柳生产，主要种类为蒿柳。

4. 象草

象草(*Pennisetum purpureum* Schumach.)又名紫狼尾草，是禾本科狼尾草属多年生草本植物。该植物原产于热带非洲大陆和岛屿，现广泛种植于非洲、亚洲、美洲、大洋洲的热带和亚热带地区。自20世纪30年代从缅甸引入我国广东、四川等省试种。1975年前后，广东、广西的一些大型畜牧场大面积种植象草，饲喂奶牛，取得良好的成效。至20世纪80年代象草的种植地区已发展到广东、广西、湖南、湖北、四川、贵州、云南、福建、江西、台湾等地。此时象草的利用目的已不仅局限于优良的饲料作物，而是开始向造纸工业、生物质能源以及生态护坡等领域拓展。

象草植株高大，一般高2～4m，最高者可达5m以上。象草根系发达，具有强大伸展的须根，多分布于深40cm左右的土层中，最深者可达4m，在温暖潮湿季节，中下部的茎节能长出气生根。象草喜温暖湿润气候，但其适应性很强，在广西海拔1200m以下的地区均能生长良好。能耐短期轻霜，在广州、南宁能保持青绿过冬。一般在气温12～14℃时开始生长，25～35℃时生长迅速，10℃以下生长受抑制，5℃以下则停止生长，连续受冻，能被冻死。象草具有强大根系，能深入土层，耐旱力较强。

美国在20世纪80年代率先将象草作为能源作物开展研究工作，经过长达20年的研究，证明其可用于乙醇、沼气和电能的生产，可用于燃烧发电，也可作为热化学处理的原材料，通过热解和气化作用生产甲醇、综合燃气、热解油，通过催化转化生产燃料乙醇或沼气。

5. *芦竹*

芦竹(*Arundo donax*)是禾本科芦竹属高大的 C_3 草本植物，丛生，具粗而多节的根状茎。高 2～6m。叶片扁平，圆锥花序直立，长 30～60cm。小穗长 10～12mm。变种有花叶芦竹。生物产量高，在最适条件下每周可生长 0.3～0.7m，生物质干重 2.85t/hm^2。地下根茎发达，根系可深达 1m。芦竹喜湿，同时耐旱能力强。土壤适应性强，耐贫瘠和盐土，广布热带地区，我国江苏、浙江、湖南、广东、广西、四川、云南等地有分布。

2.5　生活废水和工业有机废水

2.5.1　生活废水

生活废水指的是居民日常生活中排泄的洗衣水、厨房排水、废油(地沟油)、粪便污水等。废水中其实只有很少一部分经过处理，大部分未经过处理直接排入了河流等。小城市更严重。大便等一般不直接排入，而是有收集措施。废水中污染物成分极其复杂多样，任何一种处理方法都难以达到完全净化的目的，而常常要几种方法组成处理系统，才能达到处理的要求。按处理程度的不同，废水处理系统可分为一级处理、二级处理和深度处理。

一级处理只除去废水中的悬浮物，以物理方法为主，处理后的废水一般还不能达到排放标准。对于二级处理系统而言，一级处理是预处理。二级处理最常用的是生物处理法，它能大幅度地除去废水中呈胶体和溶解状态的有机物，使废水符合排放标准。但经过二级处理的水中还存留一定量的悬浮物、生物不能分解的溶解性有机物、溶解性无机物和氮、磷等藻类增殖营养物，并含有病毒和细菌，因而不能满足要求较高的排放标准，如处理后排入流量较小、稀释能力较差的河流就可能引起污染，也不能直接用作自来水、工业用水和地下水的补给水源。三级处理是进一步去除二级处理未能去除的污染物，如磷、氮及生物难以降解的有机污染物、无机污染物、病原体等。废水的三级处理是在二级处理的基础上，进一步采用化学法(化学氧化、化学沉淀等)、物理化学法(吸附、离子交换、膜分离技术等)以除去某些特定污染物的一种“深度处理”方法。显然，废水的三级处理耗资巨大，但能充分利用水资源。

2.5.2　工业有机废水

工业有机废水是乙醇、酿酒、制糖、食品、制药、造纸和屠宰等行业生产过程中排出的废水。工业有机废水的种类很多，成分复杂多样。一般根据工业有机废水中有机物含量，将含有机物化学需氧量(COD)大于 5000mg/L 的有机废水称为高浓度有机废水，如以薯干、蜜糖和玉米等为原料的乙醇废水、啤酒废水、味精废水、制糖废水、豆制品加工废水等。把含有有机物化学需氧量小于 5000mg/L 的有机废水称为低浓度有机废水，如肉类加工废水、制革废水、印染废水、造纸废水等。工业有机废水都含有丰富的有机物，可通过厌氧发酵过程制取沼气，以获取能源。

2014 年，全国废水排放量 716.2 亿 t，比 2013 年增加 3.0%。工业废水排放量 205.3 亿 t，比 2013 年减少 2.1%，占废水排放总量的 28.7%，比 2013 年减少 1.5 个百分点。城镇生活污水排放量 510.3 亿 t，比 2013 年增加 5.2%，占废水排放总量的 71.3%，比 2013 年增加 1.5 个百分点。集中式污染治理设施废水(不含城镇污水处理厂，下同)排放量 0.6 亿 t。自 2001 年以来，废水排放总量呈持续上升趋势。其中，生活污水排放量始终呈增长趋势，而工业废水排放量近年来总体上稳中有降。

1. 几种典型的工业有机废水

工业有机废水的物理和化学特性与废水来源、种类、加工工艺及处置方法等因素有关，现分别说明几种典型的工业有机废水。

(1)制浆造纸业废水：制浆造纸过程排放的废水中主要污染物有悬浮物(主要是纤维和纤维细料)、易生物降解有机物(半纤维素、甲醇、乙酸、糖类等)、难生物降解有机物(木质素和大分子碳水化合物)、毒性物质(硫化氢、甲基硫、甲硫醚及多种氯化有机化合物)以及酸碱物质等。制浆方法不同、原料不同、制浆得率不同、造纸品种不同及有无化学品回收，则污染物的发生与排放有很大差异。

(2)制革业废水：制革业废水主要来源于浸水、脱脂及洗水；脱毛、脱灰及洗水；浸酸、铬鞣及洗水；染色加脂及洗水；冲洗、跑冒滴漏、轻度污染水。

制革过程中，原料皮的大部分蛋白质、油质被废弃，进入废渣和废水中，造成 COD、BOD(生物需氧量)较高。制革混合废水呈碱性，有毒，难降解物质含量高，外观污浊，气味难闻，水质差别大，污染物浓度高，成分复杂。废水排放量大，水量随时间变化大。

(3)啤酒废水：啤酒厂废水主要来源于麦芽生产过程的洗麦水、浸麦水、发芽降温喷雾水、麦槽水、洗涤水、凝固物洗涤水；糖化过程中的糖化、过滤洗涤水；发酵过程的发酵罐洗涤、过滤洗涤水；罐装过程洗瓶、灭菌及破瓶啤酒；冷却水和成品车间洗涤水；来自办公楼、食堂、宿舍和浴室的生活污水。

啤酒废水的水质和水量在不同季节有一定差别，处于高峰流量时的啤酒废水，有机物含量也处于高峰。国内啤酒厂废水中 COD 含量为 1000～2500mg/L，

BOD_5 含量为 600～1500mg/L，啤酒废水具有较高的生物可降解性，且含有一定量的氮和磷。

(4) 肉类加工业废水：肉类加工业废水主要来自屠宰前饲养场排放的畜粪冲洗水；屠宰车间排放的含血污和畜粪的地面冲洗水；烫毛时排放的含大量猪毛的高温水；解剖车间排放的含肠胃内容物的废水；炼油车间排放的油质废水等。

肉类加工业废水含有大量血污、毛皮、碎肉、未消化的食物以及粪便等污染物，水呈红褐色并有明显的腥臭味，富含蛋白质、油脂，含盐量也较高，是一种典型的有机废水。肉类加工业废水因受淡、旺季和生产的非连续性影响，排放量变化较大。

2. 废水对环境的影响

自 20 世纪 80 年代以来，我国经济发展，工业快速增长，人口增长，废水排放量以及化肥和农药使用量大幅度增加，导致我国地面水和地下水质量大幅度下降。工业生产过程具有复杂性与多样性，产生排水污染性质也比较复杂，如有机污染、无机污染、热污染和色度污染等。

水体的污染也造成了城市农村中的江、河、湖、海的富营养化。例如，滇池中水葫芦覆盖面积和生长厚度逐年增加，内湖、外湖中部出现了蓝藻滋生的现象。我国沿海海域也出现了严重的富营养化现象。渤海、东海、南海都出现了赤潮，而且近几年出现的频率逐步加快。如 2000 年中国海域共记录到赤潮 28 起，比 1999 年增加了 13 起。其中，东海发现 11 起，渤海发现 7 起，黄海发现 4 起，南海发现 6 起。这些赤潮的出现对沿海城市及渔业生产造成重大经济损失。此外，水体污染造成地下水水质下降和硝酸盐含量增加。

水是生命之源，是地球上唯一不可替代的自然资源。我国人均淡水资源量只有 2150m^3，仅为世界人均水平的 1/4，水源不足、水体污染和水环境生态恶化已成为制约发展的重要因素。通过清洁生产和循环、回收、再利用，以保护水资源、防治水污染、改善水环境生态是保护环境和实施可持续发展的重要内容。

2.6 城市固体废物

固体废物通常是指人类在生产、加工、流通、消费及生活等过程中提取有用的成分后，废弃的固体状和泥浆状物质。城市固体废物(municipal solid waste，MSW)主要是由城镇居民生活垃圾，商业、服务业垃圾和少量建筑业垃圾等固体废物构成，也称城市垃圾。

城市固体废物的产量与城镇居民生活水平密切相关。随着经济的发展和人们生活水平的提高，城市固体废物的排放量也不断增加。例如，欧盟的生活与商业垃圾已达到每人年产量 300kg，远远超过欧盟第五个环境行动计划规定的每年100kg。

2.6.1 废物的循环

人类的一切社会活动，如果以外界环境作为边界，是以开发与利用物料作为起点，以等量的废物回归于外界环境为终点，处于动态平衡过程，并遵循质量守恒定律。在生产或消费过程中，均产生各种形态的废物，这些废物一部分在生产或消费中得到了回收与再利用；而另一部分，以在环境中开发的物料等量的废物形式返回到外界环境中，形成一个封闭循环系统。因此，这种对物料的“利用”与“回归”的进程一般处于交叉的状态。

废物一般被人们认为是无用而抛弃。实际上，在任何生产活动中，对于原料人们往往仅利用了其中某些有效成分，而对于原使用者不再具有价值的废物，经过一定的技术处理，可以转变为某些行业中的生产原料。可见，废物的概念随时间和空间的变迁而具有相对性。从时间上看，当前的经济和科技条件使有些废物不能再回收利用，但今天的废物就是明天的资源；从空间上看，废物仅仅是在某一过程、某一方面、某地没有使用价值，而并非在一切过程都没有使用价值。

美国经济学家 K. 波尔丁在 20 世纪 60 年代提出了“循环经济”的概念，此概念于 20 世纪 90 年代后期在工业化国家得到了重视。循环经济就是把清洁生产和废物的综合利用融为一体的经济，本质上是一种生态经济，它要求运用生态学规律来指导人类社会的经济活动。

传统经济是一种由“资源—产品—污染排放”所构成的物质单向流动的经济，人们通过把资源持续不断地变成废物来实现经济的数量型增长，导致了许多自然资源的短缺与枯竭。

而循环经济则要求把经济活动按照自然生态系统的模式，组织成一个“资源—产品—再生资源—再生产品”的物质反复循环流动的过程，使得整个经济系统以及生产和消费的过程基本上不产生或者产生很少的废物。只有放错了地方的资源，而没有真正的废物。应最大限度利用进入系统的物质和能量，提高资源利用率，最大限度地减少污染物排放，提高经济运行质量和效益。

2.6.2 城市固体废物的特性

城市固体废物主要来源于城镇居民生活、商业和服务业、建筑业等人类活动中，表 2-13 列出了各类城市主要固体废物。

表 2-13　城市主要固体废物

来源	主要固体废物
居民生活	剩饭、烂菜叶、纸、木、布、金属、玻璃、塑料、陶瓷器皿、碎砖瓦、脏土、燃料、灰渣、粪便等
商业、服务业	纸、木、布、金属、玻璃、塑料、陶瓷器皿、燃料、灰渣、废渣、沥青、汽车、电器等
建筑业	脏土、碎砖瓦、其他各种建筑材料
市政管理	脏土、树叶、废金属、废锅炉、灰渣、污泥、管道等

固体废物按照化学成分性质(是否为有机物)，可分为以下几类。

(1)有机固体废物：包括果皮、菜叶、骨头、废纸、纤维材料、破布、废皮革、橡胶、塑料等。

(2)无机固体废物：包括砂石、脏土、金属、玻璃、陶瓷等。

固体废物按照燃烧的难易程度，可分为以下几类。

(1)不燃固体废物：如脏土、砂石、陶瓷等。

(2)难燃固体废物：如果皮、菜叶等含水较高的垃圾。

(3)易燃固体废物：如废纸、木材、橡胶、塑料等。

城市固体废物组成成分比较复杂，受当地居民平均生活水平、能源消费结构、城镇建设、自然条件、传统习惯以及季节变化等因素的影响。不同的城市固体废物的热值也不尽相同。表 2-14 为某些发达工业国家城市固体废物组成成分、含水率和热值。

表 2-14　某些发达工业国家城市固体废物组成成分(干基)、含水率和热值

组分	英国	法国	荷兰	意大利	美国
有机物/%	27	22	21	25	12
纸张/%	38	34	25	20	50
粉末、灰/%	11	20	20	25	7
金属/%	9	8	3	3	9
玻璃/%	9	8	10	7	9
塑料/%	2.5	4	4	5	5
其他/%	3.5	4	17	15	8
含水率/%	25	35	25	30	25
热值/(kJ/kg)	9 760	9 300	8 370	6 970	11 620

在我国，部分城市已经实现了居民生活燃料的煤气化，垃圾中有机物和可燃成分逐步增加，无机物特别是煤渣显著减少。此外，我国已经建立一整套比较完整的废旧物资回收体系，垃圾中的废纸、废金属、玻璃瓶、废橡胶塑料等绝大多

数已经通过手工进行回收。表 2-15 为我国几个主要城市固体废物的组成。

表 2-15　我国几个主要城市固体废物的组成　　单位：%

组分	北京	上海	哈尔滨	深圳
厨房垃圾	27	71.6	16	27.5
废纸、玻璃	3	8.6	2	14
废塑料	0.5	8.8	1.5	15.5
纺织品	0.5	3.9	0.5	8.5
炉灰	63	1.8	76	14
革类	2	4.5	2	5
金属	2	0.6	2	5.5

2.6.3　固体废物对环境的影响

固体废物中的部分有害成分可以通过土壤、水和大气等途径进入环境，对人类造成长期潜在的危害。例如，人畜粪便和生活垃圾中含有大量的病原微生物，可形成病原性污染，具体的传播途径见图 2-5，分别说明如下。

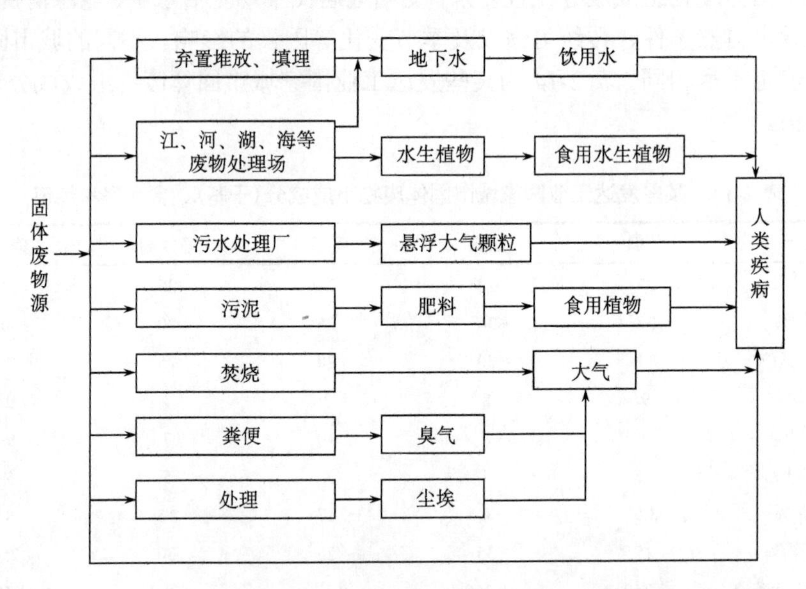

图 2-5　固体废物传播疾病途径

(1) 侵占土地：固体废物如果不加以利用，需要占用一定的土地进行堆放。据估算，每堆放 1 万吨废物需占有土地约 1 亩。我国许多城市利用市郊堆放城市垃圾，侵占了大量农田，而且严重地破坏了地貌、植被和自然景观。例如，对北京市进行高空远红外探测的结果表明，北京市区几乎被环状的垃圾山所包围。

(2)污染土壤：固体废物堆放若没有采取适当的防渗措施的填埋，其中的有害成分可经风吹雨淋通过地表径流侵入土壤。土壤是一个生态系统，聚积着许多细菌、真菌等微生物，担负着碳循环和氮循环的任务。当有害物质进入土壤，会杀死土壤中的微生物，使土壤丧失分解能力，导致植被的破坏。

(3)污染水源：固体废物随天然降水和地表径流进入江、河、湖、海，或随风飘迁落入水体，可能造成地面水的污染；随渗沥水进入土壤则可能污染地下水；直接排入河流、湖泊或海洋，会造成更大范围的水体污染。

(4)污染大气：一些有机固体废物在适宜的温度和湿度下能被微生物分解，释放出有害气体；以细粒状存在的废渣和垃圾，可随风飘逸，扩散到较远的地方，造成大气的粉尘污染；采用焚烧法处理废物，也会污染大气环境。

中国的固废处理行业在“十三五”期间将实现规模的量化扩充，实现由局部向全面的扩充，其中三大规划主要包括《“十三五”期间我国城市生活垃圾管理目标和管理模式建议》、《“十三五”全国城镇生活垃圾无害化处理设施建设规划》、《国家环境保护“十三五”规划基本思路》，三大领域主要包括生活垃圾、餐厨垃圾、垃圾渗透液市场等领域。

2.7　藻　类

藻类植物是生物界中没有真正根、茎、叶分化，能进行光能自养生活，生殖器官由单细胞构成和无胚胎发育的一大类群。藻类的种类繁多，目前已知有 3 万种左右。目前植物学界认为藻类不是一个自然分类群，涵盖了原核生物界、原生生物界和植物界。原核生物界中的藻类有蓝藻和一些生活在无机动物中的原核绿藻。属于原生生物界的藻类有裸藻门、甲藻门(或称涡鞭毛藻)、隐藻门、金黄藻门(包括硅藻等浮游藻)、红藻门、绿藻门和褐藻门。而生殖构造复杂的轮藻门则属于植物界。大多数藻类都是水生的，有产于海洋的海藻；也有生于陆地水中的淡水藻。藻类可以分为微型藻类、大型海藻(如紫菜)和蓝藻(旧称蓝绿藻)。

(1)微型藻类(microalgae)。

该词不是分类学名称，而是指那些需要借助于显微镜等工具辨别的微小藻类的总称。微型藻类简称微藻，是单细胞原核或真核光合微生物。

(2)大型海藻。

大型海藻泛指所有在海洋生长的肉眼可见大小的多细胞藻类生物，也包括一些类似但不同种属的生物，包括红藻门、绿藻门和褐藻门等。此类大型藻 99%以上的种类栖息于海水环境中，所以多称海藻。另外，严格而言有些肉眼可见的蓝藻和少数硅藻也属于大型海藻的范围。

(3) 蓝藻(cyanobacteria)。

蓝藻又称蓝细菌、蓝绿菌、蓝绿藻，或称蓝细菌门，当中包括发菜、螺旋藻等生物。蓝藻虽然传统上归于藻类，但近期发现因为没有细胞核等，与细菌非常接近，因此现已被归入细菌界。蓝藻在地球上已存在约 30 亿年，是目前发现最早的光合生物，对地球表面从无氧的大气环境变为有氧环境起了巨大的作用。

藻类具有分布广泛、油脂含量高、环境适应能力强、生长周期短、产量高等特点，用藻类制备生物燃料的研究开发方兴未艾。美国能源部已进行了 20 多年的研究，取得了很大进展，日本、德国、印度等国也都进行了研发。众多的科研机构、生物燃料公司、投资公司在该领域投入大量资金，壳牌(Shell)、雪佛龙(Chevron)、埃克森美孚(Exxon Mobil)公司等大型石油公司也正在与有关机构或公司进行合作研究。相关研究人员认为，利用藻类生产生物燃料具有广阔的发展前景。藻类生物燃料很可能成为未来最重要的可再生能源之一。

藻类规模化生产一方面不应与渔业发展争水域，也不应占用生态保护水域。另一方面，藻类生长受到温度、光照等因素的影响，目前几种比较具有发展前途的能源微藻的可生长温度范围为 5～40℃，最适生长温度范围则在 20～30℃，耐盐度基本都比较好。

我国水域资源主要包括内陆水域资源和海洋水域资源两大部分。其中，内陆水域资源主要包括湖泊、池塘、水库和河沟等；海洋水域资源主要包括内海和邻海海域。水域资源比较丰富。

2.7.1　内陆水域资源

1. 湖泊

我国是一个多湖泊国家，也是世界上湖泊类型最多的国家之一。据统计，全国现有湖面面积 1km^2 以上的天然湖泊 2939 个，总面积 8.41 万 km^2，湖泊淡水资源量约占全国水资源量的 8.5%。其中湖面面积 500km^2 以上的大型和特大型湖泊 26 个，面积占全国湖泊总面积的 45.8%。湖泊的总水面为 75 240km^2(752.4 万 hm^2)。主要分布在青藏高原、东部平原、蒙新高原、东北平原和云南高原等地，其中青藏高原湖泊面积占总面积的 48.4%，主要分布在青海和西藏地区；东部平原占 31%，主要分布在山东、江苏、安徽、湖南和江西等地区；蒙新高原占 11.5%，主要分布在新疆和内蒙古地区。我国湖泊资源分区域分布具体见图 2-6。

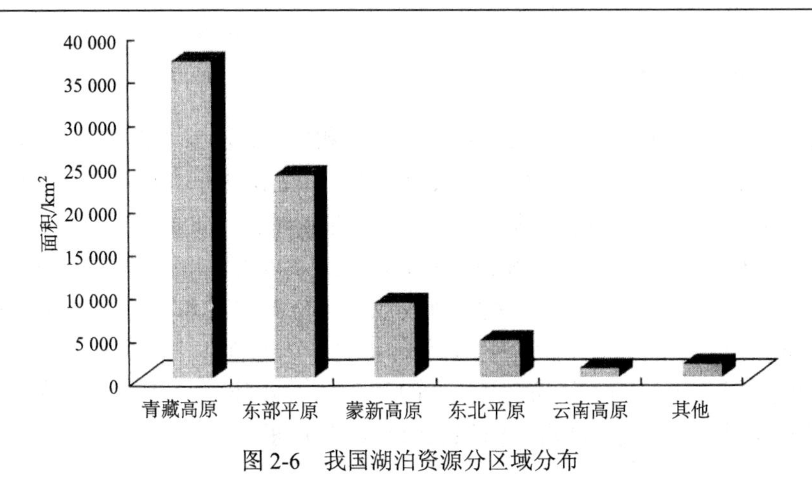

图 2-6　我国湖泊资源分区域分布

2. 其他内陆水域资源

除了湖泊之外，池塘、水库和河沟等水域水面面积分别为 19 220km^2(192.2 万 hm^2)、23 020km^2(230.2 万 hm^2)、52 780km^2(527.8 万 hm^2)，其他水域面积为 4450km^2(44.5 万 hm^2)。中国内陆水域资源情况具体见表 2-16。

表 2-16　中国内陆水域资源情况　　单位：万 hm^2

水域	总水面	可养殖水面	已养殖水面	尚可利用水面
池塘	192.2	192.2	185.8	6.4
湖泊	752.4	215.1	82.4	132.7
水库	230.2	188.4	151.6	36.8
河沟	527.8	76.6	34.7	41.9
其他	44.5	2.6	12.4	—
总计	1747.1	674.9	466.9	217.8

我国内陆水域资源较为丰富，但可用于养殖的水面仅占总面积的 38.6%，可利用率较低。目前已用作养殖的水面面积为 466.9 万 hm^2，占可利用水面面积的 69.2%，未利用的水域面积为 217.8 万 hm^2，占可利用水面面积的 32.3%，主要集中在湖泊、河沟和水库等水域。湖泊可利用面积为 132.7 万 hm^2，占可利用水面的 63.8%。因此，湖泊用作规模化养殖藻类的潜力最大。

根据湖泊的分布情况来看，可用来发展藻类规模化养殖的湖泊资源将主要集中在东部平原区、蒙新高原区和云南高原区，即山东、江苏、安徽、湖南、江西、内蒙古、新疆和云南等地区，可利用水面面积为 66.0 万 hm^2。

2.7.2　海洋水域资源

我国是海洋大国，包括渤海、黄海、东海和南海，跨越暖温带、亚热带和热带三个气候带。大陆海岸线 1.8 万 km，面积为 500m^2 以上的海岛 6900 余个，管辖海域总面积约 300 万 km^2，接近陆地领土面积的 1/3。

我国管辖海域内有海洋渔场 280 万 km^2，20m 以内浅海面积 2.4 亿亩；海水可养殖面积 260 万 hm^2，已经养殖的面积 71 万 hm^2，未利用面积为 189 万 hm^2，占海水可养殖面积的 72.7%。浅海、滩涂、海湾可养殖面积 260.011 万 hm^2，已经养殖的面积 55 万 hm^2，未利用面积为 205 万 hm^2，占浅海滩涂可养殖面积的 78.8%。我国海洋水域资源情况及浅海、滩涂、海湾可养殖面积具体见表 2-17 和表 2-18。

表 2-17　我国海洋水域资源情况

水域	海域总面积/万 hm^2	大陆架渔场面积/万 hm^2	平均深度/m	最大深度/m
渤海	770	770	18	70
黄海	3 800	3 530	44	140
东海	7 700	5 490	370	2 719
南海	35 000	18 210	1 212	5 559
总计	47 270	28 000	—	—

表 2-18　浅海、滩涂、海湾可养殖面积　　单位：万 hm^2

地区	合计	浅海	滩涂	海湾
北京	0.044	—	0.044	—
天津	1.849	1.0	0.849	—
河北	11.137	4.966	6.17	—
辽宁	72.584	59.044	9.245	4.295
上海	0.322	—	0.322	—
江苏	13.9	0.787	13.096	0.017
浙江	10.146	3.63	5.739	0.777
福建	18.494	7.739	10.076	0.679
山东	35.821	13.168	17.341	5.312
广东	83.567	66.4	12.0	5.167
广西	3.195	0.678	2.209	0.308
海南	8.952	4.843	2.609	1.5
全国	260.011	162.256	79.7	18.055

目前我国海洋渔场的面积为 181 万 hm^2，未利用的海水面积为 189 万 hm^2、浅海和滩涂面积为 205 万 hm^2，合计 394 万 hm^2。如果进行藻类户外规模化生产，能实现全年生产的海域主要位于福建、广东、广西和海南等南方省区；而其他省区市因为受温度限制，均无法实现全年规模化生产。

根据以上分析，我国可用于生产藻类的水域资源面积为 141 万 hm^2。

第 3 章　生物质与生物质催化转化概述

生物质是指通过光合作用而形成的各种有机体。生物质能是太阳能以化学能形式储存在生物质能中的能量形式，它以生物质为载体，直接或间接地来源于绿色植物的光合作用，可转化为常规的固态、液态和气态燃料，替代煤炭、石油和天然气等化石燃料，可永续利用，具有环境友好和可再生双重属性，发展潜力巨大。

3.1　生物质的概念

生物质是人类自诞生以来都在使用的太阳能资源，太阳能通过植物的光合作用以化学态能的形式转存下来，有了可供呼吸的氧气、可供饮食的动植物、建房取火的木材、遮羞保暖的衣物。然而，正如其他的自然存在物一样，生物质被人类真正地定义才不过 50 年的时间。

英文中“biomass”一词，最早使用于 1934 年(在《韦伯词典》中指生物量)。从外文回溯数据库看，1971 年，美国《植物与土壤》杂志中，首次将“biomass”一词定义为生物质；1976 年，一篇介绍生化过程工程的文章中提出可将废弃生物质作为一种原料使用；1979 年，*Nature* 的一篇文章中指出生物质燃烧产生了污染环境的气体；1980 年，荷兰农业大学过程工程系真正提出将生物质作为能源材料；1981 年，美国橡树岭国家实验室开始对生物质能源技术进行安全性评估。自此之后，关于生物质能源的研究报道陆续展开。

如果将 1980 年作为生物质能源化利用研究的起点，那么至今已过去了近 40 年，在此期间生物质催化转化技术已经有了迅猛的发展，生物质催化转化的研究也开始了工业化应用，为人类带来福祉。

美国能源部对于生物质的定义是：生物质是指任何动植物有机体。他们特别指出其国内的生物质包括农业和林业废弃物、城市固体垃圾、工业废弃物和专用于能源的陆生和水生作物。

中国可再生能源学会对生物质的定义是：生物质是指通过光合作用而形成的各种有机体，包括所有的动植物和微生物。

在动植物和微生物有机体中，植物是自养生物(生产者)，动物是异养生物(消费者)，人类生存过程中选择种养可以服务于自身的植物和动物，其中动物多被利用，而对于植物，人类主要利用了淀粉、蛋白质、油脂、维生素含量较高的果实，因为没有迫切的需要，所以没有寻找转化利用其他部位的方式，便将用汗水浇灌的大部分植物体遗弃。本书中所论述的生物质是指植物生物质中除了人类食用、药用等之外的木质纤维素废弃物。

3.2　生物质转化利用方式

木质纤维素原料收获储存一定时期后，主要由死细胞遗留的细胞壁组成。细胞壁的成分主要是纤维素、木质素和半纤维素，胞间层主要是果胶物质。细胞壁中的三种主要组分中，半纤维素和木质素主要通过化学键相连接，木质素、半纤维素与纤维素主要通过氢键连接，形成了以纤维的多级结构为骨架的紧密细胞壁。因此，要充分利用木质纤维素原料，无论是应用其中何种成分，首要的就是破坏已有的细胞壁结构。

人类利用生物质的技术是多样的，可以归结为三种：物理转化技术、化学转化技术和催化转化技术。

3.2.1　生物质物理转化技术

生物质物理转化是指通过物理方法对生物质进行改性和加工，生产高附加值的产品，从而实现木质纤维素的高值化应用。在人类利用木质纤维素的过程中，物理转化方法的应用领域主要包括：板材、建筑材料以及木质纤维素复合材料。生物质人造板材的制备工艺流程一般包括：原料制备→搅拌混合→模压成型→后处理。对于不同的生物质原料和不同用途的板材，工艺的主要区别在于原料的粉碎程度、添加剂的种类和数量、模压的条件以及不同的后处理方式。适用于生物质人造板的非木材类木质纤维素主要包括甘蔗渣、麦草、稻草、玉米秸秆、棉秆、亚麻屑。生物质人造板，尤其是非木材类木质纤维素人造板对于减少森林资源的消费以及环保都有积极的意义。生物质建筑材料主要是指生物质墙体材料，其中以秸秆镁质水泥轻质条板和稻草板为主，其他还有玉米秸秆保温材料。墙体材料的加工过程与木质纤维素板材的加工过程相似。所得到的墙体材料具有质轻、隔声、保温、抗震、抗腐蚀等性能。人造板和墙体材料是木质纤维素原料的一种初级利用形式，现在多数是将木质纤维素直接粉碎后加工，将其中的纤维素提取后制备人造板的工艺目前应用较少。

而木质生物质多用于制备生物质复合材料。木质材料自身复合或与其他材料复合的形态一般分为三种类型：层积复合、混合复合和渗透复合。层积复合是指由一定形状的板材、涂胶层积、加压胶合而成的，具有层状结构和一定规格、形状的结构。混合复合是指以木材或木质材料为基质与其他物质如无机质、矿物质等相混合或木质纤维素材料之间相混合，加压成板。渗透复合是指将某种物质(无机物、有机物、金属元素等）渗注入木材或木质材料中，并发生沉积或化学作用，从而改良木材性质或赋予木材某种功能。

由上可见，植物生物质的物理转化主要是利用其紧密的物理结构，将其转化为材料，用于生产生活中。物理转化难以将生物质转化为可替代石油基产品的可再生产品，因此难以满足现在对清洁能源和化学品的需求。

3.2.2 生物质化学转化技术

生物质化学转化在传统的领域中主要应用在制浆造纸行业。随着能源、环境问题的出现，生物质的研究和应用受到极大重视，生物质的化学转化方式也呈现出多种方式，目前主要包括燃烧、碳化、气化、热分解以及水热液化技术等。

传统的造纸行业主要采用酸碱化学预处理方式得到生物质中的纤维素，以制备纸浆。目前由于产品纸还具有不可替代性，因此本书不作论述。

(1) 生物质燃烧转化技术：它是直接利用生物质剧烈氧化过程中释放的热能或将其转化为电能形式的技术。3000℃以下时，半纤维素即可剧烈分解，300～350℃时，纤维素可以完成分解过程，而只有温度达到500℃以上时木质素才开始分解。该技术历史悠久，成本较低，大规模利用时可实现无害化，但该法的产值较低，并会产生大量 SO_2 等温室气体。

(2) 生物质碳化转化技术：它是在隔绝或限制空气的条件下将生物质加热得到气体、液体和固体等产物的技术，是较古老的生物质转化技术。其中机制炭又称人造炭、成型炭，是在高温高压下成型，再经热解炭化而得到的固型炭制品。热解过程中产生的气体混合物经冷凝、回收、加工，得到副产品——焦油和木醋液，焦油中含有大量的酚类物质和多种有机物，是提炼芳香类物质的原料，焦油也可与渣油调和生产200号重油，或与煤混合作燃煤锅炉燃料；木醋液是化工原料，也是无公害药剂，可制作防霉剂、防虫剂、抗菌剂、农药助剂，和农药一起使用可增效并降解农药残留。

(3) 生物质气化转化技术：指根据生物质具有挥发组分高、炭活性高、硫和灰的含量低等特性，利用空气中的氧气或含氧化物作气化剂，在高温条件下将生物质中的可燃部分转化为可燃气（主要是氢气、一氧化碳和甲烷）的热化学反应。该技术最早由Ghaly用于生产生物质低密度燃料气体。根据用途的不同，气化通常分为常压气化和加压气化，二者原理相同，但加压气化对装置、操作、维护等要求都较高。

(4) 生物质热分解技术：是指生物质在高温下分解成两个成分以上的低分子化过程。快速热分解是指原料热分解时提高加热速度，在几百摄氏度高温下瞬间热分解或通过快速升温进行热分解。热分解生物质可以得到热分解液、木醋、快速碳化物、脱水糖。其中，热分解液和快速碳化物可以作为燃料；木醋可以作为熏制液、害虫驱除剂、农药替代品；脱水糖可以作为生物可降解塑料等的高分子原料。

(5)生物质水热液化技术：是将生物质在高温高压的水中进行分解的技术，当得到的产物为气体时称为水解气化；当得到液体产物为液体时称为水解化。与热分解技术相同，水热液化生成气体、液体和固体三种物质。液相中的轻质成分(热分解时的木醋成分)溶解于水，重质成分处于与固体相混合的状态，即所得的是气相、水相和油相(油和木炭的混合物)三种。产品用途与热分解产物相似。上述表明，生物质化学转化方式中，需要较为剧烈的条件，除直接用于发电外，所得产品的纯度较低，难以作为精细化学品替代石油产品，也不能作为工业的通用原料，满足现在能源、环境问题的需求。

3.2.3　生物质催化转化技术

生物质催化转化技术是指生物质经一定的物理、化学、生物预处理后，由生物法转化为相应的产品。生物质催化转化前期的预处理过程是为达到理想的生物转化效果而进行的，不是要达到最终的产品，这是生物质催化转化中各种预处理方式区别于前述生物质物理、化学转化方式的本质，也正是这一本质，使得生物质催化转化前的预处理技术较生物质化学、物理转化方式要温和。

生物质在催化转化过程中，通过选用不同微生物，可以将其转化为不同的产品：氢气、沼气、乙醇、丙酮、丁醇、有机酸(丙酮酸、乳酸、草酸、乙酰丙酸、柠檬酸)、2，3-丁二醇、1，4-丁二醇、异丁醇、木糖醇、甘露醇、黄原胶等。各种产品，一方面可以经过进一步的化学合成替代石油基产品；另一方面，也可以替代粮食作为原料生产的产品，如乙醇等。

生物质催化转化技术相对于其他转化技术而言具有操作条件温和、产品纯度高、清洁、高效、转化率高等优点，并且可以通过筛选不同的酶或微生物而将生物质转化为多种中间产物，从而为多种可再生材料、燃料和化学品的转化提供平台物质，成为石油基产品的替代物，因此，生物转化技术在研究和应用领域受到关注。

3.3　生物质催化转化技术的作用与地位

从上述比较可以看出，植物生物质催化转化技术可通过温和的方式得到石油基产品的替代品，是以工业化的方式发展生态农业，实现循环经济发展的新模式，将在能源、环境、“三农”问题的解决中发挥重要作用。因此，生物质催化转化技术对人类的长远发展以及社会的稳定起着重要的作用，具体来说，生物质催化转化技术的作用和地位体现在以下几个方面：

(1)生物质催化转化技术是人类赖以生存的技术基础。自石油被发现并开采利用以来，石油基产品在人类生产和生活的各个领域中都担当着重要的角色，尤其是生产过程中的能源角色。然而，《BP世界能源统计年鉴》(2018版)显示，世界石油探明储量为1.6966万亿桶，按照2017年的产量水平，这一储量只能够满足世界50.2年的产量。

而木质纤维素作为制备生物燃料的原料与粮食作物相比，更加廉价丰厚。因此，将木质纤维素生物质，尤其是农林废弃物，转化为通用的、可替代石油的、通用化工原料的技术是目前人类赖以生存的技术基础。

(2)生物质催化转化技术是人与自然和谐相处的重要方式。在长期的工业化发展过程中，人类为了得到快速的经济发展方式，以廉价的石油、煤、天然气等资源为资本，创造了工业文明，而忽略了地球生态的承载能力，导致了温室效应以及由环境污染而带来的人类健康问题。要想扭转这种发展方式，尤其是减少已经建立起来的工业体系对于石油的依赖，一个重要的途径就是开发出新的可以替代石油基产品的产业链，以满足相关产业发展的需求。生物质催化转化技术，以可再生的生物质为原料，通过催化转化这种清洁的方式，得到能够替代石油基产品的生物基能源、生物基材料和生物基化学品，其已经开始在工业体系中发挥作用。生物基产品的发展，利用自然界生态转化的过程，将生态循环中的中间产物服务于人类，因此是实现人与自然和谐相处的重要方式。

(3)生物质催化转化技术是转变农业角色、增加农民收入的重要方式。农业在长期的社会进步中，主要扮演着粮食供给者的角色，尽管粮食的价格受到保护，即便粮食产量不受到自然灾害的影响，也越来越难以满足农民生计中教育、医疗、婚丧嫁娶等基本生活的需求。因此，将生物质通过催化转化的方式制备生物基产品，使农产品增加能源、材料的新角色，可以从两个方面增加农民的收入。一方面，以前废弃的农林废弃物可以作为产品销售，得到农业收入；另一方面，生物质催化转化新产业的兴起，尤其是依此兴起的民营企业会增加农民就业的机会，从而增加了农民的非农收入。

(4)生物质催化转化技术将开辟新型经济增长点。随着能源价格的上涨以及人类对环境的关注，石油依赖型的经济增长和产业结构将被可再生的生物质经济等清洁发展方式所取代。生物质催化转化技术产品，作为有形的可再生资源将代替石油基产品而具有较大的潜在市场需求。生物质催化转化产业是技术和资金密度高的产业，将促进产业结构的优化和升级，从而成为新型经济增长点。

3.4　生物质催化转化平台技术

自然界的植物生物质在进化过程中为了抵御微生物及病虫害的入侵形成了

天然的自我保护机制——紧密的结构和复杂的成分。为了通过催化转化的方式充分利用生物质，可以首先将植物生物质转化成可以为多种微生物使用的糖，再通过发酵的方式将通用的糖转化为不同的小分子产物。生物质中多糖的复杂性，使得糖的成分多样，发酵后得到多种产品的混合物，因此需要对发酵产物进行后处理，从而得到能够满足生产需求的最终产品。由此可以看出，实现植物生物质的催化转化，需要系统的技术产业链，即需要多个单元操作来完成，生物质的催化转化是一种建立在多学科基础上的集成技术体系。采用集成技术，无疑带来了较高的生产成本，因此，对催化转化过程的经济性提出了挑战。而植物生物质除了多糖以外，还具有木质素等非糖类物质，如果只是通过催化转化的方式利用其中的多糖，而将木质素作为废弃物排放，一方面不符合清洁生产的要求，另一方面也是资源的浪费。所以，在将植物生物质进行催化转化的同时，可以将其中的木质素通过物理、化学和生化的方式转化为相应的产品。此外，由于生物质中多糖具有复杂性，因此，将不同成分的糖转化为一种单一的产品，既会增加转化的成本，也会导致因产品的单一性所带来的市场风险性，且难以满足市场对不同产品的需求。因此，植物生物质中多糖的催化转化也应多向化。

针对植物生物质催化转化中的技术路线，形成不同操作单元的技术平台，然后针对原料和产品的需求将其集成，形成多联产的催化转化方式，是生物质催化转化技术产业化的重要前提。陈洪章课题组在二十多年生物质催化转化技术研究的基础上，搭建起了从原料到产品所需操作单元的技术平台，并在深入研究生物质组成结构不均一性的基础上，提出了分级炼制多联产的思路，形成了生物质催化转化的集成技术体系(图 3-1)。

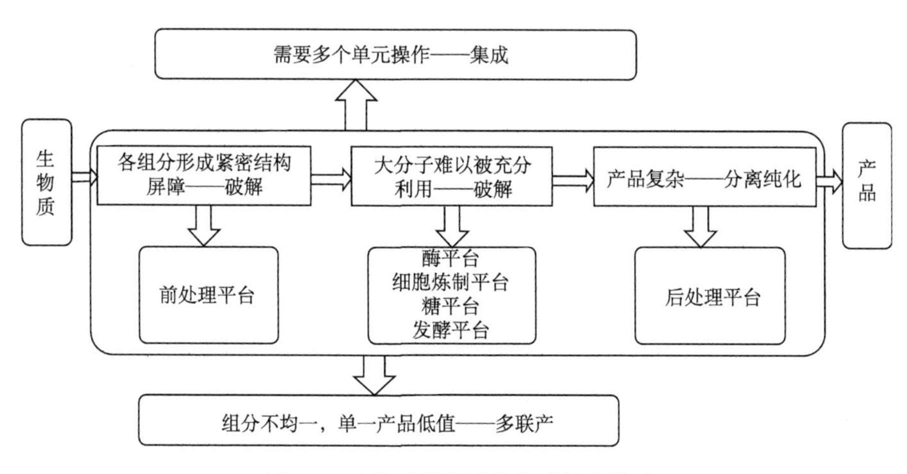

图 3-1　生物质催化转化集成技术体系

3.5　生物质催化转化产业化前景

生物质催化转化产业是解决能源问题的有效方式，因为可再生能源中，植物生物质是唯一有形的可再生能源。生物质催化转化产业是解决“三农”问题的有效途径，因为传统的粮食农业将承担能源农业和材料农业的新角色，农林废弃物的资源转化将成为农民收入的一项来源，且有助于农村环境的改善。生物质催化转化产业是保证人与自然和谐相处的重要途径，因为生物质能源将替代石油、减少温室气体的排放。各国在已经制定的可再生能源发展目标的指引下，积极发展可再生能源。欧盟各成员国于 2008 年以《可再生能源指令》(*Renewable Energy Directive*)的形式通过了“20-20-20”战略，即到 2020 年温室气体排放量将在 1990 年基础上减少 20%；可再生能源占总能源消费的比例将在 2008 年 8.20%的基础上提高到 20%，其中生物液体燃料在交通能源消费中的比例达到 10%。2018 年 12 月 11 日，欧盟发布新的《促进可再生能源使用指令》，对《促进可再生能源使用指令》进行修改。《促进可再生能源使用指令》规定，到 2020 年，整个欧盟的能源消费中至少有 20%来自可再生资源，新《促进可再生能源使用指令》将 2030 年的目标定为：最终总能源需求中可再生能源占到 32%。我国已制定 2020 年可再生能源的消费量占能源消费总量的 15%。生物质的催化转化技术将以其温和、清洁、高效、产品单一的优势，在未来的工业化生态农业和循环经济发展中发挥其应有的潜能。

第 4 章　生物质催化转化单元操作及过程工程总论

生物质催化转化过程的关键点是生物催化剂在一定的条件下与底物接触，将其定向转化为产品的过程。此过程的有效实现有三个前提：首先，实现生物催化剂与底物的充分接触，需要提高生物催化剂的传质效率；其次，要创造适合生物转化的条件，则要求反应体系具有高效的传热速率；最后，要实现定向转化，要求底物的单一性和反应过程的可控性。因此，生物质催化转化的过程，是传质、传热、传动量和生物催化反应的过程，需要从提高三传速率的角度提高生物反应的速率。同时，从原料的本征特点出发，以提高生化转化速率为目的，从三传的角度设计各个单元操作。

4.1　生物质原料的特点

4.1.1　生物质原料的复杂性

生物质原料的复杂性是制约生物质资源利用的关键问题，关于这个问题，陈洪章在《生物基产品过程工程》一书中已经做了详细阐述。

以植物生物质为例，归纳起来主要有四种基本化学结构物质：碳水化合物(糖、淀粉、纤维素和半纤维素)、木质素(多聚酚)、脂类和蛋白质。但结构性物质的含量和结构因植物种类而不同。同种植物原料在不同的生长期、不同的生产地和植物体的不同部位也有差别。

除了结构性物质外，还有很多来源于植物基的、具有商业价值的天然产物，包括生物医药材料、营养物、天然产物和工业产品，如中草药有效成分生物碱类、苷类、黄酮类、萜类、有机酸类和多糖类化合物。另外还有许多重要工业产品如大漆，它为一种天然树脂涂料，是割开漆树树皮从韧皮内流出的一种白色黏性乳液，经加工而制成的涂料。松科植物马尾松或其他植物树干中取得的油树脂，经蒸馏除去挥发油后的遗留物——松香(rosin)。松香中主要成分是单萜、倍半萜和双萜类化合物，松香及其深加工改性制品广泛应用于涂料、胶黏剂、油墨、造纸、橡胶、食品添加剂及生物制品等许多领域。天然橡胶也是一种重要的工业原料。

由于植物原料的多样性，在产品开发时，不仅要考虑产品本身能满足某种需求的性能，还必须选择相应的植物原料及转化途径，要把产品、原料和生产过程有机地联系在一起。

必须打破原来生产单一产品的传统观念，在生物量全利用、组分分离、逐级利用思想的指导下充分利用各种组分，将其转化为不同的产品。为了实践上述目标，首先，应该在植物资源利用的关键技术上有所突破。生物处理和生态利用技术的结合将进一步提高物质、能量转换效率，提高产品经济和商品价值，降低生产成本；新技术、新工艺，将增大生物质能源在可再生能源结构中所占的比例；完善的生产体系和服务体系，有助于保护环境和国民经济可持续发展。将现代生物技术、信息技术、工程技术结合起来，共同提升现有技术和产品的技术含量。例如，发酵工程中微生物的筛选和高效工程菌的构建，高效率的机械设备和生物技术的有机结合，通过工艺和工程技术的升级和设备水平的提高，提高生物质资源无害化、资源化的效率和产品质量。

其次，根据不同地区资源优势和经济发展水平，因地制宜地将现代科学技术与传统农业技术相结合，按照"整体、协调、循环、再生"的原则，运用系统工程方法，将各种技术优化组合，构建植物资源利用标准体系和技术保障体系，实现生态环境与农村经济两个系统的良性循环，达到经济、生态、社会三大效益的统一。

4.1.2　生物质原料复杂性对工艺的要求

植物的主要成分包括纤维素、半纤维素和木质素，它们相互交织的结构决定了任何一类成分的降解必然受到其他成分的制约，如木质素对纤维素酶和半纤维素酶降解秸秆中碳水化合物的空间阻碍作用，致使许多纤维素分解菌不能分解完整的纤维素原料。秸秆的主要结构成分是化学性质很稳定的高分子化合物，不溶于水，也不溶于一般的有机溶剂。在常温下，也不被稀酸和稀碱所水解。秸秆直接进行纤维素酶水解，糖得率很低，在理论得率的20%以下。其中大多数还是易酶解的半纤维素酶解产生的戊糖和己糖。未经处理的原料在纤维素酶过量的条件下，大多酶解率低于10%。不经预处理的秸秆的三大组分纤维素、木质素和半纤维素紧密交联在一起，由于化学结构和性质完全不同，难以直接高价值利用，利用率很低，必须进行适当的预处理，破坏或改变部分结构才能实现秸秆的高值利用。

除了包括多种组分，植物资源还具有复杂的、不均一的多级结构。以秸秆类生物质资源为例，在器官水平上，秸秆分为叶片、叶鞘、节、节间、稻穗、稻茬、根等部分；在组织水平上，秸秆分为维管组织、薄壁组织、表皮组织和纤维组织带；在细胞水平上，秸秆分为纤维细胞、薄壁细胞、表皮细胞、导管细胞和石细胞。

(1) 秸秆生物结构不均一，而且各部分的化学成分及纤维形态差异很大，某些部位的纤维特征还要优于某些阔叶木纤维，说明秸秆的这些部位具有高值利用的潜力。收获秸秆一般不进行不同器官的分离，因此整株秸秆中含有多种器官和组织。

(2) 化学成分的差异。秸秆中含有大量半纤维素，灰分含量高(大于 1%)，有些稻草可达 10%以上。

(3) 纤维形态的特征差异。秸秆中细小纤维组分及杂细胞组分含量高，多在 40%～50%，纤维细胞含量为 40%～70%。

秸秆类生物质的各种器官、组织、细胞的结构特点和成分均不同，因此其转化利用的方法也各异。以玉米秸秆为例，秸秆的皮部分为两部分，最外层为皮层，主要是表皮细胞，内层为皮下纤维层，主要含纤维素，这是禾本科植物原料的造纸纤维的主要来源，同时皮部含有的灰分较少，因此，去除玉米秸秆皮部的外层，势必可以大大提高其纤维含量，为纤维素的应用提供基础。玉米秸秆的芯部主要是大量被薄壁细胞包围的维管束，因此芯部的半纤维素和纤维素及木质素的相对含量均较高，同时大量薄壁细胞的存在使芯部结构疏松，其具有很强的吸水能力，因此该部适宜于作为某些大型真菌的发酵载体，如制取饴糖等。玉米秸秆的叶主要由表皮和叶肉组成，在表皮上分布有大量的硅细胞。因此，叶中的灰分含量最高。在叶肉中有被叶肉细胞包围的维管束，含量相对较少，因此叶中的纤维素含量相对较低。同时叶子能够卷曲和开张，这除了与运动细胞有关外，也与其木质化程度低有关。因此，叶子较其他部位适口性更好，适宜做家畜饲料。玉米秸秆的节在茎上膨大成一圈，上有叶着生，木质化程度高，因此木质素含量高，这与节部的结构有关。

因此，秸秆的结构组成特点和结构性质使其难以直接高价值利用。不经预处理的秸秆的三大组分纤维素、木质素和半纤维素紧密交联在一起，由于化学结构和性质完全不同，难以直接高价值利用，利用率很低。因此必须进行适当的预处理、分级分离、组分分离、破坏或改变部分结构，才能实现其高值利用。

4.2　生物质催化转化的单元操作

4.2.1　生物质催化转化前处理单元操作

由于生物质在进化过程中，形成了紧密的结构和抵御外界入侵的保护性屏障，因此，将生物质转化为相应的产品前，首先需要破坏其天然的结构，形成有助于化学和生物处理的结构。

生物质催化转化前处理单元操作的目的是：提高物料中流体的传质系数和底物的可及性。提高物料的传质系数，为后续的组分分离及催化转化过程提供物理结构基础。一方面，传质系数提高可使化学试剂和生物催化剂或微生物在底物中的传递速率增大，从而提高反应速率；另一方面，传质系数提高可以提高产物的扩散速率，减少产物的抑制，从而促进反应向正反应方向进行。提高物料的可及性，主要是将生物质中的目的组分选择性分级分离，或者将目的官能团充分暴露，从而使到达底物的化学试剂或生物催化剂能够有效地与底物结合。生物质催化转化在前处理单元操作中，也会产生一些不利于后续催化转化的物质，即抑制物。因此生物质前处理过程中，应当从抑制物的产生机制角度考虑，建立减少或避免抑制物产生的前处理技术，从而使得前处理平台真正地服务于后续的催化转化过程。

生物质前处理操作平台的构建需以生物质的组成结构为基础，以不同的生物质催化转化目标为指导，根据不同物理化学生物前处理的基本原理，形成具有针对性的前处理操作平台技术体系。

4.2.2 生物质催化转化糖化单元操作

实现从生物质到产品的催化转化主要是指将其中的多糖转化为单体，这一过程传统上称为糖化。单体可以直接作为产品或者进一步转化为其他的产品。生物质催化转化糖化单元操作的目的是将生物质中的多糖充分地转化为能够利用的单糖。生物质中的多糖即纤维素和半纤维素。纤维素的组成单体葡萄糖是微生物的主要碳源，目前的研究表明，半纤维素的降解产物也可以作为微生物的碳源被利用。

生物质催化转化单元操作既可以通过酶平台实现，也可以通过细胞炼制工厂实现。通过酶平台实现糖化的过程，由于生物质底物中含有纤维素、木质素和半纤维素，还有角质等多种成分，因此需要多酶体系的共同作用。因此酶平台的搭建，既包括纤维素酶、半纤维素酶等的生产制备过程，也包括酶制剂的筛选过程。细胞炼制工厂可以是单一的糖化过程，也可以是糖化和发酵协同作用的过程。细胞炼制工厂的构建包括生物质降解微生物基因组的解析，并通过基因工程构建人工细胞，分析降解微生物的代谢流，通过调节代谢流使其更好地服务于生物质的生物转化过程。

生物质催化转化糖平台是在微生物代谢流的基础上建立的。单糖的产生既是微生物代谢的产物，更是不同小分子物质产生的重要源头物质。因此，了解微生物的代谢流是建立生物质催化转化糖平台的关键。

生物质催化转化糖平台主要是为后续的发酵应用服务。因此，糖平台的搭建既包括将大分子多糖通过酶或细胞炼制工厂降解为单糖，也包括将前处理过程中产生的发酵抑制物通过物理和化学的方式去除，以提高发酵产物的得率。

4.2.3　生物质催化转化发酵单元操作

生物质催化转化发酵单元操作是将生物质转化为最终产品的最后催化转化过程。发酵单元操作的目的就是将纤维素和半纤维素降解的单糖，转化为其他的化工产品通用的小分子。

生物质催化转化发酵单元操作过程包括分级水解发酵工艺、同步糖化发酵工艺、同步糖化与共发酵工艺和统合生物工艺。四种不同的转化工艺又可以分为固态发酵和液态发酵两种形式。无论采取怎样的发酵方式，关键就是控制发酵过程中的条件，以满足微生物生长的需要，同时避免发酵抑制物的产生。对于固态发酵来说，在生物质固体物料本征特点的基础上，根据微生物生长代谢的规律，通过一定的方式控制发酵过程中的条件是固态发酵的关键。

4.2.4　生物质催化转化后处理单元操作

生物质通过催化转化的方式制备生物基产品后，需要从发酵反应体系中将产物分离且纯化，因此后处理平台也是生物质催化转化过程中必要的过程。生物质催化转化的后处理平台主要包括分离和纯化两个过程，分离纯化过程中的关键就是在保证产物纯度的同时，提高产物得率。发酵产物在发酵体系中累积，容易对发酵微生物产生抑制作用，因此，在反应过程中实现产物的分离既减少了产物的抑制，也实现了产物的分离。

4.3　生物质催化转化过程工程与集成

生物质原料具有复杂性，而同时以生物质为原料生产的产品又极其丰富，因此，必须在组分分离的基础上通过多种技术的有机结合才能实现生物质原料的充分利用。从宏观上看，这种多技术的有机结合实际上就是化工基本理论在生物加工转化上的应用。因此，从研究的角度看，应根据各种转化手段的目的和在转化过程中的地位对各种技术进行研究。

集成是指相对于各自独立的组成部分进行汇总或组合而形成一个整体，以及由此产生的规模效应、群聚效应。李海峰等认为，集成就是两个或者两个以上的要素(单元、子系统)集合成为一个有机系统，这种集合不是要素之间的简单叠加，而是要素之间的有机结合，即按照某一(些)集成规则进行的组合和构造，其目的在于提高有机系统的整体功能。生物质产业所涉及的多技术多过程的结合正是这种有机结合的体现。

生物质利用技术的单元化是指根据处理目的和技术在转化中所处的地位对各种技术进行整合。生物质的利用涉及原料的预处理、酶的制备和配伍、生物质降解、生物转化、产品分离纯化等多个过程。每个过程都包含了诸多方法和技术，可根据工程需要选择，因此生物质转化的整个产业可以归结为几个平台，包括前处理平台、酶平台、糖平台、细胞炼制工厂平台和后处理平台。这些平台本身就是多种技术的集成，而在构建生物质利用产业，特别是形成产业链时，实际上就是这些平台技术的整合集成。因此，在生物质利用上，单元化与过程集成相辅相成，这本身就贯彻了过程工程的基本理念。

4.4 生物质催化转化的具体应用

4.4.1 纤维素化学转化

人们对纤维素水解反应的探究经历漫长的过程。最初，人们利用无机酸这类传统的催化剂催化纤维素水解，如硫酸、盐酸、磷酸、高氯酸、氢氟酸。直到现在，无机酸这类传统的催化剂仍然在纤维素的水解中扮演着重要角色，并且很多研究正在进行。但是，这类催化剂存在着诸多弊端，如严重腐蚀仪器设备，废酸废物的处理、回收困难，反应条件苛刻(反应温度高、时间长)。

与高催化活性、强酸性的无机酸相比，弱酸性的有机酸也可用作纤维素酸水解的催化剂，如甲酸、苯磺酸。有机酸和碱相结合作为催化剂水解纤维素。首先有机酸可以引发纤维素的分子间和分子外的氢键重排，然后四甲基铵可以催化糖苷键断键产生可溶性的单糖或低聚糖和其他衍生物。通过这种两步法催化纤维素水解，得到的纤维素转化率为 73.0%。甲酸也被当作纤维素转化的活性试剂和有机溶剂，它可以有效进入纤维素分子的内部，破坏刚性的微晶结构。这样就可以在微晶区域和无定形区域共同发生水解反应。Kupiainen 加入 20%的甲酸水解麦秆，葡萄糖的产率为 40%，这个结果要优于微晶纤维素。Amarasekara 课题组考察了多种苯磺酸，发现对苯磺酸、2-萘磺酸、4-联苯基磺酸对微晶纤维素水解有显著活性，还原糖(TRS)的产率分别为 28.0%、25.4%、30.3%。

有机酸催化剂具有活性位点，但无机盐同样可与 β-1,4 糖苷键相互作用，最后断键生成葡萄糖。Domínguez de María 课题组发现，向有机酸催化剂(草酸、马来酸)中加入一些无机盐(NaCl、$CaCl_2$)可以使纤维素在温和的反应条件下发生水解反应。无机盐的作用类似于离子液体，可以使纤维素中大量存在的氢键发生重排，因此利用马来酸和草酸可以发生纤维素水解反应。从这个实验可以预计海水也可以作为纤维素水解反应的一种介质。

自从发现在温和条件下酶可以催化得到高产率的产物后，人们对利用酶催化生物质到糖类化合物产生了极大的兴趣。但是使酶在纤维素的反应过程中仍然保持活性和反应后的回收是酶催化的两大难题。因此，将酶固定在合适的固体材料中是一种可行的方法，可提高酶对环境因素的忍受能力且易回收。许多有机和无机材料作为固定纤维素酶的基底提高酶的稳定性、易回收性，但并不减少酶的活性，如纳米纤维、脂质体、壳聚糖微球等。

现在，酶对生物质水解反应的高选择性已经在世界范围内广泛应用。但是酶催化纤维素水解到葡萄糖存在巨大的问题。例如，酶催化纤维素水解反应时，纤维素的浓度非常低，导致葡萄糖的浓度也很低，还有废水处理的问题。如果要提高葡萄糖的浓度，必然要增加酶的用量，虽然固定化酶具有很好的活性，但是提高了反应的成本。另外，固定化酶催化纤维素水解也是在低温、稳定的 pH 缓冲溶液中进行的。因为纤维素的解聚常数非常小，延长反应时间是必要的，尤其是纤维素的浓度。综上所述，这些不利因素都将影响酶或固定化酶在生物质水解领域的广泛应用和工业化生产。

针对液体酸催化体系及酶催化体系存在的问题，目前固体催化剂成为本领域研究的热点，也符合绿色化学的发展。目前，许多固体酸催化剂被设计合成并应用在纤维素的水解反应中。

1. 离子交换树脂

树脂是由有机高聚物组成，具有孔结构大、比表面积大、质子交换能力高、酸性，是由于存在磺酸基（$—SO_3$）。Rinaldi 报道利用 Amberlyst-15 作为催化剂在离子液体[BMIM]Cl 中进行纤维素的水解反应，发现其对纤维素降解有一定的活性，但是 Amberlyst-15 存在一个主要缺点——热稳定性差。当温度超过 130℃时，Brønsted 酸酸性位点将会脱落，导致活性降低。后来，Nafion-NR50 和 Nafion-SAC-13 被设计合成。它们的酸性和 Amberlyst-15 相似，但其热稳定性有较大提高。这两种催化剂催化纤维素水解得到葡萄糖的产率分别为 16.0%和 9.0%。更加新奇的是，向树脂上负载其他官能团可以提高酸性树脂的催化活性。为了模仿酶纤维素水解的方式，一种新型的催化剂被合成（$CP-SO_3H$）。这种催化剂包含两部分：一部分是纤维素结合位点（—Cl），另一部分是纤维素水解位点（$—SO_3H$）。这种仿生催化剂在 120℃，10h 时，葡萄糖的产率为 93%。

2. 金属氧化物

金属氧化物由于其孔结构可以让反应物通过孔道与内部的活性位点接触。目前已有许多金属氧化物被设计合成并应用在糖类水解反应中，如 Nb_2O_5、磷酸盐(NBP)、钽钼酸（$HTaMoO_6$）。Takagaki 研究发现，层状结构 $HNbMoO_6$ 可在水中水解纤维素。分子筛具有三维立体孔道结构，可调控酸性、热稳定性高、折型选择性杰出，被广泛应用在纤维素的反应上。张涛院士利用 H 型沸石作为催化剂在离子液体与水的双溶剂下进行纤维素水解，在 130℃，2h 时，葡萄糖的产率为 50%。

3. 磺化碳材料

磺化碳材料作为一种新型的固体酸催化剂被广泛应用在生物质能源上。磺化碳材料具有羧基(—COOH)、酚羟基(—OH)和磺酸基(—SO_3H)，所以磺化碳材料有很强的酸性，还可以很好地吸附纤维素的氢键。也就是说，磺化碳材料具有优异的催化活性是由于羧基、酚羟基和磺酸基的协同效应。Hyunjoo Lee 课题组利用磺化碳材料(AC-SO_3H)作为催化剂，在 180℃，1.5h 时，葡萄糖的产率为 53.9%。由于固体酸催化剂存在着与反应物纤维素分离的问题，人们设计了磁性固体酸催化剂 Fe_3O_4-SBA-SO_3H、Fe_3O_4-C-SO_3H。

4. 金属卤化物

金属卤化物作为一种固体催化剂被广泛应用在纤维素基的水解反应中。金属卤化物作为催化剂在离子液体中作为溶剂时，可以实现纤维素一步转化为 5-羟甲基糠醛(HMF)。Li 等采用离子液体与有机溶剂 DMSO 的双溶剂体系，利用 $InCl_3$ 作为催化剂，在 160℃，5h 时，纤维素的转化率为 84.6%。Abu-Omar 课题组在有机溶剂四氢呋喃和水的双溶剂体系下，利用 $AlCl_3$ 为催化剂，在 140℃，45min 时，HMF 的产率为 64%。Wu 课题组利用 $CrCl_3$ 作为催化剂，在[BMIM]Cl 的溶剂中，120℃，6h 时，HMF 的产率为 63%。

还有许多不同类型的催化剂被设计合成并应用在纤维素的反应中，如水滑石纳米粒子[Ca_2FeO_4、$Mg_4Al_2(OH)_{12}CO_3$]以及 MOF 型(MIL-101-PCP-SO_3H)、固定化离子液体型、金属负载型催化剂等。它们对纤维素水解都起着积极的作用，从不同方面推进了纤维素转化的进程。

4.4.2　杂多酸在生物质转化中的应用

在众多的固体酸催化剂中，多酸作为强 Brønsted 酸，在纤维素转化中得到人们的关注。应用最多的是 Keggin 型 $H_n[XM_{12}O_{40}]$(X=P，Si…，M=Mo，W)。杂多酸(HPA)具有良好的酸催化和氧化催化性质，近几年引起了科学家们极大的兴趣。杂多酸应用在生物质转化中主要包括以下几种反应：水解反应、氧化反应、加氢反应、醇解反应等(图 4-1)。

1. 杂多酸在纤维素水解反应中的应用

HPA 在纤维素分解中的催化作用主要集中在 Keggin 结构多酸方面。

Shimizu 课题组利用 $H_3PW_{12}O_{40}$ 和 $H_4SiW_{12}O_{40}$ 在水中水解纤维二糖和纤维素并比较了不同 Brønsted 酸($HClO_4$、H_2SO_4、H_3PO_4、$H_3PW_{12}O_{40}$、$H_4SiW_{12}O_{40}$)

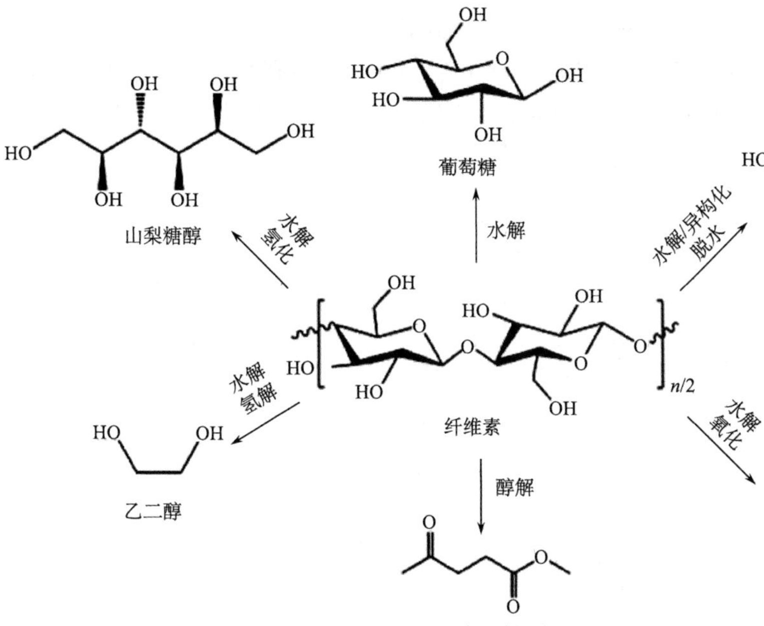

图 4-1 纤维素的主要反应及产物

对纤维二糖的转化率大小顺序（$H_3PW_{12}O_{40} \approx H_4SiW_{12}O_{40} > HClO_4 > H_2SO_4 > H_3PO_4$）。葡萄糖的产率为50%，反应温度为150℃，反应时间为24h。对于纤维素的反应，其转化率的大小为$H_3PW_{12}O_{40} > H_4SiW_{12}O_{40} > HClO_4 > H_2SO_4 > H_3PO_4$。研究发现纤维素水解反应主要受到催化剂Brønsted酸酸性的影响。

Mizuno课题组选择了不同种的高质子的杂多酸$H_5BW_{12}O_{40}$、$H_5AlW_{12}O_{40}$、$H_5GaW_{12}O_{40}$、$H_6CO_{12}O_{40}$，它们的酸性都高于$H_3PW_{12}O_{40}$。在相同的质子浓度下，$H_5BW_{12}O_{40}$的活性最强，在60℃，48h时，葡萄糖的产率为77%。并且循环使用10次，仍然保持多酸的母体结构和很高的活性。

$H_3PW_{12}O_{40}$中引入Lewis金属离子取代质子，形成$M_n[PW_{12}O_{40}]$($M=Ag^+$，Ca^{2+}，Al^{3+}，…)等杂多酸盐，作为催化剂催化纤维素水解，发现反应活性高于纯Brønsted酸的$H_3PW_{12}O_{40}$。其中$Sn_{0.7}PW_{12}O_{40}$的活性最高(转化率23%，产率23%)，说明中等强度的Lewis酸性金属离子引入对于提高其活性有较大的促进作用，Lewis酸中心可以辅助多酸催化纤维素的水解。

天津大学于洪斌课题组考察了包括多酸在内的一系列固体酸碱催化剂在离子液体体系催化纤维素水解的活性，发现不同的固体酸催化剂对还原糖的产率依次降低：H_2SO_4（约68%）>$Cs_{2.5}H_{0.5}PW_{12}O_{40}$（约65%）>$H_3PW_{12}O_{40}$（约52%）>$Nb_2O_5$(约48%)>$SO_4^{2-}/ZrO_2$/SBA-15(约45%)>$Zr_3(PO_4)_4$（约36%)>$SO_4^{2-}/TiO_2$

(约 33%) > $CrCl_3$ /LiCl (约 30%) > $CrCl_3$ (约 26%)。

东北师范大学王晓红教授课题组一直致力于多酸对纤维素水解反应的研究，设计合成了多种类型的杂多酸催化剂，如胶束型催化剂、双酸中心催化剂、酸碱双中心催化剂，实现了纤维素水解的定向转化(图 4-2)。

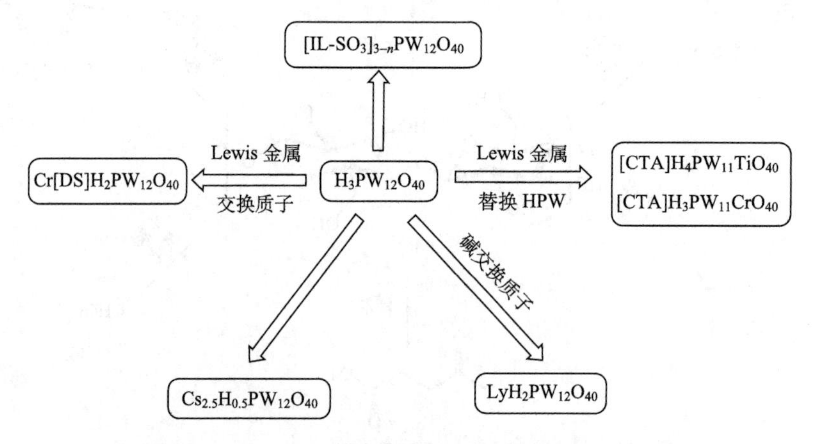

图 4-2　设计合成多酸催化纤维素基多糖水解示意图

2. 杂多酸在纤维素醇解反应中的应用

反应溶剂是催化转化纤维素的一个重要因素。除水以外，其他溶剂也可以被开发利用到纤维素的转化中。研究发现纤维素可以在甲醇和 2-甲氧基乙醇溶剂中发生醇解反应，但是没有检测到产物。在超临界点，纤维素醇解的产物为葡萄酸甲酯，在 350℃，43MPa，无催化剂的条件下，产率为 30%。最近，Rataboul 和 Essayem 在相对温和的条件下(300℃，10MPa)，在超临界甲醇或超临界甲醇/水的溶剂中，主要产物为乳酸(产率为 10%～14%)，同时产生甲酸、乙酰丙酸、葡萄糖。向甲醇/水的溶剂中加入固体酸催化剂时，主要产物为乙酰丙酸甲酯。该课题组还利用杂多酸 $Cs_{2.5}H_{0.5}PW_{12}O_{40}$ 和 $Cs_2HPW_{12}O_{40}$ 作为催化剂在 290～300℃，10MPa 下，醇解纤维素，乙酰丙酸甲酯的转化率可以达到 20%，这一结果高于其他固体酸，如 H-ZSM-5,HY 和硫酸盐型 ZrO_2。Yuan 课题组利用聚乙烯吡咯烷酮和杂多酸自组装形成多酸固体催化剂(PVP-HPA)进行纤维素的醇解反应。在 160℃，4h，PVP-HPW 和 PVP-HSiW 作为催化剂对纤维素的转化率分别为 99%和 87%，α-葡糖酸丁酯的选择性为 61.6%和 60.8%。目前多酸在纤维素醇解反应中的主产物主要是葡糖酸酯。

4.4.3　杂多酸在纤维素氧化反应中的应用

Keggin 型杂多酸在氧气的气氛下，可以用来氧化降解木质素。杂多酸可以在氧气的作用下将多糖直接氧化成 CO_2 和 H_2O 。目前，利用杂多酸氧化催化纤维素的研究还处于初级阶段，研究成果较少。

Neto 课题组利用杂多酸 $[PV_xMo_{12-x}O_{40}]^-_{3+x}$ 在 O_2 的作用下，分别在水相和有机-水两相体系中考察纤维素的氧化性能。他们认为 VO^{2+} 在酸性条件下从 $[PV_xMo_{12-x}O_{40}]^-_{3+x}$ 中解离出来，是使纤维素发生氧化的主要原因。

Wasserscheid 课题组研究 $H_5PV_2Mo_{10}O_{40}$ 在水和 O_2 的体系中对纤维素氧化的催化性能。研究发现，甲酸是唯一的液相产物，副产物为 CO_2，但是甲酸的产率很少。后来，他们选择 $H_8[PV_5Mo_7O_{40}]$(HPA^{5-}) 作为催化剂，在水中考察纤维素的氧化反应。他们发现由于 VO^{2+} 增多，其氧化性增强，甲酸的产率有很大的提高。在 90℃，24h，30MPa O_2 下，甲酸的产率为 28%。

Jakob Albert 选择同样的均相催化剂 $H_8[PV_5Mo_7O_{40}]$，在双溶剂的体系中(伯醇/水)考察纤维素的氧化反应。同等条件下，发现甲酸的产率提高为 61%。这是因为加入的有机溶剂可以将反应物从水中萃取到有机相，使反应向正向进行，提高了甲酸的产率有机溶剂。在整个反应中起到了边反应边萃取的作用(图 4-3)。

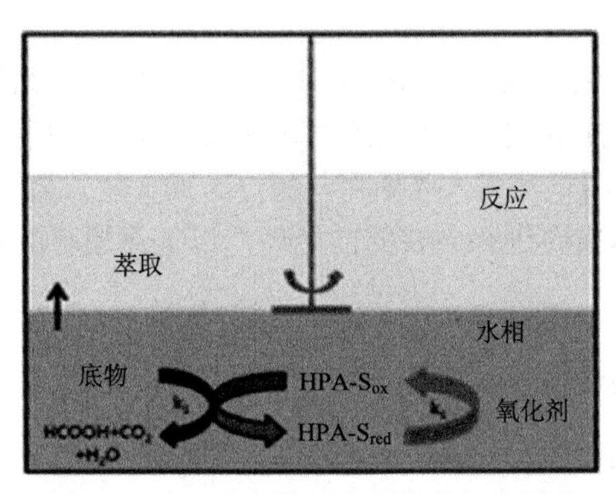

图 4-3　在双溶剂体系中纤维素氧化原理

王野课题组则利用 $H_5PV_2Mo_{10}O_{40}$ 作催化剂，在空气气氛下考察纤维素的反应。虽然甲酸的产率为 25%，但将纤维素的氧化催化提高到一个新的高度，对实现其工业化奠定了重要的基础。王野课题组还设计合成了固体杂多酸催化剂 $H_3PW_{12}O_{40}$ -Au / $Cs_{3.0}PW_{12}O_{40}$ 。在 145℃，11h，O_2 压强为 1.5MPa 时，纤维素的转化率为 97%，葡糖酸的产率为 85%。

近年随着微波广泛应用在纤维素的反应中，利用杂多酸作为催化剂，微波辅助照射，可以在较低温度、较短时间转化纤维素。Mu 课题组利用 $H_3PW_{12}O_{40}$，反应温度为 90℃，微波照射 3h 时，葡萄糖的产率为 75.6%。

第 5 章　生物质催化转化前处理平台

生物质，特别是木质纤维类生物质是多组分复合原料，原料中包含的不同组分在化学和物理性质上有着根本差别。因此这些原料的利用需要建立在对其中不同的组分进行分离的基础上。但是，由于在成分和结构上具有高度的复杂性，这些原料往往结构致密，难以降解和分离。所以，在进行降解和转化之前，需要通过适当的手段破坏其致密结构，打破其降解屏障，使其呈现出易于转化的状态。只有针对性地根据原料特性、转化过程特点以及产品特性建立起生物质前处理平台，才能为生物质原料的利用奠定原料基础。

5.1　生物质催化转化的抗降解屏障

植物生物质在进化过程中，为抵抗微生物的入侵，并充分吸收阳光，形成了天然紧密的结构以及主要起骨架作用的木质化组织。这种紧密的结构组织，一方面可使木材、竹子、稻草等为人类所用；另一方面，使催化转化难以进行。因此，生物质在催化转化前需要进行必要的前处理，以提高原料的转化率或者综合转化效益。

5.1.1　生物质催化转化抗降解屏障在生产生活中的应用

长久以来，人类在生产生活中，充分利用植物生物质在进化过程中形成的紧密结构组织为人类服务。

人类从穴居到巢居后，便开始使用木材建造房屋。时至今日，木材依然是建筑中不可或缺的材料。在 20 世纪 80 年代，很多农家建筑中的屋顶、门窗还多只用木头制作(图 5-1)，不用刷漆，便可以住上十几年甚至几十年。其中，房顶多用芦苇编成，然后用水泥打顶。时间往前推，20 世纪 60～70 年代农家院的围墙多是用土坯，土坯中一般也要混入一些麦秸(图 5-1)。建筑中使用的主要是木材，由于木材中木质素含量相对于草本要高，因此，可以在长达几十年的使用中，抵抗微生物的降解而服务于人类。

在生产中，人类开始耕作后，所选择种植的作物，除了可食用部分外，其他部位也在生产中逐渐使用。例如风车、手推车、竹耙、竹竿、稻草围墙、高粱围墙等(图 5-2)，这些生产中常见的植物生物质秸秆，在自然环境中与空气、阳光和水分充分接触，但依然可以长期被人类使用而不发生降解。

图 5-1　建筑中的植物生物质

图 5-2　生产中的植物生物质

日常生活中，室内的床和桌椅板凳，还有扫把以及木雕等(图 5-3)，这些植物生物质在使用过程中，尽管处于自然生境中，也难以被微生物降解。

图 5-3 生活中使用的植物生物质

5.1.2 生物质催化转化的抗降解屏障提出

随着人类发展过程中能源、环境、“三农”问题的出现，可再生资源的清洁转化技术成为应用和学术领域的焦点。植物生物质由于其存在量丰富，且作为农林废弃物价格低廉，因此具有较大的应用潜能。植物生物质中主要含有木质素、纤维素和半纤维素，可以转化为生物基材料、生物基能源和生物基化学品，成为替代石油产品的通用工业原料。

然而，在将植物生物质转化为生物基产品，尤其是采用清洁的生物催化转化方式中发现，植物生物质很难被微生物或酶降解，要达到理想的转化率，就需要较高的接种量或酶制剂，从而使转化的成本不具有经济可行性。为了表征植物生物质难以被催化转化的特性，研究者提出了植物生物质抗生物降解屏障的定义。

关于植物生物质抗降解屏障的专著(*Biomass Recalcitrance: Deconstructing the Plant Cell Wall for Bioenergy*，Michael E. Himmel 编著)在 2008 年出版。“recalcitrant”一词起源于 1843 年，原意是“kicking back”，引用在植物中始于 1990 年前后，是指植物的抗性。

5.1.3 生物质催化转化的抗降解屏障定义

在微观层面，Michael E. Himmel 对植物生物质抗降解屏障(biomass recalcitrance)的定义如下：植物材料抵抗微生物及酶降解的各种特性。他还归纳出植物体的八种抗降解屏障：

(1)植物体的表皮系统，尤其是表皮的角质和蜡质；

(2)维管束的排列和密度；

(3) 厚壁组织细胞的相对含量；

(4) 木质化程度；

(5) 覆盖次生壁的瘤层；

(6) 细胞壁的组成复杂性和结构不均一性，如微纤维和基质多聚体；

(7) 酶在不溶物上的作用阻碍；

(8) 细胞壁中含有的或者是转化过程中产生的发酵抑制物。

对于植物生物质抗降解屏障的认知，目前只是一种假设，还没有客观地验证和深入分析。但是从本质上来说，可以把抗降解屏障归结为两个方面：物理屏障和化学屏障。由表皮系统、维管束、厚壁组织、木质化组织、瘤层、细胞壁组成，本质上是由于角质、蜡质和木质素的存在，而阻碍了纤维素酶与底物的接触，即物理屏障；酶在不溶性底物上的无效吸附以及其他抑制物对酶活的影响，本质上是与纤维素酶之间通过氢键或化学键结合，从而使得酶减弱甚至失去活性，即化学屏障。

对于植物生物质的抗生物降解屏障，一方面需要从定性的角度验证假设的正确性；另一方面需要从定量的角度分析其对于抗降解阻碍的程度。在此基础上，分析各种植物生物质前处理技术对于各个屏障的作用效果，从而确定经济、有效、清洁、可操作的前处理技术或集成技术。

5.1.4　生物质催化转化的抗降解屏障解析

生物质的抗降解屏障是在长期进化过程中，为适应环境变化而逐渐形成的。在长达 30 多亿年的前显生宙 (pre-Phanerozoic Eon)，即整个太古宙与元古宙，地球上的生命一直存在于水环境中，也就是说，生物圈包含于水圈之中。陆地生命最早出现于大约四亿年前的中奥陶世至晚奥陶世，并在地球历史的最后十分之一的时间里达到繁荣。陆地生态系统的建立是和维管植物的出现和进化分不开的。

维管植物是地球上最奇特的生物类群之一。就现今的生物圈而言，它占生物总量的 97%，约有 30 万种。维管植物、苔藓植物以及陆生和淡水藻类及蓝细菌等一起作为初级生产者支持着庞大的陆地生态系统。

维管植物 (tracheophyta) 是指具有木质化维管组织系统的陆地光合自养生物，它和不具维管组织的苔藓植物都具有较复杂的个体发育过程，因而合称为有胚植物 (embryophyte)。

木质化就是植物的骨骼化。动物与植物的第一次骨骼化发生在元古宙末至寒武纪初，即大约 5 亿 5 千万年前。这一次骨骼化以植物中钙藻化石的最早出现为标志，实际上是外骨骼的产生。植物的第二次骨骼化以木质化维管组织系统的起源为标志。

由叶状体植物向维管植物的进化是植物由水环境向陆地干旱环境适应改变

的过程，这一过程包含着植物内部结构与生理机能的一系列革新。这一系列进化革新使植物具备了以下新的适应特征：

(1)植物具备了调节和控制体内外水平衡的能力，从而能够适应陆地干旱环境。

(2)植物具备了相当坚强的机械支撑力，不需要水介质的支持而能直立于陆地上。

(3)植物具备了有效运输水分和营养物质的特殊系统，因而能有效利用陆地土壤中的水分与营养物质。

(4)植物具备了抗紫外线辐射损伤的能力，因而能暴露于强日光照射下。维管植物达到了主动地适应和“利用”陆地特殊环境条件的程度。体表角质层的产生是维管植物减少体内水分丢失的重要结构特征。包裹在植物表层细胞外的角质层是醇与酸的聚合物，它有效地防止了体内水分通过体表蒸发丢失。但角质层(有时角质层外还有蜡质层)也同时阻碍了 CO_2 向植物组织内扩散吸收。

与角质层相关的适应进化是气孔结构的产生。气孔上的半月形或肾形的门卫细胞通过改变其膨胀度来调节气孔的开闭，因而能够对水分蒸发和 CO_2 扩散进行有效的调控。

对光照的竞争和生殖细胞有效的散布促使植物体向高大的方向演变。随着植物体的增高，水分与营养的运输困难也增大了，而且高大的植物体需要更强的机械支撑。这些因素所构成的选择压力推动了维管组织系统的进化，促进有局部增厚的木质化、圆柱形的输导细胞(管胞)和有利于营养物质输送的筛胞产生，然后是有运输和支撑两重功能的维管组织系统出现。

角质层、气孔、维管组织系统、木质化、植物体增大，这些都是陆地维管植物进化过程中相关的进化改变。这一系列相关的进化改变造就了适应陆地环境的维管植物。同时，角质层、维管组织系统和木质化也成为维管植物抵抗微生物降解的坚固屏障。

按照 Sachs 于 1875 年提出的分类方法，将植物体内的成熟组织分为皮组织系统(dermal tissue system)、维管组织系统(vascular tissue system)、基础组织系统(ground tissue system)。其中，皮组织系统可分为表皮(epidermis)、周皮(periderm)；维管组织系统可分为木质部(xylem)、韧皮部(phloem)；基础组织系统可分为薄壁组织(parenchyma，包括分泌组织)、厚角组织(collenchyma，单子叶植物甚少发现)、厚壁组织(sclerenchyma)。

1. 皮组织系统

皮组织系统包括周皮和表皮，其中周皮主要存在于木本植物中，本部分主要描述表皮。表皮由一层表皮细胞构成，覆盖在植物体初生构造的外表面，但是根冠和顶端分生组织的外表面没有表皮。表皮细胞一般是活的薄壁组织细胞，细胞具有各种各样的形状，但通常多为长方形或不规则形状的扁平体。这种长方形或者不规则形状扁平体细胞是表皮的主要组成，此外表皮中还含有半月形的保卫细胞、毛状的表皮细胞等。

表皮细胞的外壁常加厚并经过角质化，在外壁的外面覆盖着一层角质层。角质层是表皮细胞的外壁外层加厚经角质化形成的。角质层(cuticle)是植物与环境中空气相接触的外表面上覆盖着的一层透明的膜状物，所以又称角质膜。角质层主要由角质(cutin)和蜡(wax)组成。早在 1847 年，von Mohl 就提出了角质膜的结构模型。

对角质层的结构模型研究较多，其中一种将角质层分为三层(图 5-4)：第一层(最外层)是角质层的表面蜡(epicuticular wax)，第二层是沉浸在蜡中的角质，第三层则是角质、蜡和多糖的混合层。

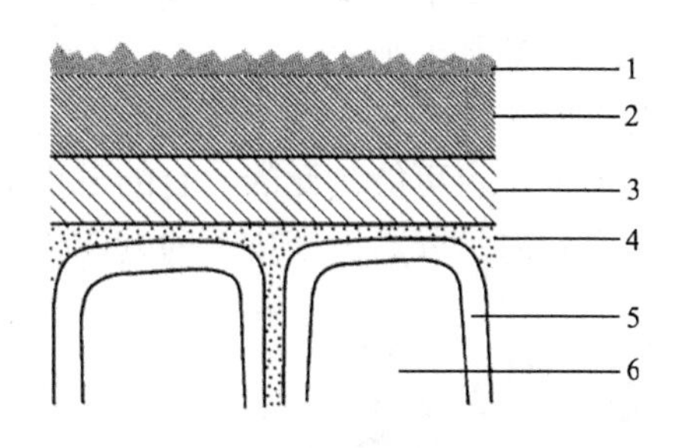

图 5-4　植物细胞壁角质层

1-角质层表面蜡；2-沉浸在蜡中的角质；3-角质、蜡和多糖的混合层；4-中层；5-初生和次生细胞壁；6-表皮细胞

表皮细胞虽然紧密地排列成连续的一层，但在很多处的表皮细胞之间形成了一些缝隙，缝隙两面由一对较表皮细胞小的半月形细胞围绕着(图 5-5)，这种半月形的细胞称为保卫细胞(guard cell)。保卫细胞和保卫细胞所围绕着的缝隙合在一起称为气孔(stoma)(图 5-6)。气孔面积为角质层面积的百万分之六，气孔直径

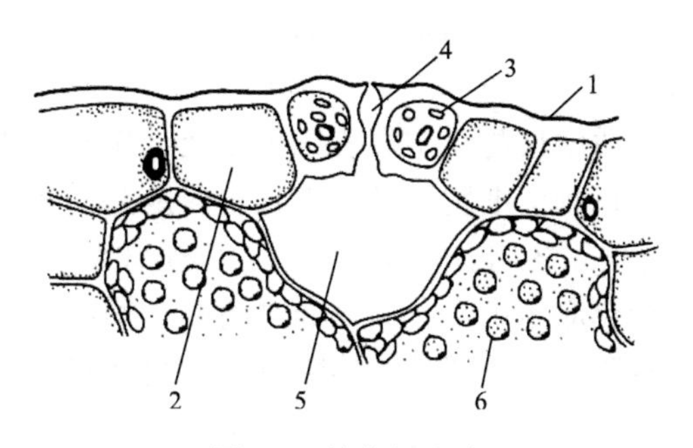

图 5-5　植物细胞壁

1-角质层；2-表皮细胞；3-保卫细胞；4-气孔缝隙；5-气室；6-叶绿体

图 5-6　表皮细胞及气孔

的上限为 0.9nm，非电解质小分子以及水合离子都能通过。当角质层用氯仿处理，并去除脂溶性物质后，水的透过性增加 2 到 3 个数量级，说明 100～1000 倍数量的气孔由于除去脂溶性物质而暴露出来。

各种器官表皮细胞的外面时常生有毛状附属物，称为表皮毛(epidermal hair，图 5-7)。表皮毛可能是活着的，也可能是死的。有的表皮毛的柄细胞或基细胞的壁完全经过了角质化，堵塞叶内水分通过表皮毛的壁向外蒸发的途径。

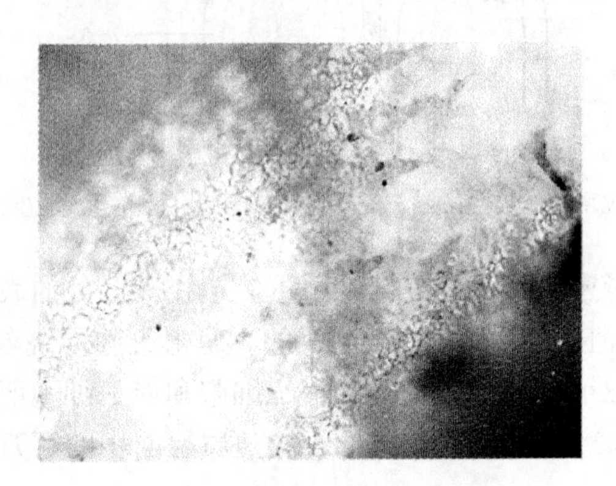

图 5-7　表皮毛

表皮系统表层的角质层仅与一层表皮细胞相连，在木质纤维素原料预处理过程中，即使粉碎，也难以到达细胞层面，而且粉碎是高耗能的过程。而用化学法和生物法时，角质层降低了各组分的可及度，尤其是纤维素的可及度。由此可见，在木质纤维素原料资源化应用中，尤其是通过酶解发酵转化为生物基燃料时，表皮系统中的角质层是首要解除的屏障。屏障可通过两种方式解除：去除和降解。

2. 维管组织系统

由于维管组织系统从组成和结构上相对复杂，概念较多，因此，下面从概念解释的角度阐述维管组织系统。

禾本科植物茎的维管束通常有两种分布样式：一种是维管束排列成里外两圈，外面的一圈维管束较小，里面的一圈维管束较大，如小麦、大麦、水稻等；另一种是维管束分散地分布在茎中，不排列成圈形，如玉米、高粱、甘蔗等。维管束排列成两圈的种类构造(图 5-8)：茎的最外一层为表皮，表皮层之内为厚壁组织(纤维)层。厚壁组织层之内为薄壁组织层，薄壁组织层之内为一大空腔(空心的秆能以较少量的物质材料发挥最大的机械效能)。在厚壁组织内层分布着一圈较小的维管束和一圈绿色组织束(即含有叶绿体的薄壁组织束)。绿色组织束直接与表皮层相邻接并与较小的维管束互相间隔地排列着。在薄壁组织内分布着一圈较大的维管束。有些水生种类(水稻)在薄壁组织层内还分布着一圈气腔(通气组织)，气腔位于两圈维管束之间。维管束分散地分布在茎中的种类构造(图 5-9)：茎的表皮层之内为数层厚壁的薄壁组织(即硬化薄壁组织)，硬化薄壁组织之内为薄壁组织，薄壁组织之内分布着分散排列的维管束。维管束有大小两种，小的分布在茎的外周，排列较紧密，大的分布在茎的中心，排列较疏松。

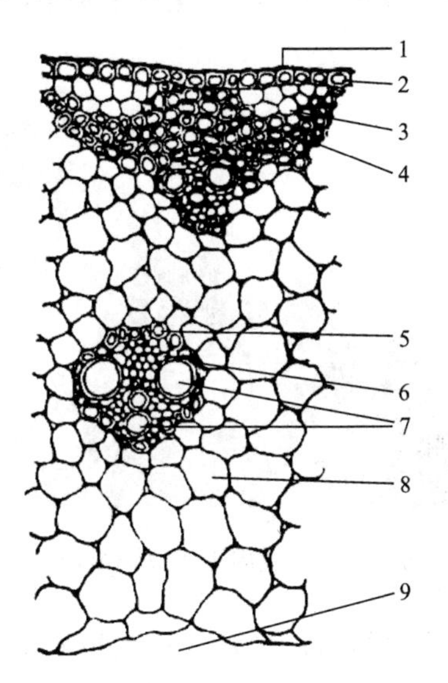

图 5-8　一部分小麦茎横切示构图

1-角质层；2-表皮；3-绿色组织束；4-纤维；5-束鞘；6-初生韧皮部；7-初生木质部；8-薄壁组织；9-大空腔

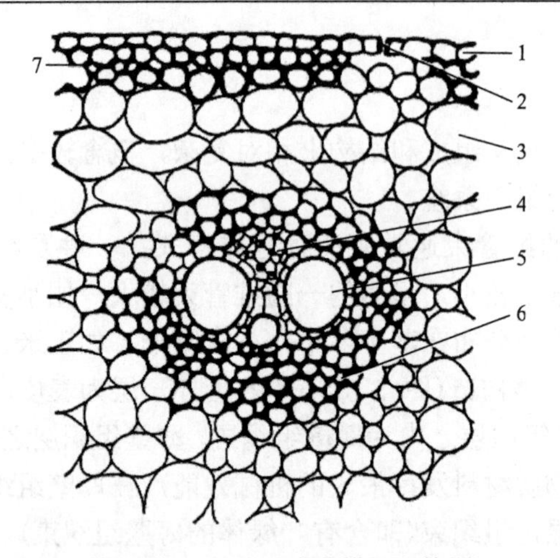

图 5-9　一部分玉米茎横切示构图

1-表皮；2-气孔；3-薄壁组织；4-初生韧皮部；5-初生木质部；6-厚壁组织鞘(束鞘)；7-硬化薄壁组织

硬化：细胞壁加厚和木质化。

维管组织系统：在植物体或植物器官内，韧皮部和木质部结合在一起，二者形成具有一定的排列方式、连续贯穿在整个植物体或植物器官内的组织系统。

维管束(图 5-10)：在植物的茎、叶、花和果实中，木质部和韧皮部结合在一起形成的束状构造。

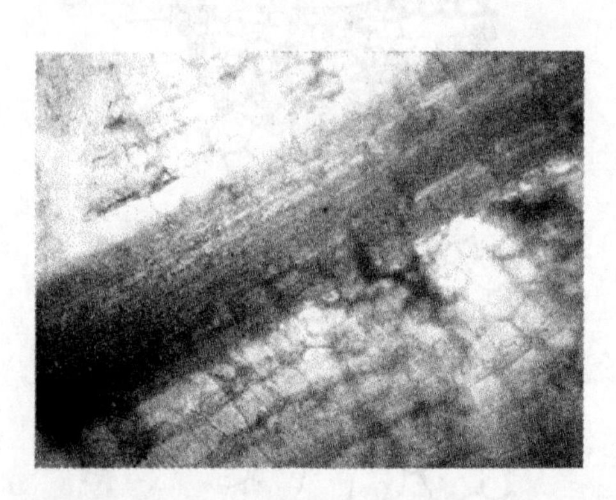

图 5-10　维管束及周围的束鞘纵切(100 倍)

木质部(xylem)：在植物体内，导管、管胞与薄壁组织和纤维排列在一起所形成的一种构造，主要的组成成分是导管和管胞。

原生木质部(protoxylem)：由原形成层最早发展出的木质部。原生木质部中含有细而有相当伸长能力的导管和管胞，处于 Y 形的下半部。

后生木质部(metaxylem)：由原形成层后期发展成的木质部。后生木质部中含有粗而无伸长能力的导管和管胞，处于 Y 形的上半部。

初生木质部(primary xylem)：原生木质部和后生木质部都是由顶端分生组织所产生的成熟组织，这种初生组织总称为初生木质部，在横切面上排列成 Y 形。

导管(vessel，图 5-11)：由许多死细胞连接成的空管子。组成导管的每个细胞称为导管分子。导管形成过程中，侧壁以不同形式进行次生加厚和木质化，然后细胞间的细胞壁被消化酶溶解消失，从而形成空管子。导管侧壁加厚的形式有五种不同的类型，因而形成了五种不同的导管：环纹导管(annular vessel)、螺纹导管(spral vessel)、梯纹导管(scalariform vessel)、网纹导管(reticulated vessel)和孔纹导管(pitted vessel)。

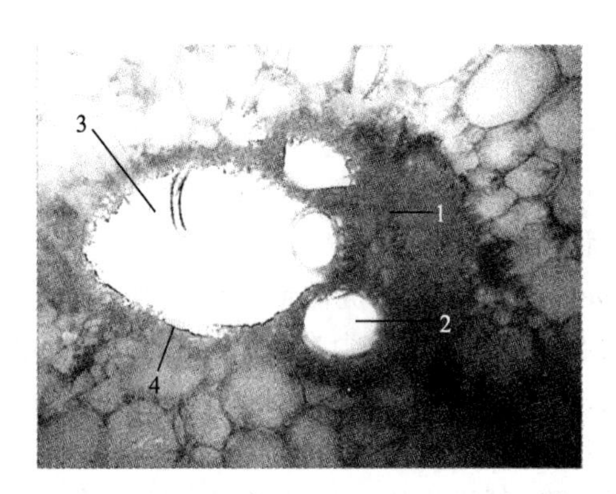

图 5-11　维管束及周围的束鞘横切(100 倍)

1-筛管；2-导管；3-气腔；4-束鞘

管胞(tracheid，图 5-12)：长棱柱形，每一个管胞自成一个导水单位，上下相连接的管胞端部上下重叠衔接，水流通过重叠处壁上的纹孔运送。被子植物体内含量较少。

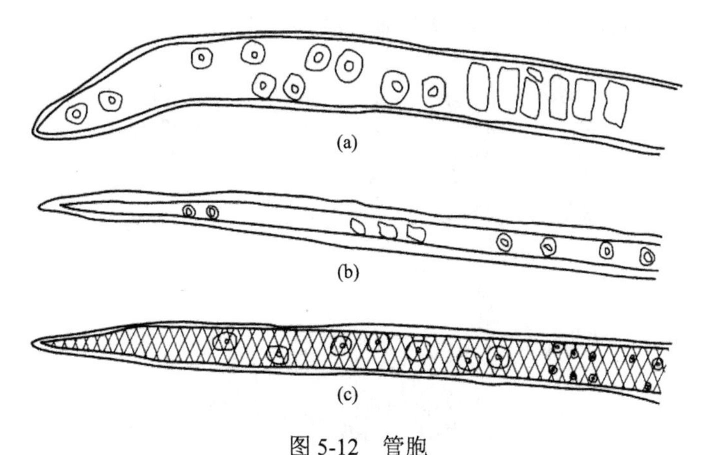

图 5-12　管胞

(a)早材管胞；(b)晚材管胞；(c)螺纹加厚

导管和管胞：运输水分和无机盐。

韧皮部(phloem)：植物体或植物器官内，筛管、伴胞与薄壁组织和纤维排列在一起所形成的构造，其主要的组成成分是筛管。

原生韧皮部(protophloem)：由原形成层最早发育成的韧皮部，被挤压，在初生韧皮部的外侧，紧挨束鞘。

后生韧皮部(metaphloem)：由原形成层后期发展成的韧皮部，在初生韧皮部的内侧，紧挨后生木质部。

初生韧皮部(primary phloem)：原生韧皮部和后生韧皮部都是初生组织，总称为初生韧皮部。

筛管(sieve tube)：由上下相互连接着的长棱柱体形或者长圆筒形的活细胞组成。组成筛管的每个细胞称为筛管分子。筛管分子具有未经木质化的纤维素壁。

伴胞(companion cell)：筛管分子旁边一个或数个小型的薄壁组织细胞，其为细长棱柱体形，较筛管细胞细小得多。

筛管和筛胞(sieve cell)：运输有机物质(光合产物、激素等)。

孔腔(cavity)：原生木质部导管中含有，是原生木质部最早形成时占据的位置。

由上述概念可见，维管组织系统中木质部的导管次生壁经过加厚和木质化，尽管韧皮部筛管分子是纤维细胞壁，但其与木质部相连，因此，木质部(在禾本科植物中是导管)构成了木质纤维素原料生物降解的又一道屏障。

3. 基础组织系统

在草本植物中，基础组织系统主要由薄壁组织和厚壁组织构成。

薄壁组织(parenchyma)：多数与营养有关，少量如分泌细胞、传递细胞、伴胞等与营养无关。细胞多具有纤维素薄壁，但也有的具有木质化的厚壁，如分布在木质部的薄壁细胞。玉米秸秆髓芯薄壁细胞如图 5-13 所示。

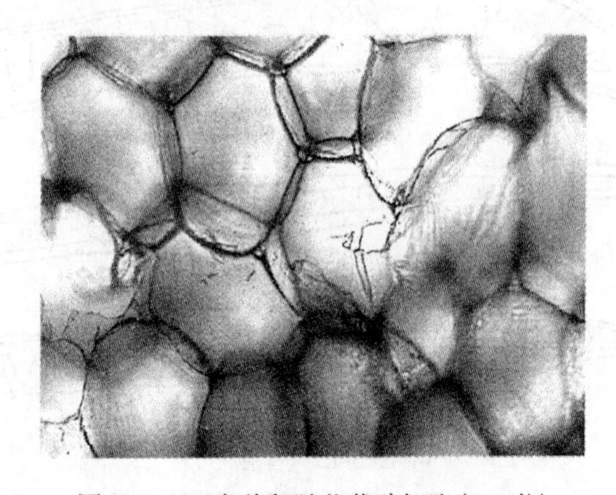

图 5-13　玉米秸秆髓芯薄壁细胞(100 倍)

厚壁组织(sclerenchyma)：具有厚的次生壁，壁通常木质化，成熟后原生质体多半死亡，所以厚壁组织一般是由死细胞构成的组织。厚壁组织中的细胞形态各式各样，按照细胞形态可以分为石细胞和纤维。石细胞(sclereid，stone cell)体型较短，长度为宽度数倍以下；纤维(fiber)体型较长，长度为宽度数倍以上。石细胞的形状多样，其中一种具有或多或少等直径多面体形状的石细胞，称为短硬化细胞。

石细胞具有木质化的厚壁，壁上具有很多表面观为圆形的单纹孔。石细胞通常由薄壁组织细胞经过硬化作用转化而来，也可以直接由分生组织细胞产生。所以硬化作用(sclerification)是指薄壁组织细胞产生厚的次生壁的过程。

纤维：厚壁组织(属于机械组织)中，长度为宽度数倍以上的细胞称为纤维，木质部和韧皮部含有纤维。

木纤维：分布在木质部中的纤维。木纤维壁上的纹孔为具缘纹孔或单纹孔。纹孔的表面观常为向一侧倾斜的透镜形或缝隙状。

木质部外纤维：分布在木质部以外的纤维，如分布在韧皮部、维管束周围(束鞘)、皮层、叶脉上下两方或者一方、单子叶植物中。木质部外纤维的壁通常较厚，有的经过了木质化，有的没有，壁上纹孔为单纹孔，纹孔表面观也是向一侧倾斜的缝隙状。

纤维表面观为纺锤形，两端尖锐。纤维的壁特别加厚，常木质化。纤维很少单独存在，通常聚集成束。

束鞘(图 5-11)：玉米茎的维管束周围包被的厚壁组织，即纤维细胞。纤维属于厚壁组织，细胞壁常加厚且木质化，因此，木质纤维素中的纤维利用，首先需要减少其中木质素的含量，从而提高纤维素的可及度。而薄壁组织中多数细胞壁只含有纤维素，因此适合于酶解转化为生物基燃料。

5.1.5　生物质催化转化抗降解屏障的研究进展

除了植物生物质形成天然的抗降解屏障外，在人类利用植物生物质的过程中，为了不同层面的屏障，需要进行相应的物理、化学、生物的预处理，在处理的过程中，植物生物质发生了组成结构的变化，并形成新的物质。研究发现，新的物质对于催化转化过程也产生了一定的抑制作用。为将预处理过程中产生的抗降解屏障与植物生物质的天然抗降解屏障相区别，研究者提出了二次抗降解屏障概念。

二次抗降解屏障是指在植物生物质前处理过程中，形成的抵抗微生物及酶降解的各种特性，包括酶解后的发酵抑制物。二次抗降解屏障的形成路径如图 5-14 所示。

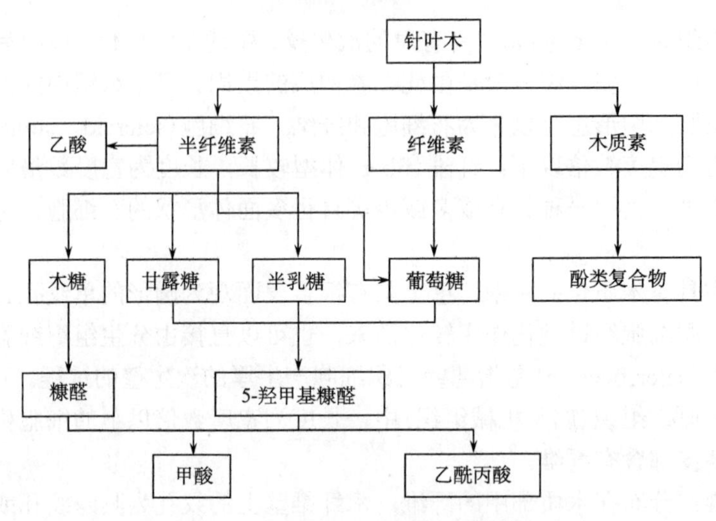

图 5-14　二次抗降解屏障的形成路径

二次抗降解屏障的发现是在对植物生物质各种预处理方式进行对比评价的过程中发现的。目前报道的二次抗降解屏障抑制物主要包括：甲酸、乙酸、乙酰丙酸、糠醛、羟甲基糠醛、香草醛等木质素降解物(包括酚酸)。此外，研究表明，植物生物质在预处理过程中，木质素与木质素、木质素与糖形成的大分子物质，对于后续的发酵也有一定的抑制作用。

因此，对于植物生物质的预处理，一方面要提高糖得率，另一方面要根据糖的利用途径，确定是否需减少二次抗降解屏障的产生。

5.2　生物质催化转化的前处理平台概述

5.2.1　生物质的自然催化转化过程

1. 自然催化转化的生物质资源

自然界中，人类选择性耕作的植物，除了可利用部分外，其他被遗弃的部位凡影响到正常耕作的，多数通过焚烧去除(如大量的玉米秸秆)，而通过自然催化转化过程降解的主要是人工林或者原始林中的枯枝败叶。

枯枝败叶主要有三个来源，第一是森林中自然整枝过程产生。自然整枝是指幼林郁闭后，处于树冠基部的枝条因光照不足逐渐枯落的现象。第二是由于森林病虫害产生的枯枝落叶。第三是由于恶劣的天气造成的残枝落叶。

自然催化转化的生物质资源，对于土壤和森林生物圈的发展是必要的，而所需生物质的数量需要从不同的角度分析，尤其是土壤营养学的角度。研究表明，枯枝落叶层对于森林的天然更新有阻碍作用，因此在保证土壤条件的基础上，将其他的生物质自然降解过程，转变为人工加速的转化过程，在完成自然生态一个步骤的同时，满足人类发展的需要。

自然转化的过程，完成了碳循环中的一个步骤，也为植物生物质的人工转化提供了参考。尤其是自然生境中的微生物，成为筛选菌株的重要来源。生物质的自然死亡过程及催化转化过程，也成为人工利用植物生物质的方式和方法的智慧之源。

2. 生物质自然死亡过程

对于根植于土壤的植物，细胞死亡是许多真核生物生长和发育中必不可少的。由于生物体自身控制着细胞死亡的启动和执行过程，这种类型的细胞死亡过程称为细胞程序性死亡(programmed cell death，PCD)。PCD 的两个例子是衰老和超敏反应。管状分子的形成是植物发育性 PCD 的例子。

成熟植物细胞中，导管、纤维、石细胞、木栓层细胞是死细胞；表皮细胞、薄壁组织细胞、筛管、伴胞是活细胞。所以，植物生物质收获以后，在不同储存周期，活细胞中有细胞质和细胞器，且其中的酶具有活性，在储存过程中随着含水量的变化以及酶的自催化作用，其组成和结构发生变化，从而影响其化学转化性能。

秸秆在储存过程中，不同的储存阶段和储存方式会导致其中的水分变化比较明显，从而引起自然生长的微生物群落的变化。研究秸秆在不同储藏方式过程中组成结构的变化及其对抗降解屏障的影响，将会对秸秆的人工利用提供参考，并有助于木质纤维素原料产业化应用过程中采用有效的储存方式。

3. 生物质自然催化转化过程及其对人工催化转化过程的启示

生物质的自然分解是一个物理和化学、生物等的联合作用过程，可简单归纳为：天然预处理、自然固态发酵两个阶段。天然预处理作用涉及物理、化学、生物反应过程，对于某一作用过程常常无法简单地归为某一处理作用。

生物在自然界的长期进化中形成了抵抗其他生物分解的天然屏障结构，因此，生物质的分解首先需要经过天然预处理作用，以改变植物生物质物理结构、化学组成等使其更易于被微生物作用分解。天然预处理作用包括可溶性化合物的溶解过程(水的淋溶作用)；不可溶化合物的机械性粉碎过程(土壤动物对植物生物质的咀嚼、土壤干湿交替、冻融以及由风引起的研磨)；微生物生长代谢所产生的破坏作用等。天然预处理作用是影响微生物从生物质获取碳源和能量的重要因素，通过预处理作用改变生物质的可及性，如生物质所含颗粒的比表面积、多孔性等；此外，不溶性营养物质发生可溶性转化，如解聚、水解等反应。以土壤动物为例，土壤动物对生物质进行机械性碎裂，将一些完整的、较大体积的生物质裂解成较小的碎片，增加了生物质的有效利用面积，同时土壤动物又产生了可被微生物利用的蛋白质和生长因子，促进微生物生长。

自然固态发酵实质上是一个混菌发酵过程，真菌之间、真菌与细菌乃至放线菌之间相互促进、相互抑制，共同完成生物质的分解代谢。在整个分解过程中具有不同生态习性的微生物菌由寄生到腐生交互演替，顺序出现。微生物菌群以有机物为营养基质，相互依存、相互抑制，构成一条腐生食物链，群落组成和数量呈现显著的动态变化。

植物生物质自然条件下的催化转化过程，对于人类对生物质的利用，有以下几点启示：

(1) 植物生物质的自然储藏过程中，需避免水的淋溶作用，并尽量保持植株的完整，以避免微生物的入侵。

(2) 在不同的降解阶段，需要不同的微生物和酶系，因此，对于不同的生物质催化转化目的，应选育相应的微生物或选用适宜的酶系。

(3) 在不同的生境中，植物生物质降解过程和降解剩余物不同，因此，植物生物质的抗降解屏障是相对的定义。

(4) 植物生物质的前处理过程，是其自然降解过程的浓缩，因此，可借鉴不同生境下的物理化学生物过程。

5.2.2 生物质的人工降解发展历程

木质纤维素起初被利用主要是为了解决由于人口增长所带来的粮食和燃料问题，特别是后者。因此，木质纤维素的预处理技术以纤维素组分的转化利用为主要研究内容。从时间上看，1990 年以前，以单一产品为目标的单一预处理技术为主，1990 年以后，以单一产品为目标的集成预处理方式出现，进入 21 世纪后，随着环境、能源与“三农”问题的日益突出，在寻找石油基产品替代品的催逼下，为了真正推动木质纤维素产业的工业化发展，以多产品为目标的集成预处理研究初露端倪。当然，早在 1987 年，巴西 COALBRA 公司便开始利用木质纤维素同时生产乙醇和木炭，因此各个阶段的划分不是严格的，只是不同阶段研究的侧重点不同。

1. 单一产品为目标的单一预处理技术

围绕纤维素转化为乙醇的单一产品的单一预处理技术研究出现在 1990 年以前，主要包括化学法、物理法和生物法。

化学法包括酸碱处理、臭氧处理、氯化锌处理、离子液体，稀酸主要有稀硫酸、稀盐酸、次氯酸、过乙酸以及二氧化硫，现在依然在沿用单一预处理方式，如反丁烯二酸和离子液体。这些预处理方式都是以纤维素的酶解发酵为最终目的，也有用磷酸处理木质纤维素原料，这是为了提高其对于动物的可食用性。

物理法包括机械粉碎、蒸汽爆破、热水蒸煮、γ 射线处理、微波处理、有机溶剂处理、氨冷冻汽爆。其中热水蒸煮处理中，为了避免半纤维素降解产物糠醛的影响，出现了两阶段高温降解半纤维素法，即 140℃处理使得易降解的半纤维素先降解，然后在 170℃使得剩下的半纤维素降解，最后只有 2%的半纤维素降解为糠醛，通过同步糖化发酵，乙醇的得率为理论值的 94%。

生物法主要是微生物处理降解其中的木质素，以减少纤维素酶的无效吸附，提高纤维素的酶解率，其次是微生物处理生产单细胞蛋白。

以单一产品为目标的单一预处理方式的工业化应用报道较少，只是早在 1913 年，在环境保护意识淡薄，且原料价格较低的情况下，美国的北卡罗莱纳州一家工厂首次将 2%稀硫酸(170℃蒸汽加热)处理工艺进行商业化应用，以松树废弃物为原料，达到日产乙醇 18 925L。路易斯安那州又建立另一个同样的工厂，但两个工厂直到 1920 年后才真正获利。由此可见，在环境意识普遍增强，原料价格相对较高的现代，以单一产品为目标的单一预处理方式难以实现工业化推广。

2. 单一产品为目标的集成预处理技术

1990 年后出现的以单一产品(主要是乙醇)为目标的集成预处理方式主要是指汽爆集成预处理。1986 年，各种预处理方式的比较证明汽爆技术是最节能、最高效的预处理方式之一。与汽爆结合的预处理物质主要包括：甲醇、过氧化氢、氢氧化钠、氨气、二氧化硫等。此外，为提高厌氧消化产气量，使用氢氧化钠和氨水、氢氧化钠和 1，4-二羟基蒽醌集成预处理玉米秸秆，粉碎和氢氧化钙集成预处理稻草。以杨树木为材料，通过化学和超声集成预处理得到 5～10nm 的纤维，其中化学处理包括次氯酸钠脱除木质素和氢氧化钠去除半纤维素与胶质两个过程。作者课题组将汽爆-水洗集成预处理技术用于大麻脱胶，制备纺织原料，现已在安徽六安实现工业化。

以单一产品为目标的集成预处理技术中，若以纤维等材料为产品，其工业化应用有一些报道。目前石油产品的价格不断上升，环保意识也日益增强，然而以乙醇或沼气等生物基燃料为产品的技术路线，由于难以突破经济关而未能实现工业化生产。

3. 多产品导向集成预处理的必然性

木质纤维素工业化应用的历史证明多产品导向集成预处理的必然性。在第二次世界大战后的 40 年内，唯有苏联的一家生物质燃料商业化生产公司存在并大规模发展，这主要是因为这家公司将木质纤维素原料看作多功能材料，而不仅仅将其转化为乙醇，同时还生产酵母和糠醛，并把剩余的木质素作为燃料。截至 1986 年，这家公司已有 40 家工厂，每个工厂每天处理 1000t 木材原料，同时生产 1.5Mt 酵母、1.95×105 m^3 乙醇，还有糠醛产品。

1986 年，多产品导向的集成预处理技术就被证明是有效的利用木质纤维素生产还原糖的方式。而在 1993 年，通过经济模型分析证明多产品可以降低生产的成本，但是没有具体地提出采用什么预处理技术。

生物基燃料必将取代石油基燃料，关于木质纤维素预处理的研究已有 100 多年的历史，然而尽管石油的价格日益增长，生物基燃料仍难以实现大规模的工业化生产，主要是难以突破经济关。石油产品减少后，木质纤维素承担的角色除生物基燃料外，还有生物基材料和生物基化学品。研究和应用领域将目光紧紧锁定在燃料领域，而忽略了生物基材料和化学品的研究应用，但其作用不容忽视。一方面，生物基材料和生物基化学品可以替代石油基产品，从而减少石油的使用；另一方面，即使生物基产品不能代替石油基产品，从木质纤维素产业化发展的角度来说，多产品的生产工艺路线，可以提高经济效益，分摊生产成本，从而突破产业化的经济关。

5.3 生物质催化转化的前处理技术机制及应用

实现木质纤维素原料多联产生物基燃料、生物基材料和生物基化学品的多联产模式，形成以生物质生化转化为主线的多联产工艺，必要的前提就是根据原料组成结构的特点，通过前处理平台，将原料转化为相应的中间产物，通过清洁、高效、经济的工艺实现原料生物量全利用，并为生物质的催化转化提供可降解的底物。

要将原料中的多种组分分级分离转化为相应的中间产物，如 5.2.2 小节中所讨论的，采用单一的前处理方式难以实现，因此需要将不同的前处理方式有机结合。所以，首先需要了解植物生物质的前处理方式的种类、处理机制及其产生的效果，以根据不同的原料和产物集成不同的组合前处理技术。

目前，按照前处理的原理及各种前处理的方式，可以将前处理分为化学、物理和生物三种方式，下面从处理机制和效果上分析现有的各种技术，为各种前处理方式的有机结合提供基础。

5.3.1 生物质催化转化前化学处理机制

植物生物质的化学酸碱处理，在制浆造纸行业中研究和应用得比较成熟，与制浆相似，植物生物质催化转化前，主要需要脱除其中的木质素，但同时也伴随着半纤维素的脱除。本小节借鉴制浆造纸行业中的酸碱处理机制进行阐述。

1. 化学物质传递过程

植物生物质的化学酸碱处理中，影响处理效果的一个主要因素是酸碱液的传递速率。对于不同的植物生物质原料，由于其组织结构不同，内部的孔道结构存在差异，因此酸碱液的传递路径就明显不同。表 5-1 列出了草本、阔叶木和针叶木三种原料中药液的传递过程。

表 5-1　药液在不同植物生物质中的传递过程

<table>
<tr><td>原料</td><td>草本</td><td>阔叶木</td><td>针叶木</td></tr>
<tr><td>结构</td><td>导管、筛管、薄壁细胞</td><td>导管、管胞(纤维)、木射线细胞</td><td>管胞(纤维)、木射线细胞</td></tr>
<tr><td rowspan="2">药液传递过程</td><td rowspan="2">导管→薄壁细胞(或筛管)；与木材相比，草类原料组织疏松，渗透阻力小、浸透较快</td><td>边材：导管→管壁纹孔→木纤维，其他种类细胞的断口也可进入
心材：由于导管内具有侵填体而渗透变慢，可以提高温度，渗透通道没有改变，渗透程度增强了</td><td>管胞末端断口→胞腔→胞壁纹孔→邻近管胞→交叉场纹孔→木射线细胞→管胞</td></tr>
<tr><td>药液通常是由胞腔向外渗透，先是 S_3，最后达到 S_1 和角隅。早材管胞上的纹孔比晚材上的纹孔要多很多</td><td></td></tr>
<tr><td>主要影响因素</td><td colspan="3">药液的组成和 pH、温度、压力差、原料种类和料片规格</td></tr>
</table>

2. 酸碱处理木质素降解机制与脱除顺序

1) 碱法处理过程中脱木质素的反应

碱法蒸煮过程中，脱木质素的特点是木质素大分子必须碎解为小分子才能从原料中溶解出来。因此，酸碱处理过程中脱木质素反应实际上就是木质素大分子的结构单元间各种连接键发生断裂反应，同时，断裂的木质素分子不再缩合成大分子。木质素大分子中，结构单元间的连接主要是各种醚键，还有碳-碳键连接，在草类原料中还有酯键连接。不同化学键在碱预处理中，表现出不同的反应性能。

(1) 酚型 α-芳基醚键和 α-烷基醚键连接的碱化断裂。

此类连接最容易断裂，由于碱 (OH^-) 与酚羟基(酸性)发生化学反应，生成的酚盐结构重排，促进醚键中的氧与苯丙烷中的 α-碳断裂。α-芳基醚键和 α-烷基醚键断裂后木质素分子是否变小，取决于具体结构的类型，如苯基香豆满结构和松脂醇结构的 α-芳基醚键和 α-烷基醚键断裂后，木质素大分子并未变小。

非酚型的 α-芳基醚键则非常稳定。

(2) 酚型 β-芳基醚键的碱化断裂。

酚型 β-芳基醚键在碱法处理时，其主反应是 β-质子消除反应和 p-甲醛消除反应，因此多数不能断裂，只有少量这种键在通过氢氧根对 α-碳原子的亲核攻击形成环氧化合物时才断裂(碱化断裂)。在制浆领域，采用硫酸盐法蒸煮时，由于 HS^-(或 S^{2-})的电负性较 OH^- 强，其亲核攻击能力也强，所以能顺利迅速形成环硫化合物而使 p-芳基醚键断裂(硫化断裂)。

(3) 非酚型 β-芳基醚键的碱化断裂。

β-芳基醚键是非常稳定的，只有在以下特定条件下才能断裂：①α-羟基的非酚型 p-芳基醚键，由于 β-羟基在碱液中容易电离，形成的氧离子能攻击 p 位置的碳原子而形成环氧化合物，促使 β-芳基醚键断裂；②具有 α-羰基的非酚型 β-芳基醚键，因为 α-羰基能促使环硫化合物形成，从而使 β-芳基醚键断裂。

(4) 芳基-烷基和烷基-烷基间 C—C 键的断裂。

芳基和芳基之间的 C—C 键很稳定，上述 C—C 键在某些条件下有可能断裂，其结果是木质素大分子有可能变小，也可能变化不大。碱法处理时，这种反应很少发生。

(5) 芳基-烷基醚键的断裂。

甲氧基中甲基的脱除，对木质素分子的变小，无关紧要，但它是碱法高温处理中形成甲醇或甲硫醇的主要反应，生成的甲硫醇会造成空气污染。

(6) 碱法高温处理过程中的缩合反应。

影响木质素溶出的主要是 C_α-C_γ 的缩合反应。这种缩合反应从亚甲基醌结构开始，当有足够的氢氧化钠时，进行的是脱木质素反应；如碱不够，则产生缩合反应。断裂的木质素经缩合变成分子更大的木质素，更加难以溶解。

其余的缩合反应如 C_β-C_γ 的缩合反应和酚型结构单元或断裂产物与甲醛的缩合反应，多数在黑液中进行，对木质素溶出影响不大。

2) 酸法处理过程中脱木质素的反应

在酸性亚硫酸盐蒸煮处理时，木质素的反应主要由氢离子和水化的二氧化硫进行，磺化的部位主要在 C_α，偶尔也能在 C_γ，从而增加了木质素的可溶性。

总的看来，β-芳基醚键和甲基-芳基醚键无论是酚型还是非酚型，在酸性亚硫酸盐法蒸煮时是很稳定的，一般不会断裂。但开始的裂解反应产生在酚型或非酚型的 C_α 原子上，然后受水和二氧化硫的作用，加成磺酸基。在酸性亚硫酸盐制浆中很值得注意的是木质素碎片化作用。虽然在针叶木木质素中，芳基醚键只占 6%～8%，但它的裂开会引起可观的碎片化作用。

但在酸性亚硫酸盐蒸煮时，往往有磺化反应和缩合反应竞争的问题，因为这两个反应都在同一个 C_α 位置上进行，因此需要加速磺化，才能避免缩合。

碱性和酸性亚硫酸盐法蒸煮时木质素发色基团主要是形成二芳基苯(缩合反

应)；由于甲氧基的脱落得邻苯二酚，氧化成邻苯二醌或与金属离子形成深色复合物；形成芪(反二苯代乙烯)的结构。

3) 酸碱处理过程中脱木质素的顺序

一般认为，不同部位木质素的脱除顺序为：$S_3 \rightarrow S_2 \rightarrow S_1 \rightarrow P \rightarrow ML$。因为处理液体通过纹孔首先进入胞腔，所以首先是 S_3，待次生壁中的半纤维素和木质素逐渐降解后，形成更加疏松的结构，此时胞间层中的木质素才开始逐渐降解脱除。在降解的最后，木材剩余的一般是次生壁中的木质素，而草类中的剩余木质素在胞间层和次生壁中都有，究其原因，一方面以麦草为例，其胞间层中的木质素含量是次生壁中的 2.45 倍；另一方面，在酸碱处理过程中，由于单体的结构不同以及药液的传递路径不同，不同部位木质素的降解速率不同。

3. 酸碱处理碳水化合物的降解机制

1) 碱法处理过程中碳水化合物的降解

在碱性条件下，纤维素和半纤维素会发生降解反应。

(1) 纤维素的反应。

剥皮反应：即还原性葡萄糖末端基逐个剥落的反应。在碱性条件下，还原性末端基对碱不稳定，通过 β-烷氧基消除反应而从纤维素分子链上剥落下来，产生的新还原端又重复上述反应。

终止反应：对碱不稳定的还原性末端基，可以变为对碱稳定的 α-偏变糖酸基纤维素或 β-偏变糖酸基纤维素，从而终止剥皮反应。

纤维素的碱性水解：在高温强碱作用下，纤维素大分子会水解而断裂，变成两个甚至多个断链分子，由一个还原性末端基变成两个或多个还原性末端基，因而又会促进剥皮反应。

(2) 半纤维素的反应。

乙酰基脱落：在高温碱的条件下，脱乙酰反应是速率最快和反应程度最完全的。

半纤维素总的反应：在高温、碱性的条件下，半纤维素的活性比纤维素的活性高很多，容易溶解并迅速分解。处理后的半纤维素结构发生了变化。半纤维素中聚木糖比聚葡萄糖甘露糖在碱性溶液中稳定，所以其降解速率低。

聚木糖的反应和保留：聚木糖中的 4-*O*-甲基葡萄糖醛酸侧链会部分或全部脱除，从而使得聚木糖的聚合度降低。但如果聚木糖带有支链，则支链能够阻滞聚木糖分子传送到纤维细胞壁外。

己烯糖醛酸(hexenuronic acid，HexA)：在碱法处理过程中，半纤维素中聚木糖的侧链基团 4-*O*-甲基葡萄糖醛酸，在高温强碱的作用下，通过 β-甲醇消除反应，主要转变为 4-脱氧-己烯-[4]-糖醛酸(己烯糖醛酸)。随着用碱量的增加，HexA 的含量降低。

(3) 碱法处理过程中，碳水化合物的降解历程。

碳水化合物的剥皮反应在升温到 100℃时就开始了，在低于 150℃时，以剥皮反应为主，而在 150～160℃时，以水解反应为主。碱法处理过程中，各种组分的降解速率是不同的，100℃前，糖醛酸和甘露糖溶出较快；100～150℃时，除糖醛酸和甘露糖继续溶出外，半乳糖和阿拉伯糖也开始大量溶出。而木糖组分在 160℃以后才大量溶出。

2) 酸法处理过程中碳水化合物的降解

在酸性处理中，碳水化合物的降解主要是酸性水解，纤维素和半纤维素的聚合度大大下降。

(1) 纤维素和半纤维素的反应。

酸性水解反应：酸性水解反应主要是(1→4)-β-苷键或其他苷键的水解断裂，首先形成低聚糖，然后降解为单糖。酸浓度越大、温度越高，则酸性水解反应就越剧烈。

酸性氧化分解反应：半纤维素和纤维素的醛基末端，在使用具有氧化性的亚硫酸盐进行酸性处理时，容易被氧化成糖酸末端。而生成的单糖，可以发生分解反应，己糖可以分解产生有机酸，戊糖分解为糠醛，糠醛酸也会脱羧分解。

(2) 半纤维素和纤维素的反应历程。

半纤维素的反应历程：半纤维素的酸性水解与其组成的糖基种类和结构类型有关，也与半纤维素聚合度及支链数量和长度有关。半纤维素中的乙酰基和呋喃式阿拉伯糖在酸性条件下，从以木糖基为主链的半纤维素中脱出，而聚 4-*O*-甲基葡萄糖醛基木糖则保留。在同样的条件下，半纤维素的溶出速率比木质素高。在 100℃以下，糖很少水解，在 100～200℃，糖水解很快，而在 120℃以上，可能由于糖的分解速率大于产率，所以糖的含量增加不大。在分解过程中，半纤维素并不直接水解为单糖，而是在不断降解之后，先转移到溶液中，然后在足够的 H^+ 存在时转化为单糖，这种分解只有在聚糖浓度较高的情况下发生。

纤维素的反应历程：在酸性高温情况下，纤维素的溶解量虽然很少，但是，其中的配糖键也会断裂，从而使得纤维素的聚合度降低。

4. 液态热水法处理机制

液相热水预处理又称水压热解、非催化溶剂的水溶解。木质纤维素类生物质经过 200～230℃的高压水处理 15min 左右，被溶解 40%～60%，几乎脱除了所有的半纤维素和 35%～60%的木质素，但 4%～22%的纤维素也常发生降解。

热水使得生物质中的半缩醛键断裂并生成酸，水在高温下也显酸性，在酸性条件下，多聚糖特别是半纤维素，可以被水解生成单糖，并使部分单糖进一步水解为醛，主要是戊糖中的糠醛以及六碳糖中的 5-羟甲基糠醛，它们对微生物的发酵都有抑制作用。因此，采用碱(如 KOH)来保持热水 pH 在 5～7 之间，使得生物质尽可能不要水解为单糖，并且控制预处理过程中的化学反应。木质纤维素颗粒在热水预处理的时候得到分离，所以不需要再减小生物质颗粒的粒径。热水法处理分离的纤维素具有很高的可酶解性。

该方法目前有三种形式的反应器：顺流(co-current)式、逆流(counter-current)式和溢流(flow-through)式。在顺流式反应器中，物料和水以相同的方向流动；逆流式反应器中二者则以相反的方向流动；在溢流式反应器里，热水经过一个装有木质纤维素的静态床，将木质纤维素溶解，然后流出反应器。

5. *有机溶剂处理机制*

纤维素溶剂可分为有机溶剂(如 Cadoxen、CMCS)和无机溶剂(如高浓度的硫酸、盐酸、磷酸)两类。溶剂处理主要是根据相似相溶原理，使得木质纤维素中的一种或者多种组分在溶剂中溶解，从而达到分离的目的。溶剂处理引起纤维素晶体结构变化，因而使水解速度及水解程度都大大提高。

有机溶剂应用于木质纤维类生物质组分分离主要是指制浆造纸工业的有机溶剂制浆。19 世纪末就有人提出利用乙醇提取植物原料中的木质素来生产纸浆，而对有机溶剂法提取木质素制浆的深入研究则是 20 世纪 80 年代以后才兴起的。小分子的低沸点有机溶剂具有价格较便宜且便于回收等优点，因而引起了广泛的关注。可使用的有机溶剂非常广泛，如乙醇、甲醇和乙二醇等醇类；丙酮等酮类；乙酸甲酯、乙酸乙酯等酯类；甲酸、乙酸和丙酸等酸类。有机溶剂制浆按是否添加催化剂及添加催化剂的类型，可分为自催化有机溶剂制浆、酸催化有机溶剂制浆、碱催化有机溶剂制浆和 NAEM-有机溶剂制浆(用 $CaCl_2$、$MgCl_2$ 等中性碱土金属盐作催化剂)。尽管催化溶剂制浆有成浆质量好、得率高、强度性能好等优点，但由于引入了无机化学药品，在废液处理和回收方面也存在着与传统化学制浆同样的问题。与此相比较，自催化有机溶剂制浆不添加任何化学药品作催化剂，依赖制浆过程中半纤维素及原料中酸性组分水解释放的酸性物质(如乙酸、糠醛类、阿魏酸等)提供所需酸度催化制浆反应过程，更具有发展潜力和研究价值。

从国内外研究情况来看，美国、加拿大、德国、瑞典、芬兰、日本等国在这方面进行了深入的研究，做了不少工作，也取得了很大的成就。1985 年，Lora 和 Aziz 提出了在间歇蒸煮中应用有机溶剂的制浆技术，这种方法的改进促进了 ALCELL(alcohol cellulose)工艺的产生和发展。这项工艺适用于槭木、杨木和桦木等阔叶木的制浆。在荷兰、意大利、加拿大等国，先后有中间试验研究厂投入生产。加拿大 Repap 公司利用 ALCELL 法进行乙醇制浆，在加拿大已成功运行了多年。我国对有机溶剂法制浆技术的研究起步较晚，但发展很快。2001 年，张美云等研究了龙须草自催化乙醇制浆的最佳工艺条件和反应历程，结果表明，木质素的脱出分为两个阶段：大量脱出阶段和残余脱出阶段。最佳工艺条件为：乙醇浓度55%，蒸煮温度180℃，固液比1∶10，保温时间120min，细浆得率53.18%，Kappa值38.13，残余木质素4.64%。这为国内的自催化乙醇法制浆技术的工业化生产提供了理论依据。罗学刚等利用乙酸乙酯和乙酸的复合溶剂降解原料中的木质素，在150～170℃蒸煮2h，得到的纸浆纤维不仅很好地脱除了木质素，而且易于漂白。可见，低沸点有机溶剂法是充分利用有机溶剂(或在少量催化剂共同作用下)良好的水解和溶解性，通过和木质素发生化学反应而脱除其中的木质素；充分利用良好的挥发性，处理过程中使木质素与纤维素充分、高效分离。废液可以通过蒸馏法来回收，反复循环利用，整个过程处于一个封闭的循环系统，无废水或少量废水排放，能够真正从源头上防治制浆造纸行业对环境的废水污染，是实现无污染或低污染“绿色环保”组分分离的有效技术途径；也是提取木质素、纯化木质素的有效技术途径，为木质素资源在工业上的大量开发利用开辟了一条新的途径。该组分分离技术充分考虑了环境保护和天然可再生资源充分利用的需要，有着良好的经济效益和社会效益。该方法有以下优势：

(1)对各种木质纤维适用性强；

(2)消耗水电和化学药品少；

(3)经济成本低、投资少；

(4)环境污染小、几乎可实现零排放；

(5)溶剂便于回收和循环利用；

(6)处理效果好；

(7)副产物易于提取，便于综合利用；

(8)制浆白度高，易漂白；

(9)制浆产量高且木质素含量低；

(10)打浆性能好。

然而，目前的低沸点有机溶剂法存在以下瓶颈性问题，阻碍了其工业化进程：

(1)由于有机溶剂是低沸点的小分子，它们易挥发、易燃、易爆甚至有毒，因而对生产设备要求严格，要求设备密封性相当好，不允许有任何逸漏。

(2)由于溶剂沸点低，达到目标温度(160～220℃)常需要在高压下运行，因此带来高压操作风险。

(3)对于预处理后纤维的洗涤不能采用传统的洗涤方式，因为传统的水洗涤方式容易使溶解的木质素重新沉淀和吸附在纤维上，所以需要较复杂的洗涤工艺和设备。

上述不足给实际的生产工艺、设备和操作带来了很大挑战。

陈洪章等研究比较了几种不同沸点的有机溶剂，比较了汽爆-甘油组合预处理和甘油自催化处理对于秸秆组分及其酶解性能的影响，相关内容将在 5.4.4 小节中详细介绍。

最近，又出现了纤维素的一类新型溶剂——离子液体(ionic liquid)，据报道其中的氯-1-丁基-甲基咪唑和 1-烯丙基-3-甲基咪唑能够溶解未经处理的纤维素，但是对溶解后再生纤维素的酶解情况的研究还未见报道。陈洪章等自制离子液体，并将其用于木质纤维素原料的预处理，研究了汽爆-离子液体组合预处理对木质纤维素原料中组分的影响，相关内容将在 5.4.4 小节中详细介绍。

6. 臭氧处理机制

臭氧可以用来分解木质纤维素原料中的木质素和半纤维素。该方法中木质素受到很大程度的降解，半纤维素只是受到轻微攻击，而纤维素几乎不受影响。此法的优点是：可以有效地除去木质素，不产生对进一步反应起抑制作用的物质，反应在常温常压下即可进行。但由于需要的臭氧量较大，整个过程成本较高。

7. 湿氧化法处理

湿氧化法是 20 世纪 80 年代提出的。在加温加压条件下，水和氧气共同参加反应。在水和氧气存在的情况下，木质素可被过氧化物酶催化降解，处理后的物料可增强对酶水解的敏感度。匈牙利的 Eniko 等采用湿氧化法(反应条件：195℃、15min、1.2MPa，2g/L Na_2CO_3)对 60g/L 玉米秸秆进行预处理，其中 60%半纤维素、30%木质纤维素被溶解，90%纤维素呈固态分离出来，纤维素酶解转化率达 85%左右。

5.3.2　生物质催化转化前物理处理机制

1. 机械粉碎处理

植物组织中包括多种细胞类型，其化学组成和物理特性也存在很大差异。细胞的韧性是由细胞壁中纤维素、半纤维素和木质素的量决定的。Choong 发现 *Castanopsis fissa* 叶的韧性(toughness)可以通过构成组织的细胞壁体积分数和中性洗涤纤维(NDF)含量来预测。Drapala 等和 Pigden 认为经机械粉碎后的植物颗粒大小和形状能够反映木质素的分布和浓度。纤维素是一种高结晶性的聚合物，在粉碎研磨过程中能有效地吸收机械能而引起其形态和微纫结构的改变，使结晶度下降、可及度明显提高。常用的粉碎设备有球磨、压缩球磨、双滚压碎机、流态动量研磨机、湿胶体磨和冷冻粉碎等。冷冻粉碎法是利用液化气在–100℃下进行粉碎的方法，粉碎后木质素仍然保留，但木质素和半纤维素的结合层被破坏，这样就增加了酶对纤维素的亲和性。机械粉碎的缺点是能耗大、研磨成本高。

2. 超细粉碎

超细粉碎技术是 20 世纪 70 年代以来，为适应现代高新技术的发展而产生的一种物料加工新技术，它可将物料由粒度为 0.5～5.0mm 的颗粒粉碎成 10～25μm 以下的超细粉末。物料经超细粉碎后，原有化学性质不变，颗粒粒度及结晶结构能有效改善，具有一般颗粒所不具有的理化性质，如粒度细微均匀，比表面积增大，孔隙率增加，良好的分散性、吸附性、溶解性、化学反应活性等。气流超细粉碎机是目前应用最广泛的超细粉碎设备，气流粉碎超细粉碎速度快，时间短，无伴随热量产生，不发生任何化学反应，可最大限度地保留粉体的生物活性成分并保持物质的原有化学性质，因而更适用于低熔点和热敏性物质的粉碎。近年来，超细粉碎技术在食品、医药、日用化工、造纸等领域的应用备受重视。纤维素是结晶度高的聚合物，在粉碎研磨过程中能有效地吸收机械能而引起其形态和微细结构的改变，使结晶度下降、可及性明显提高，从而提高酶解转化率。机械粉碎的缺点是能耗大、成本高。粉碎的动能消耗取决于粉碎粒度的大小与材料本身的性质。

3. 高能辐射处理

Γ 辐射(电离辐射)常用于破坏秸秆等农业废弃物的细胞壁组成或降低纤维的聚合度、木质素的脱除。电离辐射的作用，一方面是使纤维素解聚，即聚合度降低，相对分子质量的分布特性改变，使其相对分子质量分布比普通纤维素更集中；另一方面是使纤维素的结构松散，并影响到纤维素的晶体结构，从而使纤维素的活性增加，可及度提高。因此，在黏胶纤维的生产中，对溶解用浆粕进行辐射处理，可提高纤维素生成黏胶的反应能力。例如，Fischer 等于 1990 年采用一台 1MeV 的电子加速器，利用产生的高能电子对山毛榉亚硫酸盐浆粕进行辐射处理。结果表明，用高能电子束处理浆粕，可提高纤维素与二硫化碳之间的反应能力和反应均匀性。用 ^{60}Co 产生的 γ 射线对浆粕进行辐射处理，有与高能加速电子相似的作用。

采用高辐射剂量处理秸秆能降低其细胞壁中中性洗涤纤维素(NDF)、酸性洗涤纤维(ADF)、酸不溶木质素(ADL)和还原糖的含量，从而提高秸秆的消化率。采用低辐射剂量则可用于农业副产物的杀菌消毒，Kume 等报道 15×10^3Gy 以上的剂量能够杀死果壳上的所有需氧菌，5×10^3～6×10^3Gy 可以使压缩纤维中的真菌降低到检测水平以下。Malek 等报道杀死稻草中的需氧菌需要 30×10^3Gy 的 γ 射线，而其中真菌的巴斯德消毒法则只需要 1×10^4Gy。Kim 等也发现 5×10^3～1×10^4Gy 的 γ 辐射剂量能够有效降低药草中的微生物污染。采用辐射(或电子束)与化学法联合处理秸秆等农业废弃物能使其中纤维素、半纤维素、木质素降解量比采用其中一种方法单独处理时降解量增加。无论是采用高辐射剂量(最高 500×10^3Gy)和低浓度化学试剂(最高 5%)，还是采用低辐射剂量和高浓度化学试剂来处理农业废弃物都得到了相同的结论。Al-Masri 和 Guenther 采用 200×10^3Gy 的高剂量 γ 射线对事先用 5%尿素处理的农业废弃物进行处理，纤维素含量明显低于采用单一方法处理。Rahayu 等发现 500×10^3Gy 的电子辐射使经 2% NaOH 处理后的玉米秸秆的葡萄糖产量从20%提高到43%。Xin 和 Kumakura 采用 100～300×10^3Gy 的 γ 射线辐射经 2%～4% NaOH 处理的稻草，发现葡萄糖产量随着辐射剂量的增加而增加。Banchomdhevakul 采用低辐射剂量(10×10^3Gy)和高浓度化学试剂(20%尿素)对稻草和玉米秸秆进行处理，也发现纤维素、木质素、半纤维素和角质等的降解量高于单独用尿素或 γ 辐射。由于高能辐射的成本太高，这种方法在实际应用上受到了一定限制。

4. 微波处理

微波是频率在 300MHz 到 300GHz 之间的电磁波(波长 1m～1mm)。微波处理能使纤维素的分子间氢键发生变化，处理后的粉末纤维素类物质没有润胀性，能提高纤维素的可及性和反应活性，可以提高基质浓度，得到较高浓度的糖化液，处理时间短，操作简单。微波处理的效果明显优于常规加热处理效果，Zhu 等采用微波/碱、微波/酸/碱和微波/酸/碱/ H_2O_2 三种方式处理稻草，以提高稻草的酶解率，并从处理液中提取木糖。实验发现，经微波/酸/碱/ H_2O_2 处理的稻草失重率和纤维素含量最高，酶解率也最高。木糖回收试验表明，采用微波/碱方式的处理液中的木糖不能回收，而采用微波/酸/碱和微波/酸/碱/ H_2O_2 处理液可以得到木糖晶体，但是由于其处理费用较高而难以得到工业化应用。

5. 超临界处理

超临界处理有以下几种：

(1) 超临界 CO_2 处理。超临界二氧化碳(SC-CO_2)具有经济、清洁、环境友好以及容易回收等优点，近年来常被用作萃取溶剂。Ritter 和 Campbell 采用 SC-CO_2 处理松木，没有发现松木微观形态的改变，他们认为 SC-CO_2 不是预处理木质纤维素原料的有效手段。然而也有报道称 SC-CO_2 处理能够提高黄杉的渗透性能，同时发现经 SC-CO_2 爆破处理的纤维素和木质纤维素原料的酶解产糖量提高。Kim 和 Hong 采用 SC-CO_2，对杨木和黄松进行预处理，湿度范围为 0～73%，压力 21.37～27.58MPa，温度 112～165℃，处理时间为 10～60min，处理后进行酶解，发现未经处理的杨木和黄松的还原糖最终产量分别为理论产量的(14.5±2.3)%和(12.8±2.7)%。在无水条件下处理，杨木的还原糖产量与未处理时的还原糖产量相似，随着含水量的增加，尤其是杨木，经 SC-CO_2 处理后原料的酶解还原糖产量显著增加。当含水量为 73%，用 SC-CO_2 在 21.37MPa、165℃处理 30min 后，杨木和黄松酶解后的还原糖产量分别为理论产量的(84.7+2.6)%和(27.3+3.8)%，明显高于不加 SC-CO_2 的热处理。

(2)超临界水处理。纤维素会在超临界水(p>22.09MPa，t>374℃)中降解，主要产物是赤藓糖、二羟基丙酮、果糖、葡萄糖、甘油醛、丙酮醛以及低聚糖等。纤维素超临界水解反应的反应途径已较为清楚。纤维素首先被分解成低聚糖和葡萄糖，葡萄糖通过异构化变为果糖。葡萄糖和果糖均可被分解为赤藓糖和乙醇醛或是二羟基丙酮和甘油醛。甘油醛能转化为二羟基丙酮，而这两种化合物均可脱水成为丙酮醛。丙酮醛、赤藓糖和乙醇醛若进一步分解则会生成更小的分子，主要是含 1～3 个碳原子的酸、醛和醇。对 5-羟甲基糠醛的形成仍不是非常清楚，但可以肯定的是其由葡萄糖直接转化，而且其产率随着反应时间的延长而增加。

在水的超临界温度之下，纤维素水解反应需 10s 才能达到 100℃的纤维素转化率，主要产物为葡萄糖的分解产物；而在超临界温度以上进行的纤维素水解反应只需 0.05s 就可完成，主要产物是水解产物，包括葡萄糖、果糖和低聚糖。水解动力学表明，在超临界温度以上，纤维素的降解速率高，而低于临界温度则葡萄糖的降解速率会超过纤维素的降解速率。纤维素的降解反应发生在纤维素的表面。

(3)其他超临界处理方式。Kiran 和 Balkan 采用乙酸-水、乙酸-超临界 CO_2、乙酸-水-超临界 CO_2 的两元或三元混合物，在高压下提取木质素，发现乙酸-水体系脱木质素率高[乙酸摩尔分数 73%(体积分数 90%)，脱木质素率 95%]，而乙酸-超临界 CO_2 和乙酸-水-超临界 CO_2 体系的脱木质素率低。采用 1，4-二氧六环-CO_2，在 160～180℃、17MPa 下脱木质素，发现提取液的组成影响提取选择性，CO_2 含量越高对半纤维素的提取选择性越高，可完全脱出半纤维素，而纯 1，4-二氧六环对木质素的提取率最高，且温度影响较小，180℃时纤维素开始发生降解。Reyes 等采用超临界丁醇、异丙醇来脱除木材中的木质素，发现脱木质素率随反应温度、反应压力的升高而升高，超临界温度以上，脱木质素率远远高于超临界温度以下。

5.3.3 生物质催化转化前生物处理机制

生物处理就是利用微生物除去木质素，以解除其对纤维素的包裹作用，可用专一的木质素酶处理原料，分解木质素和提高木质素消化率，但是目前的研究多停留在实验阶段。虽然有很多微生物都能产生木质素分解酶，但是酶活性低，难以得到应用。木腐菌是分解木质素能力较强的菌，常用来降解木质素的微生物有白腐菌、褐腐菌和软腐菌等，其中最有效的是白腐菌。目前，一些白腐菌，如 *Phanerochaete chrysosporium*，*Ceriporia lacerata*，*Cyathus stercolerus*，*Ceriporiopsis subverrnispora*，*Pycnoporus cinnarbarinus* 和 *Pleurotus ostreatus* 等已经表现出对不同木质纤维素类生物质具有较高的脱木质素能力。白腐菌除了分解木质素外，还产生能分解纤维素和半纤维素的纤维素酶、半纤维素酶，因此，白腐菌分解木质素的同时也损失了纤维素和半纤维素。因此，分离和选育只产生木质素氧化酶而不产生纤维素酶和半纤维素酶的菌种，对于提高生物法处理木质纤维素原料的利用价值是很重要的。木质素氧化酶和锰过氧化酶这两种木质素降解酶是白腐菌次级代谢过程中产生的酶。其他能够降解木质素的酶有多酚氧化酶、漆酶、过氧化氢酶。褐腐菌只能改变木质素的性质而不能分解木质素；软腐菌分解木质素的能力很低。

生物处理的条件比较温和，副反应和可能生产的抑制性产物比较少，并且节能，具有保护环境的优点。但是，由于微生物产生的木质素分解酶活性较低，所以处理的周期很长，一般需要几周时间，因此，离实际应用尚存在一定距离。从成本和设备角度出发，微生物预处理显示出独特的优势，可用专一的木质素酶处理原料，分解木质素和提高木质素消化率，但是目前的研究多停留在实验阶段。

5.4　生物质催化转化的前处理分级技术

5.4.1　生物质催化转化前汽爆处理技术

陈洪章等针对秸秆组成特点，发明了无污染低压(由 3.0MPa 降到 1.5MPa 以下)汽爆技术，揭示了秸秆汽爆自体水解作用的机理。该技术在汽爆的过程中不需要添加任何化学药品，只需控制秸秆的含水量，将原料与蒸汽混合并维持一段时间，半纤维素被释放出来的乙酸等弱酸水解而发生降解，其中的乙酸是由原料中的乙酰基水解产生的。汽爆过程中水在高温下也同样起到了酸催化剂的作用。最终可以分离出 80%以上的半纤维素，且使秸秆纤维素的酶解率达到 90%以上。Laser 等在 216℃、4min 的条件下处理甘蔗渣，纤维素转化率达 67%。陈洪章等已将汽爆装置放大到国际上最大的 50 m^3 工业规模，发展了成熟配套高效清洁汽爆利用工艺，为实现秸秆组分清洁高值全利用奠定了基础，并发明了以汽爆为核心的组合预处理新方法，基于对工程耦合及组合作用机制的认识，将双氧水、超细和分梳等方法融入汽爆中，实现了秸秆化学组分、细胞类型和组织层面的分级分离。以此建成的秸秆多级联产瓦楞原纸、生态板等秸秆多联产园区，其经济效益超过亿元，社会效益显著，并将已形成的汽爆技术平台广泛应用于构树茎皮脱胶、大麻脱胶、花生油制备、中药提取、黄酮制备中。

陈洪章等在研究和应用的基础上，对汽爆原理和工程放大进行了深入研究，基于汽爆过程传递原理和物料力学性能分析，建立了汽爆过程热质传递模型和瞬态撕裂过程中作用在物料细胞上的能量耗散模型，解析汽爆过程动力和阻力因素以及各因素对汽爆效果的影响，深入地解释了汽爆技术的作用机理，也为设备的工程放大提供了科学依据。重新定义汽爆强度的概念，引入物料性能参数和设备参数，使得汽爆强度的概念更具科学指导意义。分析汽爆过程能耗，建立单位质量干基的耗汽量函数，为汽爆预处理技术的工业放大提供科学依据。汽爆分梳工艺从源头上有效解决了发酵抑制物的问题，减少生料，真正实现了生物量的全利用，且汽爆能耗进一步降低。干法汽爆和原位汽爆工艺的提出和探索，进一步丰富了汽爆技术内涵和应用领域。

在研究和应用的基础上，总结植物生物质汽爆预处理的特点。

(1)汽爆降解了部分半纤维素，在一定程度上降低了细胞壁成分的复杂性。

(2)汽爆过程中，细胞间和细胞中的水蒸气在瞬间释放，从而冲破了植物组织及细胞壁，使得紧密的植物组织和细胞壁结构变得疏松，再加上半纤维素降解，因此，汽爆后的物料形成多孔结构，增加了比表面积，可提高后续溶剂提取的传质速率，增加接触面积。

(3)分离出半纤维素以及水溶性杂质后，提高了后续分离组分的纯度，减少了分离组分进一步降解与聚合，避免了产物相对分子质量分散，从而使其活性高，利于进一步转化。

(4)汽爆过程清洁高效，没有化学污染物的排放，处理效率高。

(5)汽爆技术操作简单，容易推广。

5.4.2 生物质催化转化前组织分级分离技术

不同组织细胞在组成结构上的相异性，使得不同器官中的细胞依然存在差别，所以将组织分离，有助于实现秸秆组分分级分离后的高值化应用。汽爆过程中，蒸汽的爆破作用使得秸秆中的表皮组织、机械组织(维管组织)和基本组织(薄壁组织)之间的连接断开，为进一步分离提供结构基础。因此，将造纸工业中成熟的纤维细胞分级设备——保尔筛分仪引入到木质纤维素预处理工艺中。

研究表明，玉米秸秆经汽爆-保尔筛分后，纤维组织细胞主要分布在大于0.589mm(28目)的物料中，此物料主要为表皮组织和维管组织(机械组织)，而薄壁组织(基本组织)细胞主要分布在小于0.074mm(200目)的物料中。汽爆-保尔筛分组合预处理可在一定程度上实现组织分离。

进一步将汽爆-保尔筛分组合预处理应用于麦草，可得到两个固体级分。扫描电镜分析表明，级分1主要是纤维细胞，级分2主要是杂细胞，即非纤维组织细胞。0.246mm(60目)筛分得到的两个级分(纤维细胞和杂细胞)中，两者的比例分别占汽爆麦草原料的 47.6%和 19.9%，其他可溶性组分占 32.5%，根据文献报道，这部分可能主要是麦草半纤维素降解的产物，即短链的木聚糖，也包含少量因汽爆产生的复杂成分。汽爆-保尔筛分组合预处理麦草得到的纤维长度和宽度与《中国造纸原料纤维特性及显微图谱》中的报道相近，长度平均值为 1.067mm，宽度平均值为 13.893μm(报道中长、宽平均值分别为 1.39mm 和 13.0μm)，而长宽比为 76.81，介于针叶木和阔叶木之间，高于造纸的要求(比值大于 35～45)，可以作为造纸的原料。成分分析表明，纤维组织中纤维含量较原麦草提高 57.4%，说明汽爆-保尔筛分组合预处理在一定程度上实现组织分离的同时，实现了化学组分的分离。此外，水流分级后水溶成分占 32.5%，主要是半纤维素降解产物。

5.4.3 生物质催化转化前细胞分级分离技术

1. 汽爆-超细分离技术

汽爆后秸秆在组织上已经分离，不同组织的细胞之间连接紧密程度不同，由于维管组织中的纤维细胞承担着输送水分和营养物质的作用，因此连接紧密。此外，木质纤维素酶解过程中的一个问题是酶与底物不能充分接触，因此提高底物的比表面积，将有助于提高酶解率。目前，超细粉碎技术得到了各研究领域的重视，针对汽爆秸秆的特点和酶解的需求，可将超细粉碎技术引入到木质纤维素原料的预处理工艺中，使得连接紧密的细胞与连接疏松的细胞分离，并提高原料的比表面积。同时，超细粉碎的能耗并不比传统粉碎的高，因此出现了汽爆-超细粉碎组合预处理。

与汽爆-普通粉碎组合预处理稻草相比，汽爆-超细粉碎组合预处理稻草粉体的薄壁细胞和表皮细胞分别增加了 9.4%和 4.4%，纤维细胞降低了 13.4%；超细粉碎汽爆稻草残渣中纤维细胞增加了 2.3%，薄壁细胞降低了 15.7%，导管细胞降低了 50%。这说明通过汽爆-超细粉碎组合预处理可以实现细胞的分级分离。成分分析表明，超细粉碎后粉体中纤维素含量比残渣中高，而木质素含量比残渣中低，这说明通过汽爆超细粉碎，在实现细胞分离的同时，实现了一定程度的组分分离。

2. 汽爆-湿法超细分离技术

鉴于汽爆-超细分级分离稻草对纤维素的破坏，从分级分离稻草纤维、提高稻草作为纤维材料价值的角度，采用汽爆-湿法超细分级分离稻草纤维组织。汽爆-湿法超细分级分离得到的纤维部分中，纤维细胞含量大于 60%，而非纤维部分主要是表皮细胞，较汽爆-超细粉碎对原料的细胞分离程度高。

与原稻草和未经分离的汽爆稻草相比，汽爆-湿法超细分级分离稻草纤维组织中纤维素的含量明显较高，纤维组织部分的得率为汽爆稻草干重的 70.4%，纤维细胞含量为 63.1%，薄壁细胞含量为 33.5%，纤维细胞含量比原稻草纤维细胞含量高 37.8%。纤维组织部分的纤维素含量为 65.6%，比原稻草高出 74.9%。可见，汽爆-湿法超细分级分离可以较好地分离出纤维细胞及纤维素组分。

5.4.4 生物质催化转化前组分分级分离技术

1. 汽爆-离子液体组合预处理

将离子液体引入秸秆的组分分离中，主要是因为与传统的有机溶剂和电解质相比，离子液体具有以下优点：

(1) 几乎无蒸气压，不挥发，消除了挥发性有机化合物的环境污染问题；无色、无味。

(2) 具有较大的稳定温度范围(从低于或接近室温到 300℃)、较好的化学稳定性及较宽的电化学稳定电位窗口。

(3) 通过阴阳离子的设计可调节其对无机物、水、有机物的溶解性，并且其酸度可调至超酸的程度。离子液体与超临界 CO_2 及双水相一起构成三大绿色溶剂。

研究表明，利用自制的离子液体[BMIM]Cl，对汽爆麦草进行处理后，其中纤维素、半纤维素和木质素的含量都会降低。为了保护其中的纤维素，比较加入酸和碱后，三大组分的含量，结果表明，离子液体中加入 NaOH 一方面可以提高汽爆麦草在[BMIM]Cl 中的溶解性；另一方面，NaOH 对纤维素的保护效果最好。而添加 1%硫酸使纤维素中半纤维素和纤维素的含量降低，木质素的含量升高。

2. 汽爆-碱性双氧水组合预处理

研究表明，碱氧化处理可以去除秸秆中的木质素，Chen 和 Cara 等也报道过采用双氧水氧化法可以去除汽爆秸秆中的木质素含量，提高酶解效率和乙醇的发酵性能。因此，采用汽爆-双氧水组合预处理秸秆，可以实现秸秆半纤维素、木质素和纤维素的组分分离，为秸秆的高值化应用提供技术支持。

汽爆-碱性双氧水组合预处理后，玉米秸秆中木质素、半纤维素的含量由 33.5%下降到 24%，木质素含量由 22%下降至 8%，而纤维素的含量由 25.4%上升到 63%，提高了玉米秸秆纤维素组分的可利用性。

3. 汽爆-甘油组合预处理

基于有机溶剂组分分离过程对木质纤维适应性强、用量少、清洁、溶剂可回收等优点，探索有机溶剂处理在秸秆组分分离中的应用。而有机溶剂中，低沸点有机溶剂存在易挥发和易燃易爆等缺点，而大分子高沸点有机溶剂价格昂贵，因此，下面比较研究了几种高沸点小分子有机溶剂：甲酸、丙酸、乙二醇、丁二醇和甘油，发现汽爆-甘油组合预处理后，纤维素的保留量为 92%。由于汽爆-甘油组合预处理中纤维素有降解，因此进一步探讨常压甘油自催化处理，该方法能从麦草中脱除 90%以上的半纤维素和 7%以上的木质素。

4. 汽爆-乙醇组合预处理

乙醇萃取对半纤维素的损失较大，而通过汽爆使得秸秆中的半纤维素降解，洗涤去除半纤维素降解产物后，采用乙醇萃取，提取其中的木质素，进而得到高纤维素含量的原料用于乙醇发酵。

研究表明，汽爆麦草经过连续四次水抽提后，半纤维素的回收率为 80%，其中主要成分为木糖。汽爆麦草乙醇萃取木质素溶液通过低温蒸馏，可使乙醇的回收率达到 88.4%，其浓度为 42.2%，可以重复使用。蒸馏乙醇后的萃取液呈胶体状态，用 0.3mol/L 的稀盐酸调节，可使其中的木质素沉淀，经离心分离得到粗提木质素，粗提木质素可进一步纯化，最终木质素的回收率为 75%。

5. 汽爆-电催化组合预处理

由于电催化具有无须向水中添加药剂、无二次污染、使用方便、便于控制等优点，在污水处理中具有一定的优势，并表现出巨大的发展潜力。利用电催化中的氧化还原性，可将其用于纸浆的漂白，即利用电化学产生的氧化还原物质作为反应剂或催化剂，使木质素结构发生变化，达到漂白或脱除木质素的效果，因此出现了秸秆的汽爆-电催化组合预处理方法。汽爆分离木质纤维素原料中的半纤维素，然后利用电催化降解其中的木质素，达到组分分离的目的，以实现木质纤维素资源的高值化应用。

将玉米秸秆经过汽爆-电催化组合预处理，电压为 1.5V、2.5V、5V 时，木质素含量分别比对照降低 6.9%、12.7%、20.0%，纤维素含量分别比对照降低 1.0%、2.8%、4.3%，半纤维素含量分别比对照降低 10.1%、14.6%、16.9%，而可溶性组分的含量却分别比对照升高 50.0%、84.2%、111.8%，电催化处理在降解木质素的同时，也有部分半纤维素、纤维素被降解，变成了小分子的可溶性组分，使可溶性组分的含量升高。

6. 汽爆-漆酶体系组合预处理

木质纤维素原料中，纤维素高效转化的屏障主要是木质素和半纤维素的包裹作用，并且半纤维素和木质素通过化学键形成木质素-半纤维素碳水化合物复合体(LCC)，而各种预处理方式中，酶处理比较温和、专一，因此选用漆酶、阿魏酸酶和木聚糖酶复合酶体系对汽爆后的物料进行预处理，形成汽爆-漆酶体系组合预处理方式。汽爆首先使得木质纤维素中的半纤维素降解为小分子，将其爆料通过螺旋挤压，使溶解物与汽爆后的固体物料分离，然后加入漆酶复合酶体系处理。

此工艺的优点是结合了酶温和、专一和汽爆处理的快速、高效特点，并选用螺旋挤压方式将汽爆后的溶解物去除，避免使用水洗方式而降低水的消耗量，从而选择性降低秸秆等木质纤维素原料中木质素的含量，提高原料的酶解效率，为后续发酵转化等提供高浓度糖平台。

7. 汽爆-机械分梳组合预处理

在组织水平，对于不同的器官而言，基本上都是维管组织包埋在基本组织中，而维管组织中木质部的导管分子细胞壁因木质化而含有较高的木质素，基本组织中的薄壁细胞一般只有初生壁而含有较高的纤维素。因此，若能通过组织分离将维管植物中占绝大部分质量的维管组织和薄壁组织分离，便可以提高原料的均一性，甚至对于不同的维管植物，可以通过分级在组织层面实现原料的均一性。但组织分级的方法，至今研究较少。陈洪章等建立了汽爆-干法分梳分级方法，将玉米秸秆中维管组织和薄壁组织分级，以提高木质纤维素原料的均一性，为高得率分级炼制提供基础。

对比发现，秸秆芯、叶、皮含水量为30%时，在1.5MPa下分别维持压力2min、5min、7min，达到较好的分离效果，维持压力时间过短不能较好地分离，时间过长则粉碎成浆状。与汽爆-气流分选相比，汽爆-干法分梳将分离度从1.08提高到1.25。分梳分级后，皮、叶薄壁组织的酶解率分别是维管组织的1.65倍和1.41倍，不同器官薄壁组织酶解性能从高到低依次为髓芯>皮>叶。扫描电镜分析表明，汽爆-机械分梳能够使玉米秸秆的维管组织与薄壁组织细胞相互分离。经分离后，芯中维管组织与薄壁组织细胞的质量比在3∶2左右。将分级得到的维管组织乙醇自催化制浆，在温度180℃、乙醇浓度50%条件下，反应2h，浆得率可达65%，高于常用制浆原料麦草得浆率的55%，浆中木质素含量低于7%。汽爆-干法分梳是一种有效的实现秸秆组织分级的方法，通过组织分离提高了各级分的均一性，为秸秆的分级炼制奠定了基础。

5.5　生物质催化转化前处理分级技术的特点

与单一的预处理技术相比，木质纤维素集成预处理技术的特点主要包括以下几个方面：

(1) 生物量全利用的目标导向性。尽可能地实现生物质中各种组分的多方向转化，既可以增加副产品的价值，又可以减少预处理过程中的废弃物排放。

(2) 充分利用植物生物质在不同层面组成结构的不均一性，尤其是细胞层面的不均一性。不同组织的细胞是较容易分离的，如维管组织细胞和薄壁组织细胞，通过汽爆-机械分梳组合预处理方式分离维管组织、厚壁组织与薄壁组织，从而实现了选择性拆分，然后将木质化程度较高的维管组织细胞用于纺纱、造纸，而有纤维素薄壁的薄壁组织细胞用于酶解发酵制备生物基燃料。

(3)广适性。因为集成预处理技术可调节的参数较多，因此其处理过程具有一定的弹性，适用于由不同品种、不同地质情况、不同种植管理方式所致的组成结构差异。

(4)过程的集成性。基于木质纤维素原料的组成结构特点，将原有造纸工业、纺织工业、板材工业，尤其是石油炼制工业中的相关理念和技术以及其他可用于木质纤维素降解的合理、经济、高效、清洁、可操作的理念和技术引入。例如，将石油炼制的理念引入到木质纤维素的集成预处理中，通过选择性拆分生产多种中间产物从而实现高值转化。

(5)优化集成性。集成预处理技术通过不同的方式对木质纤维素原料进行选择性拆分，因此每种预处理方式不必为实现最高的单一指标而付出较高的处理成本，而是将其控制在一定的成本范围内，通过互补的方式，既达到预处理的目的，又降低预处理的成本。例如汽爆-碱性双氧水组合预处理，因为碱性双氧水有分离木质素的能力，可以将汽爆强度控制在较低的范围内，使得其中的半纤维素通过自催化降解；同时，汽爆降解半纤维素后，物料比较疏松，采用相对较少的碱性双氧水便可实现分离木质纤维素的目的。可见，通过优势互补，既实现了多组分的分级利用，也降低了预处理成本，并减少了预处理过程中的环境污染问题。

5.6 生物质催化转化的前处理分级技术评价

5.6.1 生物质催化转化的前处理分级技术评价指标

在逐步深入研究和工业生产实践中，按照清洁生产的要求，从工程的理念总结生物质催化转化的前处理，应从模式易推性、理论正确性、技术可行性、经济合理性、操作可行性、工艺环保性等几个方面分析其可行性。

(1)理论正确性。要确保前处理技术是建立在植物生物质本身组成结构基础上，以多联产为导向，根据其中纤维素、半纤维素、木质素及其他组分的物理化学性质而建立的，能够将原料自身的功能特性充分利用。

(2)技术可行性。首先是设备可行性，所形成的技术方案应该是建立在可工业化的设备基础上的，主要包括设备的制备、维护、参数控制方面；其次，技术方案中的工艺可行性，即工艺路线中的操作单元应建立在一定的理论指导基础上，包括工艺路线中采用的技术、工艺参数的调控方法；最后是工艺的稳定性，是指工艺对于其中的参数不敏感，能够在较宽的范围内达到产品的要求。

(3) 经济合理性。主要是指前处理过程中所采用的设备和工艺投资及运转都具有经济合理性，如工艺中物质流、能量流的循环使用。

(4) 操作可行性。首先，操作具有安全性，包括设备、工艺操作在短期和长期中对操作人员的安全性；其次，操作的可控性，即操作受到人为影响较小，具有一定的稳定性；最后，操作技术简单易掌握，有利于岗位培训。

(5) 工艺环保性。即前处理过程中所采用的工艺过程，短期和长期内不排放低于指标的物质。

(6) 模式易推性。因为植物生物质的最大特点就是分布广，因此，前处理技术最好可在以村或乡镇为单位的规模上处理，减少运输或储藏的体积，然后集中大规模转化为相应的产品。此模式的另外一个作用，就是有助于民营企业发展，从而推进现在的城镇化进程，并增加就业岗位，在提高秸秆收入的同时增加非农收入。

5.6.2 生物质催化转化的前处理分级技术比较

生物质催化转化的前处理分级技术的比较见表 5-2。

表 5-2 各种分级技术的比较

分级技术	理论正确性	技术可行性	经济合理性	操作可行性	工艺环保性	模式易推性	总计
汽爆-超细分离技术	3	2	1	3	1	3	13
汽爆-湿法超细分离	3	2	1	3	1	3	13
汽爆-离子液体	3	2	1	3	1	3	13
汽爆-碱性双氧水	3	3	3	3	2	3	17
汽爆-甘油	3	1	2	3	3	3	15
汽爆-乙醇	3	3	3	3	3	3	18
汽爆-电催化	3	3	2	1	2	2	13
汽爆-漆酶	3	1	1	1	3	2	11
汽爆-机械分梳	3	3	3	3	2	3	17

注：对各种分级方式从六个方面比较，3-完全，2-一般，1-较差。

将不同的分级方式从 6 个方面进行比较可以看出，汽爆-乙醇、汽爆-碱性双氧水、汽爆-机械分梳是有效地实现分级的方式。其中，汽爆-碱萃取-机械分梳集成预处理技术已经在吉林省松原市来禾化学有限公司投产应用，年处理玉米秸秆 30 万 t，年产丁醇丙酮乙醇 5 万 t、高纯度木质素 3 万 t(可转化为 2 万 t 酚醛树脂胶)、纤维素 12 万 t(可转化为 5 万 t 生物聚醚多元醇)，与目前国内外已建和在建的丁醇项目相比，具有一定的经济优势。

第6章　生物质催化转化后处理平台

生物技术产品的生产过程是由菌体选育—预处理—浓缩—产品补集—纯化—精制等单元组成，习惯上将菌体培养以前的部分称为“上游过程”，与之相应的后续过程称为“下游过程”或“生物分离和纯化过程”。生物技术要走向产业化，上下游过程必须兼容、协调，以使全过程能优化进行。一般来说下游过程可分为4个阶段：①发酵液的预处理和固液分离；②初步纯化(提取)；③高度纯化(精制)；④最后纯化。其中，分离和精制过程所需的费用占整个成本的很大部分，如对传统发酵工业(抗生素、乙酸、柠檬酸等)，分离和精制部分占整个工厂投资费用的60%。目前，用于初步纯化的方法主要有吸附法、离子交换法、沉淀法、溶剂萃取法、双水相萃取法、超临界流体萃取法、逆胶束萃取法、膜过滤法等；用于精制的方法主要有色谱分离、结晶等。目标产品和杂质成分间的多种性质差异，如尺寸、静电荷、疏水性、溶解性和特殊的化学基团或化学官能团的特定排列等，是分离纯化的依据。高效简便地分离纯化生物技术产品是生物化工面临的挑战，在生物产品分离纯化过程中，要根据不同产品的性质，选择合适的分离纯化技术，并认清各单元之间的复杂性和非线性作用，进行合理组合，将初始浓度较低并处于水溶液中的生物产品转化成高纯度的产品。

6.1　生物质催化转化后处理原则

由于生物技术产品存在于极稀的水溶液中，并且许多生物产品的生产采用的是间歇操作方式，因此，各种不同的分离技术在分离过程中的序列排布和集成就有了一些共同的模式，形成了一套实用的生物分离原则。

(1)在分离过程中尽早减少样品体积。产品的分离首先要有能够满足分离要求所必需的分离步骤，由于分离过程的成本与样品的体积密切相关，减少样品体积，可以降低装置体积、成本和操作费用。减少样品体积实质上是要去除水分，可以通过蒸发的方式去除水分。对于容易分解或沸点比水高的目标产物，应尽量避免蒸发步骤，可以通过沉淀、萃取、吸附或亲和作用将目标产品转移到另一相。

(2)将高分辨率的步骤放到最后。在分离的最后阶段，需要得到高纯度的产品，分离操作通常要求具有较高的分辨率，这使得设备投资和操作费用较高，因此分离成本也较高。

(3)遵循KISS(keep it simple and stupid)原则。在能够满足产物提纯的前提下，

分离过程所包含的步骤应该尽可能少，在引入新的操作步骤之前，必须考虑它是否能在提高产品质量和过程可操作性方面发挥作用。

(4) 尽早提炼组分。尽早提炼目标组分可以减少所需的分离步骤，从而简化分离过程。由于杂质存在时，可能发生酶的降解或产品的变性，所以尽早提炼目标组分还可以提高产品的质量。结晶和沉淀都应用了尽早提炼组分这一原则，虽然初步的结晶或沉淀还不能达到所需的产品纯度，但这是一种得到粗品的非常经济的方法，产品的进一步纯化可以采用溶解或重结晶等操作。

(5) 使生物反应器中的产物抑制降至最低。进入生物分离过程之前，如果产品浓度很高，可以不需要脱水，在某些情况下，生物反应器中产品或杂质浓度过高会严重抑制细胞的生产速率。因此，将生物反应过程和生物分离过程集成可以得到更高的产品浓度和生产速率，提高底物利用率。

6.2　生物质催化转化后处理的操作单元

6.2.1　发酵液的预处理和固液分离

生物质分离纯化的第一个必要步骤就是以细胞发酵液为出发点，设法将菌体富集或除去，使所需的目标产物转移到液相中，同时还希望去除其他悬浮颗粒或可溶性杂质以及改善滤液的性质(如降低滤液黏度)，以利于后续各步操作。发酵液预处理的目的就是改变发酵液的性质，以利于固液分离。例如，通过酸化、加热以降低发酵液的黏度，或是加入絮凝剂使细胞或溶解的大分子凝结成较大的颗粒。对于胞外产物应尽可能将其转移到液相中，常用调 pH 至酸性或碱性的方法来实现；对于胞内产物首先应当收集细胞，然后破壁，使生化物质释放到液相，再分离细胞碎片，以含生化物质的液相为出发点，进行后续操作。

1. 发酵液的预处理

凝集和絮凝技术能有效地改变细胞、菌体和蛋白质等胶体粒子的分散状态，使其聚集起来，增大体积，以便过滤。它常用于菌体细小且黏度大的发酵液的预处理。目前，最常用的絮凝剂是人工合成的高分子聚合物，如有机合成的聚丙烯酰胺类和聚乙烯亚胺衍生物。无机高分子聚合物也是一类较好的絮凝剂，如聚合铝盐和聚合铁盐等。除此以外，也可采用天然有机高分子絮凝剂，如壳聚糖和葡聚糖等聚糖类，还有明胶、骨胶、海藻酸钠等。微生物絮凝剂是一类由微生物产生的、具有絮凝细胞功能的物质。其主要成分是糖蛋白、黏多糖、纤维素及核酸等高分子物质。微生物絮凝剂和天然絮凝剂与化学合成的絮凝剂相比，最大的优点是安全、无毒和不污染环境，因此发展很快。杂蛋白还可以通过等电点沉淀法、加热变性、吸附、加入蛋白沉淀剂等方法去除。

2. *发酵液的固液分离*

固液分离的目的：一是收集细胞和菌体，分离出液相，以获得胞内产物；二是收集含生化物质的液相，分离除去固体悬浮物，如细胞、菌体、细胞碎片、蛋白质的沉淀和它们的絮凝体等，通常采用过滤和离心分离等化工单元操作完成。用于生化物质分离的常规过滤设备是板框压滤机和鼓式真空过滤机。离心机按其分离因素的不同，可分为常速(低速)、高速和超速。与常规过滤相比，离心分离具有分离速度快、效率高、操作时卫生条件好等优点，适合大规模的分离过程，但离心分离的设备投资费用高，能耗也大。

3. *细胞破碎技术*

为了提取胞内的生化物质，首先必须收集细胞或菌体，进行细胞破碎。细胞破碎就是采用一定的方法，在一定程度上破坏细胞壁和细胞膜，使胞内产物最大限度地释放到液相中，破碎后的细胞浆液经固液分离除去细胞碎片后，再采用不同的分离手段进一步纯化。目前已发展了多种细胞破碎方法，以适应不同用途和不同类型的细胞壁破碎，破碎方法可归纳为机械法和非机械法两大类。机械法主要是利用高压、研磨或超声波等手段在细胞壁上产生的剪切力达到破碎目的。非机械方法很多，包括酶解法、渗透压冲击、冻结和融化、干燥法和化学法溶胞等，其中化学法溶胞应用最广。

6.2.2　生物技术产品分离和纯化技术

1. *沉淀法*

沉淀法是根据溶液中的溶质由液相变成固相析出的过程，采用适当的措施改变溶液的理化参数，控制溶液中各种成分的溶解度，从而将溶液中欲提取的成分和其他成分分开的技术，它是最古老的分离和纯化生物物质的方法，目前仍广泛应用在工业上和实验室中。由于其浓缩作用常大于纯化作用，因而沉淀法通常作为初步分离的一种方法，用于从去除了菌体或细胞碎片的发酵液中沉淀出生物物质，然后利用其他分离等方法进一步提高其纯度。沉淀法由于成本低、收率高、浓缩倍数可高达 10～50 倍和操作简单等优点，是下游加工过程中应用广泛、值得注意的方法。沉淀法可分为盐析法、等电点沉淀法、有机溶剂沉淀法、非离子型聚合物沉淀法、聚电解质沉淀法、高价金属离子沉淀法等。

2. 膜过滤法

膜过滤法是指以压力为推动力，依靠膜的选择性，将液体中的组分进行分离的方法，包括微滤(MF)、超滤(UF)、纳滤(NF)和反渗透(RO)四种过程。膜过滤法的核心是膜本身，膜必须是半透膜，既能透过一种物质，又能阻碍另一种物质。膜过滤主要用于发酵液的过滤与细胞的收集以及纯化等操作。

3. 溶剂萃取法

溶剂萃取法是利用化合物在两种互不相溶(或微溶)的溶剂中溶解度或分配系数的不同，使化合物从一种溶剂内转移到另外一种溶剂中。溶剂萃取法比化学沉淀法分离程度高，比离子交换法选择性好、传质快，比蒸馏法能耗低且生产能力大、周期短、便于连续操作、容易实现自动化。近年来，溶剂萃取技术与其他技术相结合产生了一系列新的分离技术，如逆胶束萃取、超临界萃取、液膜萃取等以适应DNA重组技术和遗传工程发展。

4. 离子交换法

离子交换法主要是利用一种合成材料作为吸着剂(称为离子交换剂)，来吸附有价值的离子。在生物工业中，经典的离子交换剂为离子交换树脂，它广泛应用于提取抗生素、氨基酸、有机酸等小分子。离子交换法具有成本低、设备简单、操作方便以及不用或少用有机溶剂等优点，但离子交换法也有其缺点，如生产周期长、成品质量有时较差、在生产过程中pH变化较大，所以不适合稳定性较差的物质。此外，也不一定能找到合适的树脂等。

5. 吸附法

固体吸附和生化工程有着密切的关系。在酶、蛋白质、核苷酸、抗生素、氨基酸等产物的分离、精制中进行选择性吸附的方法，应用较早。早期使用的吸附剂有高岭土、氧化铝、酸性白土等无机吸附剂，凝胶型离子交换树脂、分子筛和纤维素等。但由于这些吸附剂或是吸附能力低，或是容易引起失活，所以效果不理想。另外，要成为一个经济的生产过程，吸附剂必须能上百次甚至上千次地反复使用。为了经受得起多次且剧烈的再生过程，吸附剂需要有良好的物理化学稳定性，再生过程还必须简单而迅速。近年来，一些合成的有机大孔吸附剂即大网格聚合物吸附剂可以满足上述要求，特别是在工业规模中。吸附法一般有以下优点：①可不用或少用有机溶剂；②操作简便、安全、设备简单；③生产过程中pH变化小，适用于稳定性较差的生化物质。但吸附法选择性差、收率不太高，特别是无机吸附剂性能不稳定、不能连续操作、劳动强度大，炭粉等吸附剂还影响环境卫生，所以有一段时间吸附法已几乎为其他方法所代替。但随着凝胶类型吸附剂、大网格聚合物吸附剂的合成和发展，吸附剂又重新为生化工程领域所重视并获得应用。

6.2.3　单一后处理方式的局限性与优势

单纯的分离纯化操作单元是单一过程，其最大优势是容易控制，但整个纯化过程步骤多，工艺流程长，操作复杂，由此产生的不利影响包括：①步骤多，累积损失量大，产品收率低，若每步平均收率为 90%，6 步后收率只有 53%；②操作时间长，产品缓冲体系变化多，目标产物容易变性失活，进一步降低了收率；③设备和分离介质投入多，增加了产品成本。

6.3　生物质催化转化后处理的耦合集成

过程集成(process integration)是一般化学加工过程的重要研究方向，鉴于过程集成化技术在化学工业中取得的成功，发展生物过程的集成化技术将成为解决产品产业化技术的重要途径之一。目前，对于生物分离过程的高效集成化，国际上尚无明确的定义，但根据国内外期刊的报道，推知生物分离过程的高效集成化技术的含义在于利用已有的和新近开发的生化分离技术，将下游过程中的有关单元进行有效组合，或者把两种以上的分离技术合成为一种更有效的分离技术，达到提高产品收率、降低过程能耗和增加生产效益的目标。按上述定义，生物分离过程的高效集成化技术包括生化分离技术的集成化和生物分离过程的集成化两方面的内容，这种只需一种技术就能完成后处理过程中几步或全部操作的方法，高度体现了过程集成化的优势。因此，过程集成可以简化工艺流程，使物料及能源消耗最小，提高生产效率，降低投资和生产成本，达到最大的经济效益和社会效益。但过程集成工艺复杂，分离成本高，难以实现工业化生产。生物分离过程的耦合集成可分为生物反应-分离耦合过程、分离过程与分离过程的耦合。

6.3.1　生物反应-分离耦合

许多生物反应过程中普遍存在着产物或副产物对反应速率的抑制作用。这种抑制将降低生物催化剂的活力、抑制细胞生长，从而成为制约过程效率的瓶颈。如果在反应过程中利用工程手段及时地分离与消耗产物或副产物，从而消除抑制就能实现生物催化剂活性的长期保持或细胞的高密度生长，并提高目的产物的产率。生物反应-分离耦合过程(integrated bioreaction-seperation process)，被 A. Freeman 称为原位产物分离过程(*in situ* product removal，ISPR)或提取生物转化(extractive fermentation or bioconversion)，即在生物反应发生的同时，选择一种合适的分离方法及时地将对生物反应有抑制或毒害作用的产物或副产物选择性地从生产性细胞或生物催化剂周围原位移走。在利用生物反应的过程中，我们总是希望以最快的生物反应速率来获得最大量的产物，而产物的及时移走可使抑制作用减轻，从而达到目的。这正是发展生物反应-分离耦合过程的起始动机。

1. 生物反应-分离耦合过程简介

不同学者基于不同角度对耦合过程进行了分类。A. Freeman 从反应器结构出发，将耦合过程分为产物内部移走(internal product removal)和产物外部移走(external product removal)。基于结构上的区别，它们分别称为一体化耦合过程和循环式耦合过程。Chang-Ho Park 等从耦合的分离方法出发，将生物反应分离耦合过程分为生物反应-非膜基分离耦合和生物反应-膜基分离耦合过程，它们的分类对膜分离技术在耦合过程中的地位给予了充分肯定。

原则上，生物反应-分离耦合过程具有如下 3 个特征：

(1) 耦合过程是一种集成式单元操作，其生物反应器具有特殊的结构。

(2) 实现产物及时分离的方法多样，但必须考虑产物的特性及具体的生物反应体系来合理选择和设计。

(3) 耦合过程作为一种新的反应工程技术，可适用于各类生物反应过程。

生物反应-分离耦合过程具有如下优势：减小产物、副产物的抑制，提高产物得率和体积产率；对不可发酵底物和老龄化细胞分离，使过程能连续、稳定运行；简化产物后处理工艺，降低投资成本和操作费用，提高生产率。生物反应-分离耦合的主要缺点是不能实现对单一过程的某些控制。例如，膜组件或吸收单元等分离中的问题都可能导致反应器停产；由于只有当反应器内的产物浓度达到需要的浓度时，生物反应-分离耦合操作才开始分离产品，这种集成显著增大了启动单元操作的复杂程度；并且集成系统难于维持无菌操作，细胞分泌的代谢物也会随产品同步移出。同时，分离过程整合到生物反应过程中，使得生物反应发生的环境条件产生变化，因而其反应动力学特征和代谢调控机制有很大不同。一个最为显著的变化是由于抑制产物或副产物的及时分离，细胞生长迅速，最终达到了比常规发酵高 10～20 倍的高细胞密度；另外，在耦合过程中，分离使得一些特定产物或副产物被原位移走，因而一些未被移走的代谢副产物发生积累，也会影响反应动力学的变化，而最终将会影响细胞的代谢和调控机制的变化。因此，耦合过程还要充分考虑对反应体系的影响。

生物反应与分离耦合的关键是选择一种合适的分离技术来实现产物或副产物的原位移走。分离技术的选择应综合考虑以下 4 方面因素：

(1) 分离技术应具备生物相容性，即合适的分离技术应不会对生物反应造成负面影响，不会造成生物催化剂或细胞的失活、变性和死亡，也不会改变生物反应的代谢和调节机制。

(2) 充分考虑产物或副产物的理化特性和生物学特性以选择最佳的分离技术。

(3) 对耦合过程环境的流体特性必须关注，因为流体力学性质决定并影响分离过程的传质，从而使得分离的容量和速度受到极大的影响，如高黏度的非牛顿型流体就不适合使用膜分离技术。

(4) 工程及经济因素。理想的分离技术应是操作费用低、性能稳定、工程上易实现、寿命长的技术。

目前已发展的分离技术有真空发酵、气提、渗透蒸发、膜蒸馏、膜渗透、萃取、沉降、结晶等。

2. 生物反应-膜分离耦合技术

膜装置应用于生物反应过程的分离，将细胞、酶和部分反应物分离出来返回反应体系，将目标产物分离出来并移出反应体系，可克服传统分离方法存在灭活生物催化剂的缺点，有利于生物反应的高效进行。生物反应与膜分离可以在同一个装置中，也可以在不同的装置中。

1) 生物反应与膜分离在不同装置中

这种耦合方式是将生物反应与膜分离分开，生物反应在生物反应器（发酵罐、酶反应器）中进行，把反应后的混合物从生物反应器移送到膜分离装置进行分离，截留成分送回生物反应器继续反应，生物反应器中补加一定量的反应物（底物或培养基、酶或活细胞）。透过液供进一步分离。该耦合系统如图 6-1 所示。

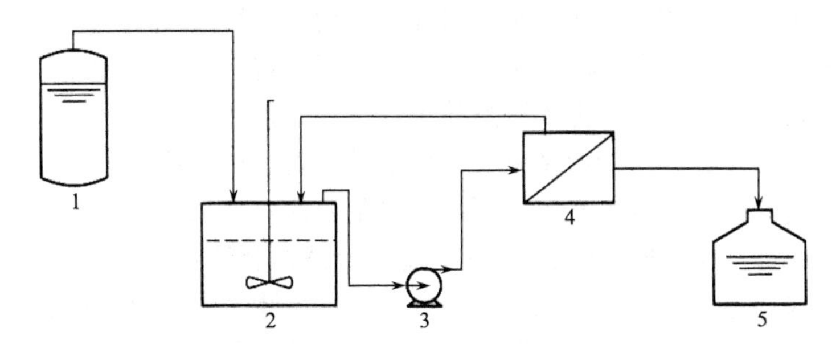

图 6-1　生物反应与膜分离在不同装置中的耦合系统

1-培养基或底物储槽；2-生物反应器；3-泵；4-膜分离装置；5-含目标产物的透过液储槽

这种耦合方式比较灵活机动。生物反应器中的反应条件一般仍采用普通生物反应器的条件，不须做大的改动，而膜分离装置可以根据生物反应体系以及目标产物的性质做出不同的选择。由于采用了膜分离，生物反应过程的效率得到明显提高。

(1)膜过滤。用这样的耦合系统进行酶法水解蛋白质，有两个明显优点：酶可以反复使用；产物的分子大小可以通过选择半透膜得到控制。与之相比，普通间歇式水解还有几个缺点：反应结束后要通过加热或调节 pH 使酶失活，以终止反应，避免将酶活带入产品中，因此酶的消耗量较大；终产物对酶有抑制作用，在每批反应到一定时间后，反应速率明显下降；产品不均匀，组分的相对分子质量分布范围很宽，每批次的产品差异较大。

(2)渗透汽化。渗透汽化膜技术作为一种新型的膜分离和清洁生产技术，与发酵法相耦合生产燃料乙醇，能克服传统发酵法效率低、能耗高和污染严重等缺点，达到高效、节能和环保的目的。它不需要引入第三组分，设备结构简单，单级分离效率高，无污染，耗能低。发酵-渗透汽化膜技术与传统的间歇发酵、超滤-细胞循环发酵-发酵等工艺相比，具有以下优点：

优点 1：渗透汽化膜为致密膜，其透过机理是溶解-扩散，只要膜的性能优良并保证膜面附近有良好的对流传质，就不会出现膜堵塞和膜污染问题，能使膜长期稳定地工作。

优点 2：可从发酵液中原位分离乙醇，使之维持在一个相对恒定的浓度，使乙醇对酵母细胞的抑制作用保持低水平甚至消除，从而维持反应器中适当的酵母细胞浓度和高生物活性，实现高密度发酵和较高的原料糖转化率。

优点 3：可直接冷凝分馏得到较高浓度的乙醇，降低乙醇生产能耗。渗透汽化膜技术的能耗仅为传统蒸馏法的1/10～1/3，且无“三废”产生，避免了环境污染，同时可省去传统蒸馏法的废水处理工艺。

优点 4：可实现连续发酵，使反应器的容积显著减小，以达到更大的生产规模，并易于实现过程的自动化控制，保证工艺稳定运行。

优点 5：进料可采用高浓度的糖，减少发酵过程的用水量，进一步降低能耗。

工业上采用发酵法生产无水乙醇的工艺主要分为 3 步：第一步，原料经预处理和糖化后，在发酵罐内利用微生物催化剂转化为低浓度乙醇；第二步，采用蒸馏法将低浓度乙醇浓缩为约 95%(质量分数)的乙醇；第三步，将约 95%的乙醇制成 99.5%以上的无水乙醇。一般采用优先透醇渗透汽化膜在第一步与发酵相耦合；采用优先透水渗透汽化膜在第三步制无水乙醇。用渗透汽化膜与乙醇发酵耦合，通过渗透汽化膜选择性地移走抑制性产物——乙醇，并完全截留酵母细胞和限制底物葡萄糖，使得乙醇体积产率和浓度显著提高。将膜分离耦合发酵与常规间歇式发酵比较，尽管加入的培养基比间歇式发酵超过反应器体积一倍多，但几乎与间歇式发酵同时达到 100%消耗葡萄糖，说明体积产率提高两倍以上。

2)生物反应和膜分离在同一装置中

另一种耦合方式是将生物催化剂(细胞或酶)以适当的方式固定在半透膜上，反应底物或培养基在膜的一侧流动，并与膜上的生物催化剂接触发生反应，反应产物透过膜进入另一侧的提取液中，实现生物反应和产物分离在半透膜上同时进行，这种装置称为膜生物反应器，该系统如图 6-2 所示。

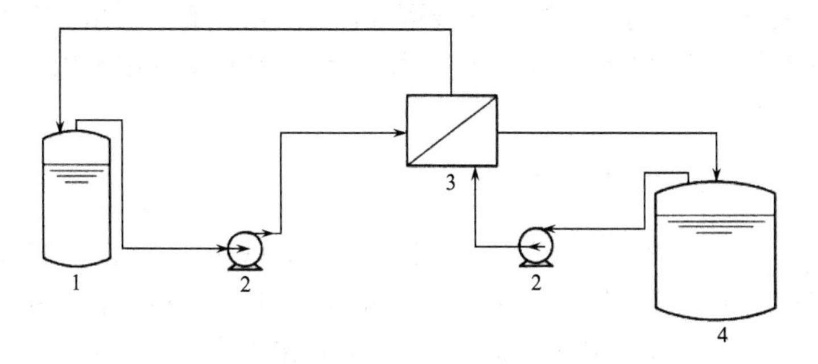

图 6-2　生物反应和分离在膜装置中的耦合系统

1-培养基或底物储槽；2-泵；3-膜生物反应器；4-产物储槽

谭天伟等将脂肪酶用聚乙烯和壳聚糖共混制膜的方法，制成固定有脂肪酶的复合酶膜，用于脂肪水解，实现油水两相分别走膜两侧，在膜表面接触反应生成的产物及时被两相带走，从而避免了两相直接接触乳化，使反应和分离同时进行，解决了酶法脂肪水解时由于乳化而出现分离困难的问题。

3. 生物反应-气提耦合技术

在液体生物燃料(乙醇、丁醇)发酵过程中，产物反馈抑制是一个固有的问题。因此，在燃料乙醇发酵过程中，乙醇对发酵菌种的毒害作用限制了它的最终浓度，从而导致在后续的分离纯化过程中高能耗的需求以及大量废水的产生。为了增加发酵液中的糖浓度，减少产物的反馈抑制，许多研究学者致力于乙醇或丁醇的在线发酵分离耦合，包括液液萃取、渗透蒸发、膜蒸馏以及气提。气提技术是一种比较简单的分离技术，它的优点是投资少，不需要昂贵的设备，不对微生物造成伤害，在带走发酵产物(乙醇或丁醇)、减少反馈抑制的同时，不带走营养物质。目前，用于乙醇或丁醇气提的惰性气体包括氮气、一氧化碳、氢气等。

在现有气提技术的基础上，作者提出了一种 CO_2 气提耦合活性炭吸附的在线分离乙醇的方法，包括至少两个平行的吸附塔和一个 CO_2 循环泵。气提式高强度乙醇发酵-分离耦合技术，采用气升双环流塔式发酵罐，是真空回流、CO_2 气提、循环与混合和活性炭吸附技术的组合体。当乙醇浓度高于 5%时，CO_2 循环泵开始工作。CO_2 以及所夹带的乙醇进入其中一个吸附塔进行乙醇吸附，当第一个吸附塔饱和后，切换到另一个吸附塔，通过加热饱和的吸附塔来回收乙醇。在木质纤维素乙醇发酵过程中，把中空纤维素膜循环固相酶解-液相发酵乙醇-吸附分离进行三重耦合，降低了液体中多余的游离纤维素酶，使纤维素酶用量和费用降低，使纤维素酶用量减少 50%～60%(质量分数)；纤维素固相酶解发酵剩余物中的废水量大大降低，从而使发酵废水量减少 30%～40%；糖化和发酵在一个反应器的不同间隔区域进行，便于协调糖化与发酵最佳温度，克服了固相状态不利于快速乙醇发酵的不足，乙醇浓度增加 60%(体积分数)，活性炭吸附及微波解吸乙醇浓度达到 69.8%以上。

4. 生物反应-沉淀耦合技术

传统 L-苹果酸生产工艺中，富马酸钠在延胡索酸酶的作用下，转化生成苹果酸钠是典型的可逆反应，转化率为 70%～80%，反应液中苹果酸含量为 10%，虽然采用优化的高浓度富马酸铵体系，可以提高转化率达 88%～90%，酶转化液中苹果酸含量达 20%，较普遍采用的富马酸钠体系提高了 1 倍，但成本仍然无法与化学合成法生产的 DL-苹果酸抗衡。南京工业大学欧阳平凯巧妙地运用溶解度的差别，在游离延胡索酸酶的催化下，使生成的 L-苹果酸钙不断地从溶液中析出，反应不断地向着生成产物的方向移动，转化率高达 99.9%，单位体积酶发酵液对富马酸钙的转化量达 320%，大幅度提高了目的产物在酶转化液中的浓度，显著降低了分离成本。

6.3.2　分离过程与分离过程的耦合

从发展趋势来看，生化分离技术研究的目的是要缩短整个下游过程的流程和提高单项操作的效率，以前的那种零敲碎打的做法，既费时费力，效果又不明显，跟不上生物反应发展的步伐。20 世纪 80 年代以来，为了简化生化分离步骤，提高纯化效率和活性回收率，国内外一些学者提出了过程集成的概念，即在一个操作中完成常规分离几个单元操作完成的任务。减少分离纯化步骤，可以提高收率，减少设备投资及占地面积，降低分离成本，因此将几个步骤合并，无疑是有吸引力的。不同的分离过程耦合在一起构成复合分离过程，能够集中原分离过程之所长，避其所短，适用于特殊物系的分离。分离过程与分离过程的耦合可分为生物分离过程单元的集成和分离技术集合的集成。生物分离过程单元的集成是通过新型高效的分离技术将原先流程中的有关单元进行有效组合，减少操作步骤，增加生产效益；分离技术集合的集成是利用已有和新近开发的生化分离技术，或把两种以上的具有不同分离原理的分离技术集成为一种更有效的分离技术，从而大大提高分离效率。基于这种思想，产生了一批集成化的分离纯化技术，如萃取结晶、吸附蒸馏、电泳萃取、亲和萃取和亲和沉淀、亲和膜分离、扩张床吸附技术等。

1. 双水相亲和分配技术

亲和法是生物分离中一种重要的方法，其优点是分离步骤少、专一性高，但它的致命弱点是处理液要先经过过滤等一系列前处理。而双水相分配技术处理量大，可以直接处理液固混合物，但它的专一性较差，如将双水相分配技术与亲和法结合起来，即在组成相系统的聚合物聚乙二醇(PEG)或葡聚糖(dextran)上接上一定的亲和配基，就可形成处理量大、效率更高、选择性更强的双水相亲和分配组合技术。根据配基性质不同，可有三种类型的亲和双水相系统：基团亲和配基型、染料亲和配基型和生物亲和配基型。近几年来，双水相亲和分配组合技术发展极为迅速，仅在 PEG 上接上的亲和配基就达十多种，分离纯化的物质已有几十种，如 Kroner 利用染料 PEG 和 dextran 组成的亲和双水相系统分离葡萄糖-6-磷酸化脱氢酶，葡萄糖-6-磷酸化脱氢酶的分配系数可由非亲和双水相系统中的 0.18～0.73 提高到 193。Ulrich 利用磷酸酯 PEG-磷酸盐亲和双水相系统萃取 β-干扰素，β-干扰素的分配系数可由非亲和双水相系统中的 1 左右提高到 630。

双水相亲和沉淀技术利用了甲基丙烯酸和甲基丙烯酸甲酯的共聚物具有在碱性条件下形成沉淀和在酸性条件下重新溶解的特性，该共聚物具有较好的选择性吸附性能，能将共聚物吸附与双水相分配技术组合起来。将甲基丙烯酸和甲基丙烯酸甲酯的共聚物溶于发酵液中，调溶液的 pH 至碱性，使共聚物沉淀下来的同时把目的产物吸附于共聚物中，然后将共聚物沉淀从溶液中分离出来放入由 PEG-盐组成的双水相体系中，调溶液 pH 至酸性，使共聚物沉淀重新溶解，使吸附的目的产物进入双水相体系中的上相。这种共聚物吸附与双水相萃取的组合技术可以达到高效率、高选择性的分离。例如，纯化蛋白质 A 时用人免疫球蛋白为配体，先将此配基固定在甲基丙烯酸和甲基丙烯酸甲酯的共聚物(Eudriget)上，而 Eudriget 在 PEG-PES(聚羟丙基淀粉)双水相系统中主要分配在上相，这样因配体和蛋白质 A 的专一配合反应，将蛋白质 A 也集中在上相，调节 pH，使 Eudriget 沉淀，再用洗涤剂冲洗而得到目的产物蛋白质 A。

2. 亲和膜分离技术

亲和膜分离技术是将亲和色谱与膜分离技术结合起来的一项新型分离技术。它把亲和配体结合在分离膜上，利用膜作基质，对其进行改性，在膜的内外表面活化并耦合上配基，再按吸附、清洗、洗脱、再生的步骤对生物产品进行分离，当目标蛋白质通过时，就留在膜上，而杂质则通过膜而去除，再用解离洗脱剂洗下目标蛋白质，然后把解离剂从膜上除去，以使配基再生，重复进行再分离目标蛋白质。该技术颇有潜力，可以把澄清、浓缩和纯化步骤集于一体，也可与生物反应器相组合，构成反应/分离新流程。亲和膜分离技术不仅利用了生物分子的识别功能，可以分离低浓度的生物产品，而且由于膜的渗透通量大，能在纯化的同时实现浓缩，并有操作方便、设备简单、便于大规模生产的特点。目前，亲和膜分离技术已用于单抗、多抗、胰蛋白酶抑制剂的分离以及抗原、抗体、重组蛋白、血白蛋白、胰蛋白酶、胰凝乳蛋白酶、干扰素等的纯化。亲和膜分离技术作为新的分离技术正在兴起和发展，相信在不久的将来它会成为生物大分子物质分离和纯化的有力工具。

3. 扩张床吸附技术

扩张床(expanded bed)是吸附剂处于稳定状态的流化床。与串通的填充床层析不同的是，在扩张床吸附操作中吸附剂(或层析剂)层在原料液的流动下可产生适当程度的膨胀，其膨胀度取决于吸附剂的密度、流体速度。当吸附剂的沉降速度与流体向上的流速相等时，扩张床达到平衡。由于吸附剂的扩张，吸附剂之间的空隙率增大，可以使原料液中的细胞、细胞碎片等固体颗粒顺利通过扩张床而被去除，同时原料液中的目标物质被吸附在吸附剂上，这样就实现了直接从含菌体、细胞碎片或组织萃取物的发酵液中直接分离目标蛋白质的目标。扩张床的操作可分为平衡、吸附、冲洗、洗脱和复性清洗等五个步骤。它将料液的澄清、浓缩和初步纯化集成于一个单元操作中，减少了操作步骤，降低了分离过程的复杂程度，提高了分离效率和产品的收率，已引起人们的广泛兴趣。

Barnfield Frej 用阳离子交换剂，应用扩张床技术从大肠杆菌破碎液里提取复性后的重组人白介素，一步得率为 97%，纯化倍数为 4.35 倍。Johansson 等用扩张床技术从大肠杆菌周质中提取重组铜绿单胞外毒素 A，处理 4.5kg 细胞仅用 2.5h，外毒素 A 的比活为 $0.06\,mg_{毒素}/mg_{蛋白}$，回收率为 79%；而传统的填充床层析处理相同量的细胞则需 8～10h，是扩张床的 3 倍，虽然比活要稍高一些($0.1\,mg_{毒素}/mg_{蛋白}$)，但回收率要比扩张床的低(仅为 73%)。美国 Genetech 公司用扩张床技术从 CHO 细胞培养液中大规模提取单克隆抗体，一次可处理 7324L 未澄清的培养液，可全部除去细胞，抗体浓缩了 5 倍，回收率高达 99%。Chang 和 Chase 分别用含阴离子配基 DEAE 和染料配基 Procion Red H-E7B 的吸附剂分离葡萄糖-6-磷酸脱氢酶。因染料对葡萄糖-6-磷酸脱氢酶有亲和效应，所以它的纯化倍数比 DEAE 要高 8.6 倍。Noda 等用扩张床从毕赤酵母(*P. pastroris*)培养液中大规模提取重组人血清白蛋白，扩张床柱内径为 1000mm，内装 150L Streamline SP，一次可以处理 2000L 酵母培养液，总收率(87.1%)与中试时得到的结果一致。采用热处理和扩张床吸附两步操作，可以替代传统的五步操作，不仅减少了操作时间，而且产率提高了 300%。Maurizi 等用 Streamline SP 扩张床层析和阴离子交换层析(Mono Q)两个步骤取代了包括离心、过滤、阳离子交换层析(S Sepharose)和阴离子交换层析四个步骤，从枯草芽孢杆菌发酵液中提取重组人白介素 1 受体拮抗剂(IL-lra)，使产物纯度达到 90%～92%，回收率达 85%。这些有说服力的事例为扩张床技术在生物领域中的应用开创了一条宽阔的道路。

6.4　生物质催化转化产品 2，3-丁二醇的发酵后处理技术举例

2，3-丁二醇是一种亲水性多元醇，它可以以木质纤维素为原料进行发酵生产。从发酵液中有效分离提取 2，3-丁二醇是制约其产业化的瓶颈之一。2，3-丁二醇发酵液成分复杂，除菌体外，还含有大量水、少量蛋白质、核酸和多糖等生物大分子及乙醇、乙酸、乳酸、单糖、有机盐和无机盐等小分子杂质；而且产物 2，3-丁二醇浓度较低(通常为 8%～10%)、沸点较高、亲水性较强，用常规的蒸馏、精馏或逆流气提法需较大能耗，且往往因发酵液中生物大分子的存在导致传热效率下降，产品收率较低。2，3-丁二醇的传统分离步骤包括固液分离、初分离和终分离。发酵后的固液混合液通常通过絮凝、过滤或离心除去，再经初分离(萃取、盐析、全蒸发等)得到除去大部分杂质的溶液，最后通过精馏得到纯品。

2，3-丁二醇发酵主要以各种废弃物或非粮原料为底物，发酵液中除产物、菌体、蛋白质等发酵过程中产生的物质外，还含有一些来自原料的不溶物、胶状物等，这些杂质易使过滤部分堵塞，增加了固液分离的难度。修志龙等采用壳聚糖絮凝方法使 2，3-丁二醇发酵体系中的固液相分离，最佳操作条件下絮凝率可达 98%以上，2，3-丁二醇保留率约为 99%，蛋白质去除率为 71%，且絮凝后上清液清澈透明，絮凝后的菌体可再次利用，其转化能力与絮凝前相当。

发酵液经前处理或固液分离后，可通过溶剂萃取、盐析、双水相萃取等方法对混合液进行初分离，得到除去大部分杂质的 2，3-丁二醇粗品。修志龙等开发了一系列由亲水性有机溶剂/无机盐组成的新型双水相体系用以分离发酵液中的 2，3-丁二醇，不仅分配系数和 2，3-丁二醇回收率大大高于 Ghosh 等的传统双水相体系，而且可直接应用于发酵液，将固液分离和初分离合二为一，操作简单，简化了分离步骤。利用乙醇/碳酸钾双水相萃取发酵液中的 2，3-丁二醇，2，3-丁二醇的回收率均可达 90%以上，大部分的蛋白质和底物均可从醇相中除去，对有机酸副产物也有很好的去除效果，丙酮酸、柠檬酸、苹果酸、延胡索酸、琥珀酸均被除去，乳酸和乙酸也被除去一部分。可见，这种新型双水相体系非常有利于 2，3-丁二醇的后续精馏，是一种很有工业化前景的高效分离技术。黄和等则成功开发了一种利用疏水硅沸石从发酵液中吸附分离 2，3-丁二醇的方法，将预处理后的发酵液用疏水硅沸石对 2，3-丁二醇进行吸附，吸附后用无水乙醇脱附，除去乙醇后可得目标产物。该方法工艺简单，分离效率高，能耗较低，具有较好的工业应用前景。

纯品 2，3-丁二醇可通过精馏、逆流提取等方法获得。2，3-丁二醇的逆流提取技术出现较早，1945 年和 1948 年工业级逆流提取装置分别在美国伊利诺伊和加拿大成功建立，但这种分离方法耗能较大，阻止了其在工业化过程中的广泛应

用，而反相渗透和蒸馏技术联合应用在一定程度上降低了能耗。Qureshi 等曾在真空膜蒸馏过程中使用一种具有微孔结构的聚四氟乙烯膜，该膜允许水蒸气顺利通过，但能阻止 2，3-丁二醇通过，采用此法，2，3-丁二醇终浓度高达 430g/L。Shao 等在溶剂萃取和全蒸发耦合的基础上，选择正丁醇作为溶剂，利用硅橡胶膜对模拟的 2，3-丁二醇发酵液(水∶正丁醇∶2，3-丁二醇=7.4%∶12.0%∶80.6%，质量分数)进行分离，在批式操作时具有良好的选择性，能选择性透过水和正丁醇，而 2，3-丁二醇不能透过，最终可获得纯度在 98%以上的 2，3-丁二醇；但在连续操作分离脱水的溶剂相[含 5%(质量分数)2，3-丁二醇]时，欲获得在 98%纯度的 2，3-丁二醇，则回收率低于 52%。黄和等开发了一种利用疏水硅沸石吸附分离发酵液中 2，3-丁二醇的方法，即将预处理后的 2，3-丁二醇发酵液用疏水硅沸石对 2，3-丁二醇进行吸附，吸附后用无水乙醇脱附，除去乙醇后可得目标产物。Shao 等则将沸石颗粒均匀混入硅橡胶膜进一步改进膜的组成，当沸石占混合膜质量的 80%时，2，3-丁二醇的回收率从 47.4%提高到 62.8%，但仍达不到实用要求，且真实发酵液的使用效果有待验证。

从 2，3-丁二醇的发酵分离纯化可以看出，以上这些技术各有优缺点，单独的一种分离技术很难达到分离提纯的要求，且不少技术能耗较大。因而需从产品的纯度、收率及能耗出发，对传统技术进行改进或与一些新技术结合(组合)，从而提高收率，减少能耗，降低分离成本。

第7章　生物质催化转化多联产模式

生物质资源的利用涉及多学科、多领域、多层次的科学和技术问题，单一方面的研究和利用都难以解决目前存在的问题。因此，需从整体上考虑植物资源的特点和开发价值，并进行多学科的整合，将植物资源看作有机的整体，将各种成分的开发利用及多个生产工艺作为一个系统来研究，即生物质的多联产系统，从生物量全利用的角度提高生物质资源利用率，才可能实现经济可行、清洁高效的资源利用。

7.1　原料特性与多联产模式的必要性

7.1.1　生物质原料的特性

生物质资源没有被有效利用，主要是由自身的特点决定的。秸秆和木材同属于木质纤维素，都由纤维素、半纤维素和木质素组成，然而两者在结构和化学组成上有较大的差异，其转化特性也不同。传统的生物转化过程把秸秆作为性质单一的原料，主要利用秸秆中的纤维素，从而使得秸秆的高值转化难以适应工业化的要求。实际上，秸秆的生物结构具有不均一性，即茎、秆、叶、穗、鞘等各占一定比例，而且各部分的化学成分及纤维形态差异很大。以玉米秸秆为例，皮和叶的结构致密，芯则比较疏松，各部分质量在秸秆中所占的比例也不同，而且随着秸秆直径的变化而变化；从细胞组成来看，皮中的杂细胞含量最少，叶和芯中的杂细胞分别为60%和70%左右(面积比)；从化学组成来看，皮中的纤维素含量最高，与其他各部位的纤维素含量差异显著，叶中的半纤维素含量最高，而木质素主要集中在皮和结，灰分则主要集中在叶部。

这种结构的不均一性导致了秸秆各种组分的转化特性的不同，其转化特性和转化产品也随着秸秆组分结构的不同而变化。而且秸秆不同部位、不同组织、不同细胞之间的酶解性能和物理化学性能都存在一定的差异。例如，玉米秸秆结构和性质上的不均一性，导致了其各部位酶解率的不均一性：芯的酶解率最高，酶解 24h 后可达 88.32%，而相同条件下叶的酶解率为 28.33%；不同部位的纤维特性也不一致，在皮和叶中存在与木材纤维特性相近的优质纤维。

为解决在秸秆转化过程中采用单一的生物转化方式所存在的问题，充分认识秸秆性质的不均一性是非常重要的。它将生物转化技术与秸秆组分分离技术有机结合起来，避免了在秸秆原料转化为液体燃料的研究上，套用或沿用木材的技术，从而有利于实现秸秆生物量全利用，并可大大降低秸秆的转化成本。

7.1.2　生物质资源开发存在的问题

目前在生物质炼制中，技术经济迟迟走不出低谷，分析其原因主要有三点：

(1) 目前，资源开发工艺往往只强调单一纤维素组分和单一技术的应用，缺乏预处理系统技术集成和相配套技术的研究，从而造成了环境污染、资源浪费和经济成本高等问题。例如，在纤维素燃料乙醇的生产过程中，强调纤维素成分的利用，对于其他成分(半纤维素、木质素、蛋白质等)没有充分利用。单一利用纤维素生产乙醇，不仅使成本大幅度提高，也造成了资源浪费和环境污染，因此纤维素乙醇工业的经济性也成了亟待解决的难题。

(2) 成分提取方法的成本高且污染重。植物中的有效成分需要从复杂的均相或非均相体系中提取出来，然后通过分离和去除杂质完成提纯和精制。一些传统分离技术如过滤、沉降、离心分离、蒸馏、萃取、层析、结晶、吸收、分子蒸馏、超滤、电渗析、反渗透等作为植物有效成分分离的手段对植物有效成分的提取做出了很大的贡献。

(3) 原料利用率低，产品得率低。植物有效成分提取过程中，植物原料的利用较低从而导致产品的得率也较低，有些提取方法为了得到高得率的产品采用精制的原料，从而造成了原料的综合利用率下降，废弃物增加，在一定程度上提高了产品的生产成本。

7.1.3　生物质催化转化多联产的必要性

生物质的多联产技术实质是以生物质为原料，通过多种生物质转化技术有机集成在一起，同时获得多种高附加值的燃料(生物乙醇、丁醇、生物柴油、氢气和沼气等)、化学品(糠醛、乙酰丙酸、木糖醇、黄原胶、草酸、乳酸和生物乙烯等)和材料(乙酸纤维素、羧甲基纤维素、生物板材等)等。多联产技术追求的是整个系统的资源利用、总体生产效益的最大化和污染排放的最小化。

7.2　多联产关键黏结技术的突破

7.2.1　无污染汽爆及其组分分离技术平台

在汽爆的过程中不需要添加任何化学药品，只需控制秸秆的含水量，即可分离出 80%以上的半纤维素，且使秸秆纤维素的酶解率达到 90%以上。在实验室研究基础上，该技术通过改进实现了工程放大，达到 $50m^3$ 的规模。目前，应用该技术已成功开发出了清洁制浆、大麻清洁脱胶、秸秆制备腐殖酸和活性低聚木糖等一系列创新方法，并实现了蒸汽爆破与机械分梳相结合分离纤维组织，以及蒸汽爆破与湿法超细粉碎技术相结合分离秸秆纤维组织的技术平台。

7.2.2　节水节能固态纯种发酵技术平台

发酵技术分为液态发酵与固态发酵两大类。与固态发酵相比，液态发酵易于纯种培养和工业放大，但产生了大量废水。固态发酵具有节水节能的优点，但难以克服传热和传质的阻力大的难题，容易导致局部菌体死亡，发酵产率低，同时难以进行大规模纯种发酵，易感染杂菌。然而，利用气相双动态固体发酵设备可以很好解决大规模纯种固态发酵的难题。在此过程中，没有人为加入机械搅拌，而仅对固态发酵过程的气相状态进行控制，一方面气压处于上升和下降的脉动中，另一方面反应器的气相也处于流动中，改善了固态发酵过程的热量传递和氧传递，促进了菌体的生长和代谢，实现纯种培养。目前已经设计出的 $100m^3$ 气相双动态固态发酵反应器是迄今全球固态发酵规模最大的反应器。使用该反应器，以汽爆玉米秸秆为发酵的主要原料进行纤维素酶的生产，经过 5 批实验，平均纤维素酶活达到了 120FPA[①]/$g_{干曲}$，最高达到了 210FPA/$g_{干曲}$，真正实现了纤维素酶大规模、低成本的生产。气相双动态固态发酵新技术可使发酵时间缩短 1/3，变温操作往往可提高菌体活性，在复合菌群组合优化方面也可发挥作用。

7.2.3　秸秆固相酶解-液体发酵乙醇耦合技术平台

纤维素固相酶解、液体发酵相耦合的技术可以有效地提高纤维素酶解效率和乙醇发酵效率，解决了纤维素液体同步糖化发酵的用水量大和酶解发酵温度不协调等问题，降低纤维素酶解发酵乙醇的成本。其中提出的气提式高强度乙醇发酵分离耦合新技术，是综合了气升双环流塔式发酵罐、真空回流、CO_2 气提、循环与混合和活性炭吸附技术的组合体，实现了酶解糖化-液体发酵乙醇-吸附分离三重耦合过程。该设备使纤维素酶使用量下降到 15IU/$g_{秸秆}$，降低了纤维素固相酶解发酵剩余物中的废水量。同时，糖化与发酵在一个反应器中不同间隔区域进行，便于协调糖化(50℃)与发酵(37℃)的最佳温度；克服了固相状态不利于快速乙醇发酵的不足，乙醇得率为 15%，秸秆纤维素转化率为 80%，活性炭吸附及微波解吸乙醇浓度为 50%，大大降低了秸秆发酵燃料乙醇的生产成本。

7.2.4　汽爆秸秆膜循环酶解耦合发酵工业糖平台

纤维素酶的使用成本占整个生物质转化总成本的 50%～60%，这是制约酶法

---

① FPA: filter paper activity，滤纸酶活力。

水解木质纤维素(如秸秆等)实现产业化的一个主要障碍。用膜生物反应器系统水解汽爆秸秆并回收和再利用纤维素酶是一个较完善的途径。利用适当相对分子质量超滤膜来截留纤维素酶和未水解的纤维素物质，而水解产物则可以透过膜，从而达到消除产物抑制，提高水解产率和再利用纤维素酶的目的。传统的膜生物反应器进行纤维素酶解得到的还原糖浓度比较低，不利于后续工艺的进行。将几个酶解罐进行串联来提高膜生物反应器里底物的浓度，可提高最终还原糖的浓度。陈洪章等以汽爆稻草秸秆为原料，研究利用膜生物反应器提高最终还原糖浓度，结果表明：酶解单元组成为 4 个酶解罐，稀释率为 0.075/h，当酶解时间为 24h，汽爆稻草秸秆的总转化率可以达到 39.5%，相比传统的批次酶解的总转化率提高了将近 1 倍；与只有 1 个酶解罐的膜反应器相比，还原糖的产量提高了 60%；最终所得还原糖的平均浓度从 4.56g/L 提高到 27.23g/L。

7.3　清洁生产与多联产

7.3.1　清洁生产概念与内涵

《中华人民共和国清洁生产促进法》中所称的清洁生产是指不断采取改进设计、使用清洁的能源和原料、采用先进的工艺技术与设备、改善管理、综合利用等措施，从源头削减污染，提高资源利用效率，减少或者避免生产、服务和产品使用过程中污染物的产生和排放，以减轻或者消除对人类健康和环境的危害。

联合国环境规划署(UNEP)关于清洁生产的定义如下：清洁生产是一种新的创造性的思想，该思想将整体预防的环境战略持续应用于生产过程、产品和服务中，以增加生态效率和减少人类及环境的风险。

根据清洁生产的定义，清洁生产的核心是实行源削减和对生产或服务的全过程实施控制。从产生污染物的源头削减污染物的产生，实际上是使原料更多地转化为产品，是积极的、预防性的战略，具有事半功倍的效果；对整个生产或服务进行全过程的控制，即对原料的选择，工艺、设备的选择，工序的监控，人员素质的提高，科学有效的管理以及废物的循环利用的全过程的控制。总体说来，清洁生产内容包含以下三个方面：

(1)清洁能源。

清洁能源是指常规能源的清洁利用、可再生能源的利用、各种节能技术等。

(2)清洁的生产过程。

清洁的生产过程是指尽量少用、不用有毒有害的原料；尽量使用无毒、无害的中间产品；减少或消除生产过程的各种危险性因素，如高温、高压、低温、低压、易燃、易爆、强噪声、强振动等；采用少废、无废的工艺；采用高效的设备；

物料再循环利用(包括厂内和厂外)；简便、可靠的操作和优化控制；完善的科学量化管理等。

(3)清洁的产品。

清洁的产品是指节约原料和能源，少用昂贵和稀缺原料，尽量利用二次资源作原料；产品在使用过程中以及使用后不含危害人体健康和生态环境的成分；产品应易于回收、复用和再生；合理包装产品；产品应具有合理的使用功能以及节能、节水、降低噪声的功能和合理的使用寿命；产品报废后易处理、易降解等。

7.3.2　清洁生产与生物质资源多联产

从原料的角度来看生物质资源多联产模式中的生物质原料，生物质资源是指可再生或循环的有机物质，如农作物、树木和其他植物及其残体，其最重要的特点就是可再生，能够源源不断地满足生产的需求。为了便于分析生物资源可获得性，根据来源于转化技术的不同将生物质资源分为农业生物质、林业生物质、工业废弃物等几类。农业生物质包括农业废弃物、禽畜废物、能源作物等。农业废弃物来源广泛，包括农作物收获后的副产品，如作物秸秆、果树剪枝、玉米芯等；禽畜废物包括可生产沼气的禽畜粪便；能源作物则包括生产木质纤维素的多年生草本植物(如柳枝稷、芦苇等)和薪炭林，生产生物柴油的油料作物(如油菜籽和葵花籽)以及生产燃料乙醇的糖类和淀粉类作物等。林业生物质主要包括木材燃烧和砍伐、修剪和清理过程中产生的废弃物等。工业废弃物主要来源于木材加工业和食品加工业，包括锯末、果壳、果核和甘蔗渣等。造纸黑液来源于制浆过程中的蒸煮工序，可通过锅炉燃烧获取热量，并回收有用的化学品。

清洁生产不仅涉及自然科学知识和社会科学知识的具体应用，而且涉及人们思想观念的更新，它是一种新的创造性的思想和生产模式，必须更新如下观念：第一是把污染的末端控制观念更新为生产的全过程控制观念。随着工业化的加速，末端控制的弊端日益显现出来。处理设施投资大，运行费用高，使企业生产成本上升、经济效益下降。第二是末端控制很难彻底，往往造成污染物转移，如烟气脱硫、除尘，形成大量废渣，废水集中处理产生大量污泥等。末端控制没有涉及资源的有效利用，不能制止自然资源的浪费。而清洁生产都能克服这些弊端，力求把废物消灭在产生之前，使人类进入防治污染的新阶段。第三是把传统的生产模式观念更新为清洁生产这种全新的生产模式观念。人类为了获得产品和使用价值，传统的生产模式一方面从环境中取其可用资源，另一方面又向环境排放无用废物。正因为如此，当今世界面临着严重的环境污染和生态破坏。而清洁生产要把物料消耗降到最少，使废物减到最少，甚至为零。第四是把粗放型观念更新为集约型观念。清洁生产必须合理定位产品，优选生产过程，革新生产工艺，实现节能、降耗、减污，不断强化管理，提高人员素质，组织机构精干，在企业内外形成优势互补和社会化运行网络，创造经济效益和社会效益，这些都是由粗放型向集约型转化的具体内容。第五是把困扰环境污染观念更新为可持续发展观念。推行清洁生产，可以大面积、大批量减少资源消耗和废物产生，重新整合，恢复受损环境，使人类走上可持续发展之路。

针对我国丰富的秸秆资源，中国科学院过程工程研究所陈洪章研究员提出并验证了“秸秆生物量全利用”、“秸秆生态工业”、“分层、多级利用”和“组分快速高效分离”的新思路。突破依靠单一技术或单一组分利用的技术路线，按照生态工程原理，将多学科、多种新技术和多产品相结合，实现了秸秆组分的分层、多级利用。通过多学科交叉和多种高新技术集成，创立经济合理的秸秆利用新工艺，即创建以秸秆生物量全利用为中心目标的新技术体系。这个技术体系的特点应是高效、综合与适用的。根据这些特点，分析过去成功与失败的经验与教训，提出了新的技术体系：

(1) 鉴于秸秆的多组分与结构复杂性，纤维素、半纤维素、木质素三组分必须快速、经济、有效分离，它是实现纤维素原料生物量全利用的关键，这既是大规模产业化的前提，也是后续生物转化和秸秆生物量全利用提出的新要求，并赋予秸秆转化新的哲理思想；

(2) 确定木质素和半纤维素经济有效利用是降低综合技术成本和实现纤维素原料多联产、纤维素原料清洁生产的关键；

(3) 明确秸秆生物量全利用不宜追求单一产品的规模经济效益，而应按生态工程学原理，建立秸秆生物量全利用多联产工业模式，强调多层、多级、循环利用途径，适度规模与综合配套原则；

(4) 将秸秆作为一种丰富的可再生资源来看待，而不仅仅作为环境治理对象，建立以秸秆为原料的多联产生态工业园区技术集成新体系，实现原料、能源和产品的清洁化。

7.4 生态工业与多联产

7.4.1 生化工程与工业生态学

随着社会的发展，环境和生态问题日益成为人们关注的焦点，生态学的观点也逐渐渗透到工业领域。1989 年 9 月，美国科普月刊《科学美国人》发表了 Robert Frosch 和 Nicolas Gallopoulos 的文章《可持续工业发展战略》，文中第一次提出了工业可以运用新的生产方式的观点，认为一个工业生态系统完全可以像一个生物生态系统那样循环运行，即物质和能量以植物→食草动物→食肉动物→微生物→植物构成生物链不断循环，并提出了工业生态学这一概念。

在这一理念的基础上，研究者提出工业生态学的基本原则是 4R(reduce，reuse，recycle，replace)技术原则。减量原则(reduce)是指在输入端减少进入生产和消费过程中的物质和能量流量；再用原则(reuse)是通过副产品交换和物质的分层多级综合利用等手段来实现；循环原则(recycle)主要依靠再资源化转化技术、过程物质与能量集成技术；替代原则(replace)要求尽可能应用可再生性的资源作为过程工业加工的原材料。在 4R 技术原则的基础上，可形成一系列工业生态学的研究方法，如工业代谢——面向原材料的研究方法；清洁生产的多尺度——面向反应过程的研究方法；生命周期评价——面向产品的研究方法；系统能量和物质集成——面向全过程的研究方法；生态工业园区建设——面向区域工业系统的研究方法等。

上述研究方法也正是生化工程的研究者们所努力追求的目标。生化工程源于生物界和工业界，应该最能理解生态学和产业化，工业生态学的提出又为生化工程的生态化和产业化发展提供了理论基础，生态化和产业化的结合必将推动生化工程发展到新的阶段。从这个意义上说，传统的生化工程的学科范畴已远远不能适应发展的需要，急需新的理论指导。在综合了现代生物技术和工业生态学基本理论的基础上，本书提出了生态生化工程的新理念。

在自然界中，生物利用自然界的物质和能量进行生产和消费，一种生物排放的废料正是其他生物的养料，形成连续的物质流，自然消化和净化，无所谓污染，这就是生态平衡。依据这一原理，人们建立和发展了生态工业。在工业生产中，人们模拟生态学原理，设计一个生产过程中产生的废料成为下一个生产过程的原料，从而使生产过程中原料和能量多层次分级利用，形成连续的物质流、能量流，求得物尽其用，充分发挥物质的生产潜力，促进自然界良性循环、无废排放，而且能为社会生产出更多有用的商品，以达到经济效益与生态效益的同步发展，这样的工业生产体系称为生态工业。

生态工业必然是清洁生产，是绿色产业。但是也应看到它们在内涵上还是有差异的。生态工业更强调以原料的利用为中心，形成原料的物流链，因而有更好的经济效益，更反映了科学技术的进步，所以更具有市场竞争性，是可持续发展的工业。

传统的工业生产在资源的利用上是以产品为中心决定舍取的，社会最终产品只占原料总投入量的 20%～30%，资源的不合理利用造成环境污染。以味精生产为例，投入的原料只有 1/3 转化为味精，而 2/3 的原料造成含固形物 12%、COD 高达$(7\sim8)\times10^4$/L 的高浓度酸性废水。

生态工业以原料合理利用为宗旨，生产社会所需的产品。同样的原料不仅保证原有产品的生产，而且能生产出更多品种的商品。以味精生产为例，味精产品质量、数量仍能予以保证，生态工业将未被利用的 2/3 原料都转化为单细胞蛋白、发酵蛋白饲料和硫酸铵(化肥、化工原料)，如进一步开发还会有更多社会所需的、价格更高的产品。

7.4.2　工业生态学理论

在传统的工业体系中，每一道制造工序都独立于其他工序，消耗原料、产出产品和废料，这种工业体系过于简单化，一个工业生态系统完全可以像一个生物生态系统那样循环运行。在生物生态系统中按职能区分基本上存在三种生物，一些生物靠阳光、水和矿物质生存。还有一些物种不仅要靠矿物质、空气，还要食用其他物种来维持生命，同时排出废物，这些废物又成为其他物种的食物。在第三类物种中，有的是把废物转变为基础生产者可利用的矿物质，有的是在复杂的过程网络中互相消费，实现新陈代谢。类似地，在工业生态系统中，每个工业过程必须与其他工业过程相互依存、相互联系，这是一个理想化的发展模型，尽管以现有的资源、理念无法达到那种完美的效果，但它使人们看到了一个更新的发展方向——工业生态系统。

工业生态学的研究内容是如何通过合理的方法使得工业系统达到自然生态系统良好的承载能力，如何根据可持续发展的原则来设计工业系统与环境之间的物质流与能源流，使得现有的、开放性的工业系统向封闭性的系统转变，促进物质、能源的有序化、合理化利用。

不同的研究者对工业生态学研究内容进行了概括，其中较为全面的概述分为以下 6 个方面：

(1) 物质和能量流动 (material and energy flow) 研究：又称工业代谢 (industrial metabolism)，研究工业系统、区域及全球物质流向的量化及其对自然生态系统的影响和减少这些影响的技术方法。

(2) 非物质化和非碳化 (dematerialization and decarbonization)：寻找工业经济活动中绝对或相对减少所需原料与能量的办法，如减少资源投入，延长产品生命周期，采用非矿物燃料生产等。

(3) 技术创新与环境 (technological change and the environment)：研究发展加速工业体系进化的理论及技术。

(4) 生命周期规划、设计与评估 (life cycle planning，design and assessment)：评价产品从原材料采集到生产、使用直至最终处理的整个生命周期的环境负荷，辨识和量化产品生命周期中能量和物质的消耗及污染释放，评价这些消耗和释放对环境的影响，最后提出减少这些影响的措施。

(5) 生态再设计 (eco redesign)：寻求新概念的产品设计，要求在产品设计阶段，考虑生态和经济的平衡及产品对环境可能造成的影响，以便生产出整个生命周期内对环境影响最小的产品，建立可持续的生产和消费体系。

(6) 生态工业园 (eco-industrial parks)：合理规划原料和能量交换，使各个企业资源共享，一个企业的污染物成为另一个企业的资源，寻求物质使用的最小化和零污染排放。

工业生态学主要研究工业系统各组成部分及工业系统与环境的相互关系，其研究角度主要分为以下三个方面：

(1) 探讨工业系统各组成部分之间及其与生物圈间的一体化协调发展的分析视角，构建可持续发展的格局。

(2) 探讨工业系统要素的流动、代谢及物质流、能量流等的流动网络，优化现有的工业系统。

(3) 探讨工业系统的发展动力——科技的力量对工业系统的巨大作用。关键技术及种类的长期发展进化是工业体系的一个决定性(但不是唯一的)因素，有利于现有工业格局进一步组合，同时更有利于新的组合趋势的形成。

针对不同的研究角度，形成了不同的工业生态学理论，其中有几个影响较大的理论。

1. 工业体系生态系统三级进化理论

生态系统从生命起源时的开放型生态过程进化到半开放型生态过程，后达到完美的封闭型生态过程。开放型生态过程[图 7-1(a)]中单组分的物质流动不依靠其他生命形式，这种模式仅存在于资源极大丰富的情况中，生命的存在基本上对可利用的资源不构成伤害。随着生命数量及种类的增长，现有资源难以维持简单代谢的消耗，不同种群间开始以不同的方式组合，从而形成半开放型生态过程[图 7-1(b)]，半开放型生态过程是在生命相关性造成的内部压力下进化产生的，半开放型系统比开放型系统更富有效率，但产生的废物对环境造成了巨大的压力，资源并未得到最有效的利用，自然界进行了长期的进化，从而使生物生态系统进化到几乎完全的物质循环。在这个系统中，资源和废物是相对的，一个物种的废物可以是另一个物种的资源，这种系统称为封闭型生态系统[图 7-1(c)]，在这个生物生态系统内部，物质是封闭循环的，只有太阳能作为永恒的输入能源。

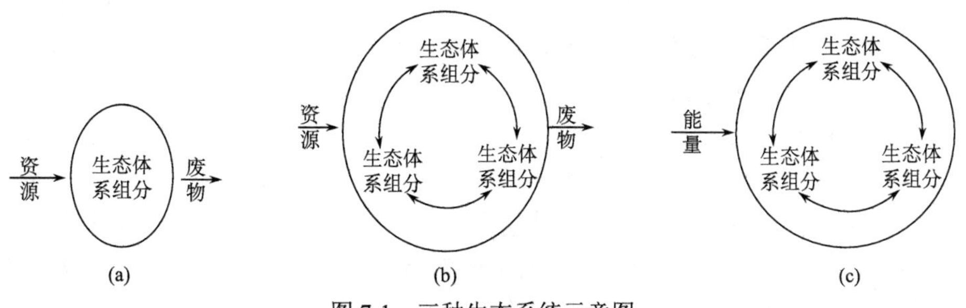

图 7-1 三种生态系统示意图

(a) 开放型生态系统；(b) 半开放型生态系统；(c) 封闭型生态系统

工业系统作为生态系统的一个重要组成部分，其必将经历或正在经历相似的过程，工业革命的大发展和环境的破坏、资源的浪费，使得工业系统不断调整内部及外部的关系，从开放型到半开放型，甚至于封闭型进化。目前的工业体系仅是一些相互不发生关系的线形物质的叠加，这种工业系统称为一级生态工业系统，与开放型生态系统类似。与一级生态工业系统相比，二级生态工业系统中资源变得有限，资源的利用率大大提高，但其中的物质、能量流仍是单向的，二级生态系统仍不能长期维持下去，并且随着资源的减少，废料不可避免地不断增加。为转变为可持续发展的形态，生态工业系统进化成以完全循环的方式运行，在这种形态下，无法区分资源和废料，称为三级生态工业系统，理想的工业系统(图 7-2)应尽可能接近三级生态工业系统。

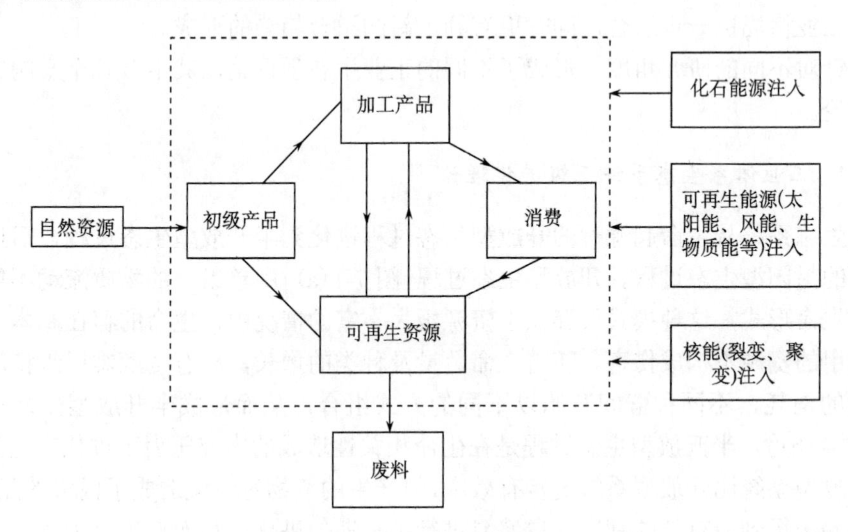

图 7-2　理想的工业系统模型

2. 生态结构重组理论

生态结构重组理论主要包括 4 个方面内容：①将废料作为资源重新利用；②封闭物质循环系统和尽量减少消耗性材料的使用；③工业产品与经济活动的非物质化(服务化)；④能源的脱碳。

生态结构重组对工业系统宏观、中观、微观各个层次产生作用。在宏观层次上，改善整体经济的物质和能源效率；在中观层次上，即在企业与生产单位的层次上，重新审视产品与制造过程，特别是要减少废料；在微观层次上，通过优化反应过程，在分子层次上，提高反应的效率，设计最为简捷的化学合成方法。生态结构重组的四大内容对上述三个层次所起的作用是各不相同的。

1) 废料资源化

有步骤地将废料作为资源利用是工业生态学发展的起因。从生态学角度看并不存在真正意义上的废物，而是缺乏消耗这部分资源的群体，垃圾场不是无用之地，而是一些暂时无法利用的资源的累积。只有在健全的工业体系中，资源才能最大限度地被利用，才能使废物变为宝贵的资源。

2) 封闭物质循环系统

废料回收具有极其重要的意义，有利用形成稳定的循环系统，甚至减少物质的流动。工业回收利用应具有自然循环的基本特征——能量的自我供给，这也是现今资源回收的难题，单就回收系统而言，资源投入常常多于资源产出，回收行业资金与技术来源受到限制，为此政府有必要加强投资与技术研发，使回收利用在物质上成为不泄漏的循环过程。

3) 防止消耗性污染

工业代谢分析明确地表明许多产品的使用都是消耗性的，如包装材料、润滑剂、溶剂、絮凝剂、肥皂、增白和洗涤剂、油漆、色素、杀虫剂等。大部分有毒金属，诸如砷、镉、铬、铜、铝、汞、银和锌等包含在不同的产品中，它们也随着使用及正常老化而同样被消耗。对于消耗性排放现象，主要的应对策略是预防。

(1) 改良原料。采用能够预防并在使用日常消费品时防止各种消耗性排放的原材料。

(2) 回收利用。例如美国化工巨头陶氏化学公司最近推出了一种关于含氯溶剂的“分子租用”的新概念。陶氏化学公司的用户不再购买分子本身，而是购买它的功能。他们在使用完之后把溶剂还给陶氏化学公司，由陶氏化学公司将其再生处理。

(3) 替代或禁用。替代是指无害化合物替代有毒物质材料，禁用是指当有毒消耗物质的危险性太大而其他方法又不能解决问题的时候禁止使用该类有毒材料。

4) 产品与服务的非物质化

目前，世界人口增长迅速，如果既想在这样的条件下享有高水准的生活，又想把对环境的影响降到最低限度，那就只有在同样多的甚至更少的物质基础上获得更多的服务与产品，这就是非物质化的思想，其宗旨就是提高资源的生产率。为了生产同样多的产品，现在使用越来越少的材料和能量，这种减少主要得益于技术的进步，如汽车底盘的平均质量已经大为降低，主要是因为使用了各种聚合材料来代替钢材，我们把这种物质替代称为物质转换。还有一个相当重要的非物质化的因素，可以称为信息替代。以农业为例，出于预防考虑，使用各种杀虫剂时总是加大使用量，以确保效果，而一种实时观察虫害和预警机制相结合的信息系统则可以让农户在合适的时机只使用所需的杀虫剂量就能确保效果。总之，随着新材料的不断发展和再循环技术的完善，产品和生产方式的大量非物质化倾向将进一步加强。

5)能源脱碳

工业革命开始以来，源自矿物的以碳氢化合物的形态出现的碳一直是最主要的元素，碳氢化合物(煤炭、石油、天然气)占地球开采资源量的70%以上。然而，矿产资源也是许多问题的源头：温室效应、烟雾、赤潮、酸雨。最近几十年来，从开采矿石得来的碳消耗与日俱增，这一现象主要发生在发展中国家。就世界能源消耗而言，碳氢化合物还将长期、广泛地占据主导地位，因此，能源脱碳战略是一种两劣取其轻的策略。从长期来看，太阳能、水力发电、核能、氢燃料是理想的能量载体。

3. 工业生物群落理论

在自然生态系统中，不同生物群落总是依据一定特性形成紧密的关系，形成生态系统特有的功能和结构。将这一思想扩展到工业体系中寻求最优化的工业活动组合，实现物质和能源的最优化合理流动和利用。较为显著的示例有工业共生体系、工业生态园区以及工业优势群落生态联合体等。

7.4.3 工业生态学研究方法

工业生态学以生态学的理论观点考察工业代谢过程，研究工业活动和生态环境的相互关系，以调整、改进当前工业生态链结构的原则和方法，建立新的物质闭路循环，使工业生态系统与生物圈兼容并持久生存下去。工业生态学通过供给链网(类似食物链网)分析和物料平衡核算等方法分析系统结构变化，进行功能模拟和分析产业流(输入流、产出流)来研究工业生态系统的代谢机理和控制方法。系统分析是产业生态学的核心方法，在此基础上发展起来的生命周期评价和物质与能量流动分析是目前工业生态学中普遍使用的有效方法。

1. 生命周期评价

1)生命周期评价概述

生命周期评价(life cycle assessment，LCA)是一种评价产品、工艺过程或活动从原材料的采集和加工到生产、运输、销售、使用、回收、养护、循环利用和最终处理整个生命周期系统有关的环境负荷的过程。ISO 14040 对 LCA 的定义是：汇总和评价一个产品、过程(或服务)体系在其整个生命周期的所有及产出对环境造成的和潜在的影响的方法。生命周期评价是产业生态学的主要理论基础和分析方法。尽管生命周期评价主要应用于产品及产品系统评价，但在工业代谢分析和生态工业园建设等产业生态学领域也得到了广泛应用。

生命周期评价的技术框架如图 7-3 所示。

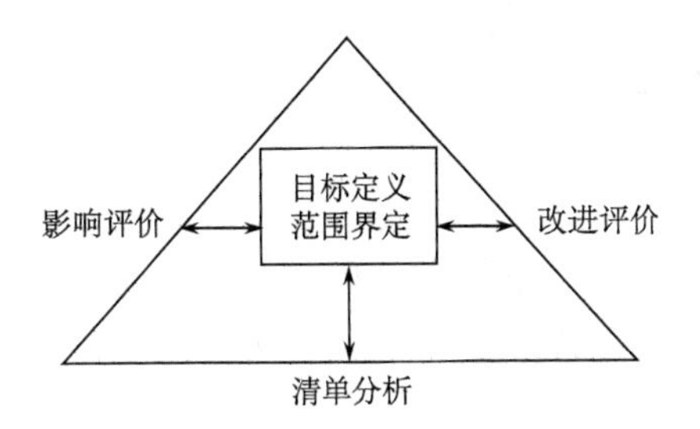

图 7-3　生命周期评价的技术框架

2) 生命周期评价的实施步骤

LCA 实施步骤如图 7-4 所示。

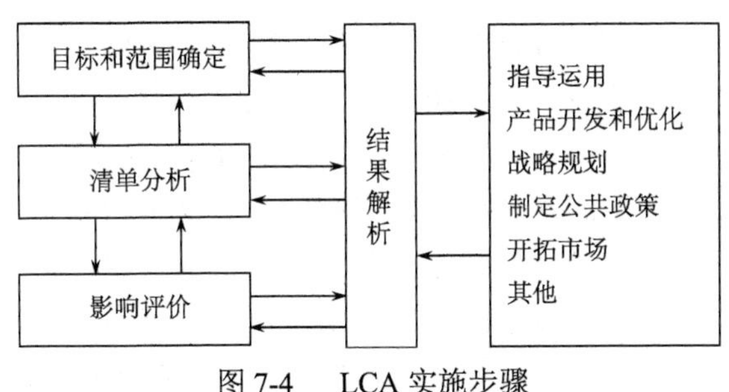

图 7-4　LCA 实施步骤

(1) 目的与范围确定。

生命周期评价的第一步是确定研究目的与界定研究范围。研究的目的、范围和应用意图涉及研究的地域广度、时间跨度和所需要数据的质量等因素，它们将影响研究的方向和深度。研究目的应包括一个明确的关于 LCA 研究的原因说明及未来结果的应用。为了保证研究的广度和深度满足规定目标，应详细定义研究范围，包括有关的系统边界、时间边界、方法、数据类型和假设。通常生命评价过程需要大量的数据，一个时段内的数据无法对整个生命周期进行有效评价，这就需要考虑所收集的数据在不同时段内是否仍具有代表性。另外，还需考虑生命周期评价数据的时效性。

(2) 清单分析。

清单分析是 LCA 基本数据的一种表达，是进行生命周期影响评价的基础。清单分析是对产品、工艺或活动在其整个生命周期阶段的资源、能源消耗或向环境的排放进行数据量化分析。清单分析的核心是建立以产品功能单位表达的产品系统的输入和输出。清单分析是一个不断重复的过程，大致包括数据收集的准备、数据收集、计算程序、清单分析中的分配方法、清单分析结果等过程。

清单分析可以对所研究产品系统的每一个过程单元的输入和输出进行详细清查，为诊断工艺流程物流、能流和废物流提供详细的数据支持。同时，清单分析也是影响评价阶段的基础。

(3)影响评价。

为了将生命周期评价应用于各种决策过程，就必须对这种环境交换的潜在影响进行评估，说明各种环境交换的相对重要性以及每个生产阶段或产品每个部件的环境影响贡献大小，这一阶段称为生命周期影响评价(LCIA)。LCIA 作为整个生命周期评价的一部分，可用于：识别改进产品系统的机会并帮助其确定优先排序；对产品系统或其中的单元过程进行特征描述或建立参照基准，通过建立一系列类型参数对产品系统进行相对比较，为决策者提供环境数据或信息支持。

2. 物质与能量流动分析

作为工业生态学的重要研究内容之一，物质与能量流动分析(material and energy flows analysis)是在 20 世纪 80 年代后，随着可持续发展研究的深入，在经济系统特别是工业系统与自然环境相互作用的研究中形成的，并已成为重要的环境管理工具。物质与能量流动分析是对工业系统中物质与能量的流动，包括从物质的提取到生产、消费和最终处置进行分析。不论是工业代谢还是物质与能量流动分析，都是研究全球和区域范围内工业系统中以及产品生产过程中，物质和能量流动量化的理论和方法以及对经济与自然生态系统的影响和减少这些影响的理论、方法和技术。

物质与能量流动分析的主要观点是：人类的经济系统仅仅是自然生态系统的一个子系统(图 7-5)，它的物质和能量的流动与自然生态系统的物质与能量流动相类似，是一个将物质、能量转化为产品和废物的流动过程，这一过程对自然环境必然产生影响，影响的强度取决于物质与能量使用的强度。

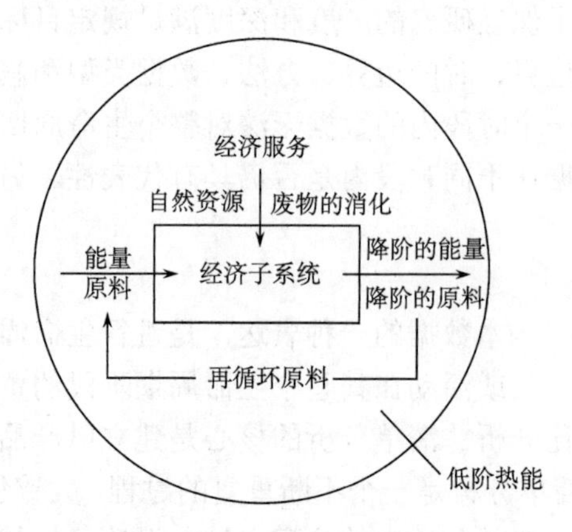

图 7-5　全球生态系统中的经济子系统

物质和能量流动分析是了解物质在提取、使用、再循环处置整个生命周期与经济和环境的关系，并寻找这些过程中每个环节减少废物、降低资源消耗及减小对环境影响的机会。其基本框架为：

(1) 工业系统是全球生态系统的子系统，应以处理生态系统的方法来观察和分析其物质与能量流动。以生态背景中的人类系统为目标，设计原料和废弃物的使用，使其对生态环境的影响最小化。

(2) 着重考虑经济活动对 N、C、S、P 等营养元素的生物地球化学循环的影响及对金属元素全球流动的影响。

(3) 采用整体和系统的方法表征和量化物质与能量的流动。应对工业系统从原料提取、制造、消费使用、回收、再循环到处置的整个生命周期过程的物质、能量的输入与输出进行跟踪与评估，以了解完整的物质循环过程。

(4) 物质与能量流动分析可从不同空间尺度来进行：可从国家或区域的尺度来研究人类活动对全球物质循环的影响；可从部门尺度研究物质与能量在部门内或部门间的流动。

(5) 物质和能量流动分析可促使人们创造性地解决物质使用效率和废物消除等问题，如平衡生态系统能量的输入和输出，用进化的观点调整工业政策，建立生态工业园，等等。

(6) 研究减少物质使用强度的策略与方法，目前这方面的研究主要有：有毒有害废物减少、污染源头的缩减与替换、再循环、再制造、绿色设计和生产者的责任延伸。

环境问题与经济系统物质和能量流动直接相关，而物质与能量流动分析就是了解原料提取、使用和终端处置(废弃或再利用)的系统方法。它力图找出经济系统物质和能量流动与环境问题的量化对应关系，从而为解决环境问题提供依据。目前，不同的研究采用了不同的模型，主要有以下方法：

(1) 质量平衡(mass balance)法。质量平衡法是通过描述某种特殊要素在时间点的流动，包括向环境的散失，并估计物质流动系统每一阶段的输入和输出，提出与物质相连的全部路径的分析观点的一种研究方法。20 世纪 90 年代，美国矿产局利用这种方法完成了包括 As、Cd、Pb、Hg、W、Zn 等金属和矿物的研究，这些研究追溯每一种矿产品物质流动路径，发掘减少废物的机会，以便更有效地利用资源；同时评价和量化产品生产、使用、再循环和散失数据；还评估了矿产品的使用、处理、再循环和处置，包括向空气、土地和水的散失。

(2) 输入-输出分析(input-output analysis，IOA)法。输入-输出分析的思想由法国经济学家 Quesnay 在 18 世纪首先提出，后经过不断发展，输入-输出分析就成为标准的经济工具。输入-输出分析法通常用在一些国民经济统计资料中，分析有关某一产品所需的原材料和消耗情况，从而追溯出基本物质与能量的消耗。

7.4.4　生态工业与过程集成

作为高新技术的生物技术是一个新兴的产业，虽然不少生物技术产品尚处于研究和试验阶段，商品化发展充满困难和曲折，但是其产业化发展的趋势不可逆转，必将成为促进新的社会经济发展的生长点。在生物技术产业化中，需要与各种学科交融，尤其应该与工程学科相结合，很多生物产品的产业化成功实例表明，生物产品的产业化与传统的化学工业密切相关。

由于历史原因，以往人们更多地关注生物技术的实验室工作。在当今生物技术高速发展的时候，却发现更缺少的是如何把实验室结果转化成能够为人类服务的商品的技术，生物工程产品的产业化技术也就成为生物技术高速发展的一个瓶颈。正是产业化技术的滞后，使得不少很好的生物制品始终停留于实验室而无法成为商品，或者虽然成为商品，但因其过高的生产成本，无法真正用之于民。

鉴于过程集成化技术在化学工业中取得的成功，发展生物过程的集成化技术将成为解决生物产品产业化技术的重要途径之一。

过程集成是指将两个或两个以上的生产技术或工艺步骤有机地结合在一起，在一个生产过程或设备中同时完成的先进生产技术。过程集成的目的是简化工艺流程、提高生产效率及降低投资和生产成本。无论是化学工程还是生物工程的发展，都离不开过程集成技术。

生物体系是一个多种反应的集成体系，即使在最简单的大肠杆菌中也同时发生着数以千计的反应用于细胞合成和代谢产物的生成；生物体系也是一个反应与传质分离的集成体系，各种营养物质要通过细胞壁传递到细胞内，一些代谢产物则需要释放到胞外以防止在胞内的积累。

在传统的工业发酵中，产品的制取需要经过酶生产、酶分离、生物大分子的酶水解、细胞培养、目标产物分离等五个基本步骤：而在基因工程蛋白质的生产中，一般又包括酶生产、酶分离、生物大分子的酶水解、基因工程细胞培养、产物的诱导表达、细胞破碎、产物分离和复性与纯化等基本步骤。在工艺流程长、生产效率低的同时，还可能存在如下问题：酶生产中的产物或底物抑制、产物或酶分离过程中的失活、酶水解或细胞生长过程中的产物或底物抑制、细胞破碎中目标产物的损失、各种分离提纯与复性方法的条件匹配和相互制约等。

生物过程集成化技术就是要将上述反应或分离步骤中几种不同的方法集成在一个反应器或一个工艺步骤中进行，这样既能够简化工艺流程、提高生产效率，又可以解决产物抑制、失活及操作条件的匹配和制约等问题。生物过程集成化技术的主要研究内容主要包括以下几个方面：

1. 生物反应与生物反应的集成

(1) 水解和发酵的集成：在一个反应器内可以同时进行酶水解和微生物培养，由酶水解产生的小分子及时地被微生物利用，可以减少一个反应器或酶的分离提纯步骤，避免了酶水解产物的抑制作用。

(2) 具有集成趋势的新菌种的构建：应用代谢工程和DNA重组技术将相关的水解酶类基因克隆到目标微生物中，构成既产水解酶类又产目标发酵产物的菌种。

2. 生物反应与分离过程的集成

(1) 反应与分离的耦合：将生物反应所获得的抑制性产物或副产物从系统中分离出去，消除产物对催化剂的抑制作用，提高生物反应速率。

(2) 引入分离因子的生物反应：用分子生物学和代谢工程手段，在弄清发酵过程的机理和微生物代谢途径的基础上，通过调节生物反应的条件来减少与目标产物性质相近的物质，减轻后续分离过程的负担。

(3) 在反应过程中富集目标产物：在产物对微生物生长的抑制作用较小的体系中，利用目标产物与其他杂质的性质差异，通过物理化学和生物手段在反应器内富集目标产物，或是提高目标产物的浓度，或是减少料液的量。例如，采用微胶囊固定化细胞培养方式，可以实现把大分子产物富集在胶囊内的目标。

3. 生物分离过程的集成

(1) 生物过程单元的集成：通过新型高效的分离技术将原先流程中的有关单元进行有效组合，减少操作步骤，增加生产效益。

(2) 分离技术集合的集成：利用已有的和新近开发的生化分离技术，或把两种以上的具有不同分离原理的分离技术集成为一种更有效的分离技术，从而大大提高分离效率。

4. 生物反应与过程模型化和控制的集成

生物反应与过程模型化和控制的集成技术是解决生物体系出现一些特殊情况的一种较好方法。由于细胞培养体系非常复杂，会出现不少对生产目标产物不利的因素，但是其中又有一定的规律，通过一般的调节和控制不易解决。当在深入了解了生物体系的反应途径，了解了反应规律以后，配以精密控制方法，就可以把不利因素减至最低的水平。这样的集合就形成了生物反应与过程模型化和控制的集成。在国外，这方面的工作大都是在一些大公司中进行的，已经取得了很好的效益，但由于企业技术保密程度高，相关的文献报道不多。由于我国企业科研力量相对薄弱，除面包酵母生产和少数几套引进的抗生素生产设备外，这方面的应用技术还很缺乏。

总之，生物过程集成化技术是生物产品产业化技术发展的一个方向，加强这一领域的研究将大大促进生物技术的产业化进程。我国已把发展生物技术作为21世纪的一个重要任务，而生物技术的产业化是实现生物技术高速发展的最终目的。高速和高效地将实验室成果转化为商品，增强生物技术产业化中的技术含量势在必行。

20世纪，过程工业在全世界取得了巨大的进步和发展，单元技术已经达到很高的水平，生产规模和效率不断提高，但发展与污染的矛盾、可持续发展仍是尚待解决的问题。过程集成作为过程工程研究的一个新领域，从更为广泛的角度，将一些新技术、新流程集成在一起，有可能从源头上解决过程工业的优质、节能、环保及可持续发展等问题，是目前过程工程研究的热点。世界上许多机构进行了这方面的研究，其中国际能源署(IEA)成立的过程集成委员会和英国曼彻斯特理工大学成立的由16家跨国公司参与的过程集成研究协会，是目前世界主要的过程集成研究中心。

过程集成的研究始于20世纪70年代末，最初主要用于系统节能，并发展了用于换热网络分析和设计的系统方法。夹点技术在过程工业领域得到广泛应用，大量的工业实践表明夹点技术对提高系统能量利用率、降低投资和操作成本等具有重要的作用。在换热网络的集成思想和夹点技术的基础上，其应用领域逐步扩展到提高原料利用率、降低污染物排放和过程操作等方面。目前，过程集成的尺度主要是在宏观范围内，如图7-6所示。其最简化的层次是单一生产过程内的集成；其次是把不同工艺过程之间的能量及物质集成统一起来考虑，构成企业级的过程集成；最高层次是要考虑过程工业与社会、环境的协调发展，形成生态工业。

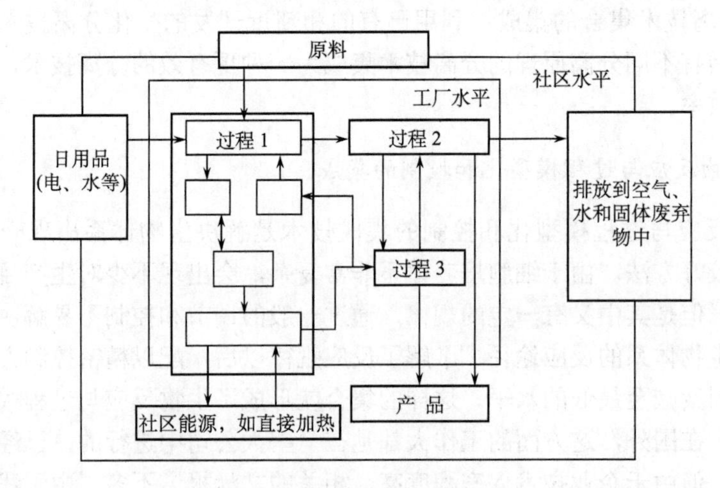

图7-6 不同层次的过程集成

其中，企业水平上的集成较为成熟。相比之下，工业生态化的过程集成研究则处于起步阶段。随着过程集成技术的发展，其应用尺度不断向更小的分子和更大规模的化学供应链扩展。过程集成的方法也不仅限于夹点分析，数学规划、人工智能技术以及这两种方法与热力学方法的交叉和结合也被引入过程集成。

目前，过程集成泛指从系统的角度进行设计优化，将化工系统中的物质流、能量流和信息流加以综合集成，为过程的开发提供直接的方法和工具支持。在这种情况下，一些新的过程集成的概念和技术被提出，如质量交换网络、考虑环境影响的过程集成、多联产系统、工业生态化以及化学供应链集成等。

7.4.5　生态工业与多联产技术范例

人工生态系统是由多种结构单元组成。各结构单元通过不同的组合方式，形成了长短不一、功能各异的结构链，结构链又通过相互组合形成了结构网。目前，许多系统发展不可持续的关键就是系统结构不合理。这种不合理性一方面表现为结构单元的选择不当，另一方面表现为单元之间构成的结构链及由此组成的结构网关系不协调，这不仅导致系统生态平衡的失调，而且还有可能造成系统能流受阻，物质循环中断，影响系统功能正常发挥。解决问题的关键是针对不同系统的不同情况对系统结构进行设计。本小节以黑龙江省肇东市玉米酒精生态工程为例，从结构元、链和网 3 个方面对系统结构设计的效果进行了研究。

1. 玉米酒精生产概况

黑龙江省肇东市是我国玉米主产区，玉米常年播种面积占全市耕地总面积的 68%，总产 100 多万 t，占粮食总产量的 80%以上。为实现玉米资源利用的规模化和产业化、提高生产效率，1994 年肇东市建立了以金玉公司为龙头的玉米加工企业，加工生产食用乙醇，年加工能力 45 万 t。但在产出乙醇的同时，又伴生了如 CO_2、酒糟、玉米胚和废水等多种副产品。这些产品都具有一定利用价值，而直接排放会给环境带来很大危害，因此，实现资源综合利用，提高经济效益，减轻环境压力，就成了企业和当地政府的重要目标。这一目标单靠传统思路和方法已经无法解决，必须寻求新的突破。生态工程和产业生态学理论为这一问题的解决提供了良好的理论基础和方法论指导。

2. 玉米酒精生态工程结构设计

对人工生态系统的结构研究表明，系统功能是由结构元、结构链和结构网等多级结构关系共同完成。因此，进行生态工程结构设计也必须从这 3 个层次上进行。结构元是组成系统的基本单元或元素，是系统组分的结构化概念；结构链是结构单元通过一定联系形成，完成一定功能的基本结构关系；结构网是不同结构链以一定方式联合形成的网络状结构关系。

1) 结构元设计

结构元的设计是在主要目标确定后，对系统生产结构单元的独立设计过程。它主要包括对产品种类、规模和伴生的相关产品利用方式的设计。按照现有的运行规模，肇东市年加工 45 万 t 玉米粒可以产生乙醇 13 万 t、CO_2 11.5 万 t、干酒糟 7 万 t、玉米胚 7 万 t、酒糟废液 1.80Mt。CO_2、干酒糟、玉米胚和酒糟废液等都属于构成玉米加工系统的结构单元，需要进行设计。

(1) 玉米胚综合利用。

乙醇生产过程中可产玉米胚 7 万 t/a。根据玉米的出油率，设计利用 7 万 t 玉米胚可以生产食用玉米油，设计产量为 1.34 万 t。

(2) CO_2 综合利用。

CO_2 可直接与甲烷合成乙酸，而乙酸是重要的化学中间体和化学反应溶剂，其最大用途是生产乙酸乙烯单体(VAM)。VAM 可用来制造防护涂料、黏合剂和塑料。乙酸的第二大用途，也是增长最快的用途是制取精对苯二甲酸(PTA)，其他用途包括生产乙酸酐、乙酸丙酯/丁酯和乙酸乙酯。因此，乙酸产业是 CO_2 综合利用的有效方式。

(3) 酒糟废渣综合利用。

酒糟废渣产量高，难储存。因此，设计将其与玉米粕联合生产便于储存运输的颗粒饲料，设计规模为 12 万 t。产品分别供给周围农民和本公司的饲养场，其中饲养场的生猪设计规模为年出栏 20 万头。目前已建成面积 3.5×10^4 m^2，1997 年生猪存栏量达到 1.4 万头，母猪 2500 头。

根据公司电厂粉煤灰处理难，且猪粪含水量大、气味浓，运输和使用不方便，农民使用的积极性不高的状况，通过对复合肥生产市场的调查研究，设计将猪粪、无机肥和粉煤灰配合生产一种新型有机无机复合肥，以进一步实现产品的增值和物质的充分合理利用。目前，该项目已经投入生产。

(4) 酒糟废液利用设计。

生产单细胞蛋白：根据实验分析，酒糟废水中含 COD 2500mg/L，含氮 112mg/L，含磷 30mg/L，总固形物占 2.5%～3.0%，其中悬浮的不溶固体物占 2.0%～2.5%，可溶性固体物为 0.5%左右。其中含有大量有机物质，可以作为单细胞蛋白的培养基。该菌菌丝体含粗蛋白 50%～56%，是一种优质蛋白，与一般酵母相当，可作为饲料添加剂，并且仅需过滤就可收获产品。对酒糟废液进行的单细胞蛋白培养试验表明：酒糟废液的单细胞蛋白收率一般可达 1.5%～2%以上，这一方法对 COD 为 30 000～40 000mg/L 左右废水的去除率高达 83%，处理后废水的 COD 和 BOD 均有大幅度降低。

废液储存曝气：经过上述处理后，废水的 COD 浓度仍在 6000mg/L 左右。根据肇东土地丰富，且盐碱地比重比较大的现状，为实现废水的综合治理，获得相应效益，按照实际地形，设计了总容积为 78.66×10^4 m^2 的 8 个 4 级废水储水池，储水能力近 80×10^4 m^3，储水量占公司废水年总排放量的 44.44%，相当于接纳并处理全公司近半年的生产废水。储存的目的是高温季节通过生物化学过程，降低其中有机物质的含量和浓度。低温季节储存，待温度适宜后再进行生物处理，从而达到回用和减少环境负荷的目的。果树厂利用同样的方法取得了比较理想的效果。

养鱼：金玉公司以北的土地全部为盐碱地，地势平坦，土质细密，抗渗漏性能好，极易改造成鱼池。结合公司发展规划，1996 年设计筹建了面积约 1.3×10^4 hm^2，池深 2～3m 的 4 个养鱼池，总容积为 $26\times10^4m^2$。为探讨利用废水养鱼，将鱼作为系统结构单元的可能性，1997 年 8 月中旬到 9 月下旬在该公司内进行了试验。根据不同技术处理要求，设计了 6 个处理水平，每个处理水平有 1 次重复。试验池水深 120cm，半径 47.5cm。除特别说明外，各处理添加的废水浓度皆为 6000BOD/L。添加量占总水量的 1%，每天添加 1 次，主要检测指标为 COD、生物量、溶解氧(DO)，其中 COD 和生物量每天测 1 次，溶解氧隔 5 天测 1 次。6 个处理水平包括：对照(1 号，加入与其他处理相同数量的清水)、纯酒糟废水(2 号)、引入菌种(3 号，菌种的添加比例为占水池容积的 2%)、开增氧机(4 号)、添加化肥(5 号，0.3mg/L 尿素为主)和发酵后的酒糟废水(6 号，COD<3000mg/L，添加比例为 2%)。

结果表明，每天加入占总水量 1%的酒糟废水后，各处理 COD 和生物量没有太大区别。除对照外，经过 20 天后，各池中 COD 含量都将超过 200mg/L，说明这种方法作为处理废水的一种有效途径，废水的添加周期以不超过 20 天为宜。就 DO 来看，开增氧机与不开增氧机的池子，DO 含量差别十分明显。每天开增氧机的处理池中 DO 平均能保证在 2mg/L 以上，基本能够保证养鱼之需。这说明增氧有利于保证添加废水情况下鱼的正常生长。

总之，结构元的设计实际上是一个资源利用途径的设计，也是一种生态设计，是系统适应环境要求，寻求最佳效益的第一步。

2) 结构链设计

根据结构元之间的相互关系，并按市场发展和实际生产的可能，将结构元按一定比例组合，构成结构链。根据设计，可以将多种结构元组合成 5 条相互联系的产业结构链，多条结构链分别实现多种生产目的。5 条结构链包括乙醇生产主导链、玉米胚综合利用链、CO_2 综合利用链、酒糟综合利用链和酒糟废水综合利用链。各结构链的结构关系和数目关系如下：

(1) 乙醇生产主导链：玉米粒(45 万 t)→玉米粉(38 万 t)→食用乙醇(13 万 t)。

(2)玉米胚综合利用链：玉米粒(45 万 t)→胚(7 万 t)→玉米油(1.34 万 t)→玉米粕(5 万 t)→颗粒饲料(12 万 t)→猪(70 000 头)→粪便复合肥(2 万 t)。

(3) CO_2 综合利用链：玉米粒(45 万 t)→玉米粉(38 万 t)→ CO_2 (11.5 万 t)→甲醇、乙酸(20 万 t)。

(4)酒糟综合利用链：玉米粉(38 万 t)→干酒糟(7 万 t)+玉米粕(5 万 t)→颗粒饲料(12 万 t)→猪(70 000 头)粪便+无机肥+粉煤灰→复合肥(2 万 t)。

(5)酒糟废水综合利用链：玉米粉(38 万 t)→酒糟废液(1.8Mt)→分离废液(1.5Mt)→饲料蛋白(0. 77 万 t)→废水(51 万 t)+土地处理系统+4 级氧化塘→鱼池。

设计后的乙醇生产主导链，玉米一次转化利用率达到 3.46%，接近 3.5%的全国平均水平。食用玉米油生产链的出油率为 19.14%，实现了玉米胚的二次利用。计划实施的乙酸生产链，若能投入运营，将会成为该公司的第二大支柱产业，对进一步开拓玉米资源的利用途径具有重要意义。复合肥生产链以酒糟、玉米粕利用后产生的粪便和电厂生产的粉煤灰作原料，生产有机无机复合肥，其产品的转化利用率达到 100%。酒糟废液所含的污染物浓度大，单个组分或少数组分无法对废液起到良好的处理作用。因此，需要通过组分多样性开发，将这一过程分为几个连续的步骤和环节，每个步骤或环节又包含几种结构单元，每种单元完成特定的功能，最后实现对废液较完全的处理和利用：通过分离蒸发掉 30 万 t，再通过工艺措施回用掉 99 万 t，剩余废液的含量只有 51 万 t，至此酒糟废液的利用率已达 72.22%，再通过工程、土地、氧化塘及生物处理，废水处理率将达到设计要求。

3)结构网的设计

结构元和结构链的设计是结构设计的关键，将耦合关系合理的结构链通过适当连接，就可以组合成一个比较完整的结构网(图 7-7)；结构网的形成使系统构成一个完整的整体，对于从系统水平上提高物质的循环利用效率，实现增产增效，具有良好的作用，其设计效果可以从系统的运行情况得到反映。1998 年，金玉公司生产玉米油 1.34 万 t，生产颗粒饲料 22 万 t，生产干冰 200t，生产杂醇油 0.6 万 t。开发利用养鱼水面近 1.3×10^4 hm^2，出栏生猪 6 万多头，实现总产值近 10 亿元，利税 1.5 亿元，利税占全市总额的 56%，成为肇东市第一支柱企业。废水基本实现内部大循环，废渣资源得到综合利用，系统对外部环境的压力大大减轻。同时，企业的发展还为 11 个乡镇的 1.5 万农户的 1.3×10^4 hm^2 农田的生物质找到了稳定的销售途径，并为社会新增就业机会近 4000 个。系统运行的生态、经济和社会效益明显。

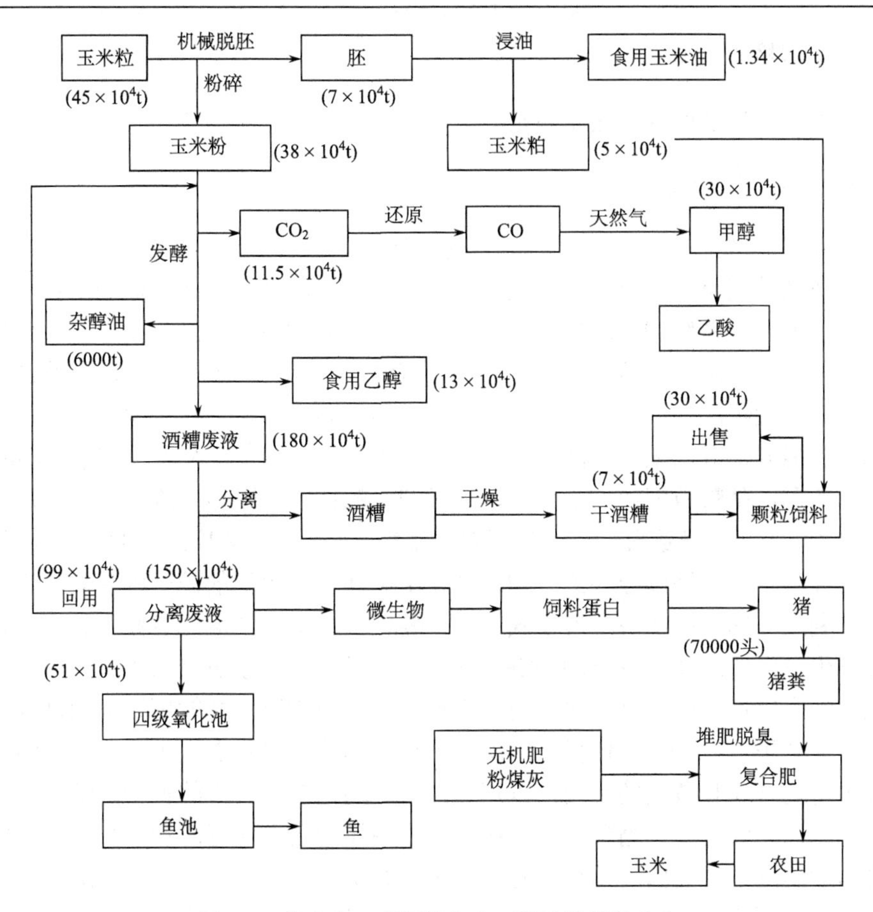

图 7-7　肇东市玉米酒精生态工程结构设计方案

7.5　循环经济与多联产

循环经济是一种新型的、先进的经济形态，是集经济、技术和社会于一体的系统工程。它的实质是一种生态经济，倡导的是一种与环境和谐的经济发展模式。它要求把经济活动对自然环境的影响降低到尽可能小的程度，发展循环经济是实现可持续发展的一个重要途径，同时也是保护环境和削减污染的根本手段。一次不可再生的化石能源，如石油、天然气、煤炭，虽短期内仍是能源主力军，但其总量有限，碳循环慢，满足不了长期能源要求，而可再生的生物质能，由于循环周期短、清洁，有待充分开发利用，符合可持续发展和循环经济的要求，值得关注。由可再生的生物质能源所支撑的循环经济体系可定义为生物质能循环经济。在发达国家，生物质能循环经济正在成为一股潮流和趋势，已经在一些发达国家中开始了积极的尝试。

7.5.1 循环经济的概念及技术特征

1. 循环经济的概念

循环经济是在人、自然资源和科学技术的大系统内，在资源投入、企业生产、产品消费及其废弃的全过程中按照自然生态系统物质循环和能量流动规律重构经济系统，使经济系统和谐地纳入到自然生态系统的物质循环过程中，这种新形态的经济就是循环经济。传统经济是一种以资源—产品—污染排放为流通特征的单向流动式线性经济，其特征是高开采、低利用、高排放。人们高强度地把地球上的物质和能源提取出来，然后又把污染和废物大量地排放到水系、空气和土壤中，对资源的利用是粗放型和一次性的，通过把资源持续不断地变成废物来实现经济的数量型增长。它导致自然资源的短缺与枯竭，正在酿成环境污染的灾难性后果。与传统经济相比，循环经济的不同之处在于循环经济倡导的是一种建立在物质不断循环利用基础上的经济发展模式，它是要把依赖资源消耗的线性增长经济转变为依靠生态型资源循环发展的经济。它要求把经济活动按照自然生态系统的模式组织成一个以资源—产品—再生资源为流通特征的物质反复循环流动的过程，其特征是低开采、高利用、低排放。所有的物质和能源要能在这个不断进行的经济循环中得到合理和持久的利用，以期把经济活动对自然环境的影响降低到尽可能小的程度，简而言之，循环经济是按照生态规律利用自然资源和环境容量，实现经济活动的生态化转向。本质上是一种生态经济，是在强化环境保护的基础上，依托自然资源要素，采用现代科学技术和经营模式对资源综合开发利用，推进物质转换循环，也就是把清洁生产和废弃物的综合利用融为一体，倡导在物质不断循环利用的基础上发展经济。这种自然资源的低投入、高利用和废弃物的低排放，将从根本上消解长期以来环境与发展之间的尖锐冲突。

2. 循环经济的主要特征

循环经济作为一种全新的经济发展模式，具有自身的独立特征，其特征主要体现在以下几个方面：

1) 新的系统观

循环是指在一定系统内的运动过程，循环经济的系统是由人、自然资源和科学技术等要素构成的大系统。循环经济观要求人在考虑生产和消费时不再置身于这一大系统之外，而是将自己作为这个大系统的一部分来研究符合客观规律的经济原则。

2) 新的经济观

在传统工业经济的各要素中，资本在循环，劳动力在循环，而唯独自然资源没有形成循环。循环经济观要求运用生态学规律，而不是仅仅沿用 19 世纪以来机械工程学的规律指导经济活动。不仅要考虑工程承载能力，还要考虑生态承载能力。在生态系统中，经济活动超过资源承载能力的循环是恶性循环，会造成生态系统退化；只有在资源承载能力之内的良性循环，才能使生态系统平衡地发展。

3) 新的价值观

循环经济观在考虑自然时，不再像传统工业经济那样将其作为人类赖以生存的基础，而认为其是需要维持良性循环的生态系统；在考虑科学技术时，不仅考虑其对自然的开发能力，而且要充分考虑它对生态系统的修复能力，使之成为有益于环境的技术；在考虑人自身的发展时，不仅考虑人对自然的征服能力，而且更重视人与自然和谐相处的能力，促进人的全面发展。

4) 新的生产观

传统工业经济的生产观念是最大限度地开发利用自然资源，最大限度地创造社会财富，最大限度地获取利润。而循环经济的生产观念是要充分考虑自然生态系统的承载能力，尽可能地节约自然资源，不断提高自然资源的利用效率，循环使用资源，创造良性的社会财富。在生产过程中，循环经济观要求遵循 3R[减量(reduce)、再用(reuse)和循环(recycle)]原则；同时，在生产中还要求尽可能地利用可循环再生的资源替代不可再生资源，如利用太阳能、风能和农家肥等，使生产合理地依托在自然生态循环之上；尽可能地利用高科技，尽可能地以知识投入替代物质投入，以达到经济、社会和生态的和谐统一，使人类在良好的环境中生产生活，真正全面提高人民生活质量。

5) 新的消费观

循环经济观要求走出传统工业经济拼命生产、拼命消费的误区，提倡物质的适度消费、层次消费，在消费的同时就考虑到废弃物的资源化，建立循环生产和消费的观念。同时，循环经济观要求通过税收和行政手段限制以不可再生资源为原料的一次性产品的生产与消费，如宾馆的一次性用品、餐馆的一次性餐具和商品的豪华包装等。

3. 循环经济的 3R 原则

循环经济的 3R 原则包括以下三个原则。

1) 减量原则

减量(reduce)原则旨在减少进入生产和消费流程的物质量。减量原则要求用较少的原料和能源投入来达到既定的生产目的和消费目的，在经济活动的源头就注意节约资源和减少污染，这是输入端法。

换句话说，人们必须学会预防废弃物产生而不是产生后治理。在生产中，减量化原则常常表现为要求产品包装追求简单朴实而不是豪华浪费，从而达到减少废弃物排放的目的。制造厂可以通过减少每个产品的物质使用量，通过重新设计制造工艺来节约资源和减少排放。

2) 再用原则

再用(reuse)原则或反复利用原则属于过程性方法，其目的是延长产品和服务的时间强度。它要求产品和包装器能够以初始的形式被多次利用，而不是用过一次就废弃，以抵制当今世界一次性用品泛滥的现象。

换句话说，人们尽可能多次以尽可能多种的方式使用所买的东西，通过再用，可以防止物品过早成为垃圾。在生产中，使用标准尺寸进行设计。

3) 循环原则

循环(recycle)、资源化或再生利用原则，这是输出端方法，通过把废弃物再次变成资源来减少最终处理量。它要求生产出来的物品在完成其使用功能后能重新变成可以利用的资源而不是无用的垃圾，人们将物品尽可能多地再生利用或资源化。

循环原则建立在输出端，通过把废弃物资源化来减少最终处理量。资源化的过程有两种：一是原级资源化，即将消费者遗弃的废弃物资源化后形成与原来相同的新产品，如将废纸生产出再生纸，利用废玻璃生产玻璃等；二是次级资源化，即废弃物变成不同类型的新产品。原级资源化在形成产品中可以减少 20%～90%的原生材料使用量，而次级资源化减少的原生材料使用量只有 25%。

4. 循环经济与传统经济的区别

从物质流动的方向看，传统经济模式是一种单向流动的线性经济，即资源—产品—废物。线性经济的增长，依靠的是高强度地开采和消耗资源，同时高强度地排放废物，通过把资源持续不断地变成废物来实现经济的数量型增长，这导致了许多自然资源的迅速短缺与枯竭，造成了灾难性的环境污染和生态破坏。

循环经济是对物质闭环流动型经济的简称。循环经济根据生态规律，倡导的是一种建立在物质不断循环利用基础上的经济发展模式，它要求经济活动按照自然生态系统的模式进行。循环经济的增长模式是资源—产品—消费—再生资源的封闭式流程，所有的资源在这个不断进行的经济循环中得到最合理的利用。循环经济把生态工业、资源综合利用、生态设计和可持续消费融为一体，使得整个经济系统以及生产和消费的过程基本上不产生或者只产生很少的废弃物。循环经济的特征是自然资源的低投入、高利用率、高循环率和废弃物的低排放，从根本上消解了长期以来环境与发展间的尖锐冲突。

在传统经济模式下，人们忽略了生态环境系统中能源和物质的平衡，过分强调扩大生产来创造更多的福利。而循环经济则强调经济系统与生态环境系统之间的和谐，着眼点在于如何通过有限资源和能源的高效利用、减少废弃物来获得更多的人类福利。循环经济与传统经济模式的比较见表 7-1。

表 7-1　循环经济与传统经济模式的比较

经济模式	特征	物质流动	理论指导
循环经济	资源的低开采、高利用，废物的低排放	资源—产品—消费—再生资源的物质反复循环流动	生态学规律 循环经济
传统经济	资源的高开采、低利用，废物的高排放	资源—产品—废物的单向流动	机械论规律

7.5.2　循环经济与生物质资源多联产

生物质资源多联产后的各种产品，都符合循环经济中循环原则，并不带来环境污染问题。生物质资源多联产的生态工业模式，可替代现有更多的化学或石油基产品，促进循环经济体系的建立，建立符合循环经济体系的消费观。

生物质资源多联产的重要特征是将原料全部转化为产品，减少废物排放带来的污染，符合生态系统物质和能量循环的规律。例如在纤维素乙醇项目中，将其中的木质素提取用于制备聚醚多元醇或酚醛树脂，避免了直接排放带来水污染问题。

生物质资源通过多联产，提高了其工业化的经济可行性，从而为真正地建立循环经济体系奠定了基础。

7.6　低碳经济与生物基产品

7.6.1　低碳经济

低碳经济是指以低能耗、低污染为基础的绿色生态经济。低碳经济(low carbon economy)一词首见于英国贸工部 2003 年发表的白皮书《我们未来的能源——创建低碳经济》，2005 年，英国首相布莱尔在世界经济论坛上对世界各国发出相应的呼吁，呼吁建立与低碳经济相适应的生产方式、消费模式，开发在生产、使用和废弃全过程的低 CO_2 排放的产品和工程技术以及 CO_2 的捕集、重复利用和地质埋藏的技术开发，同时建立鼓励低碳经济发展的国内国际政策、法律体系和市场机制。当前社会生产活动中，我国 CO_2 排放量以电力产业为最大，热力电站大约消耗我国年原煤产量的 70%左右，其次是钢铁、水泥等大宗材料产业的能源消耗。能源化工的产品制造过程所消耗的能源占第三位。近年来，我国万元 GDP 能耗虽然有显著下降，但与世界先进水平相比仍较高，全国总能耗和总二氧化碳排放量逐年快速攀升，成为制约我国经济高速可持续发展的主要障碍，当前必须多方面努力才能改变，以实现经济可持续发展。

7.6.2 低碳经济与生物炼制

资源是当今社会赖以生存和发展的基础，传统化石燃料(煤炭、石油和天然气)造成的环境污染严重，而且其储量逐渐减少。据国际能源资料统计和专家们预言，适合于经济开采的石油和天然气资源只能再开采 30 年，最多 50 年内被耗尽。煤炭储量也仅够开采 300 年。我国的能源人均储量远低于世界平均水平。自 1993 年起，我国已成为石油净进口国，国内石油消费以年均 4%左右的速度持续增长。预计到 2020 年，我国石油缺口将达到 2800 万 t。上述缺口几乎不可能依靠石油工业的增产弥补。石油等化石资源的逐渐枯竭迫使人们寻找新的可再生性的替代资源。

生物质是自然界中比较丰富的可再生资源，包括农产品及农业废料、木材及木材废料等。生物质资源最重要的特点是可再生，能够源源不断地满足生产的需要，另外生物质的应用可降低大气中 SO_2、NO_x 的排放量，燃烧生物质产生的硫较燃烧煤的产生量减少 90%，而且因为生物质生长时从大气中吸收的 CO_2 与燃烧时释放的 CO_2 量相同，具有 CO_2 零排放的独特优点。

因此，一个有前景的方法就是逐步将大部分全球经济转变为可持续的，以生物能源、生物燃料及生物基产品为主要支柱的生物基经济。虽然很多可替代原料可用于能量生产(风、太阳能、水、生物燃料、核聚变及裂变)，但是，基于可持续材料转化的工业，如化学工业、工业生物技术以及燃料生产，则依赖于生物质，特别是植物性生物质。

7.6.3 低碳经济与生物基产品多联产

在最有潜力的大规模工业化生物炼制工厂中，以木质纤维素为原料的生物炼制最有可能被成功建立起来。一方面，其原料供应十分容易(秸秆、芦、草、木材、废纸等)；另一方面，无论是在传统的石油化工还是在未来的生物基产品市场中，其转化的产品都占有良好的地位。

木质纤维素材料中含有三种主要的化学成分或者前体物质：

(1)半纤维素/多糖：主要是戊糖的聚合物；

(2)纤维素：葡萄糖的聚合物；

(3)木质素：酚类的聚合物。

木质纤维素炼制体系非常适合于产品普系的生产。该方法最大的优点在于：自然结构和结构单元能够保留下来，原材料成本低廉，并且有可能产生出很多产品。图 7-8 给出了生物炼制厂有生产潜力的产品概况。

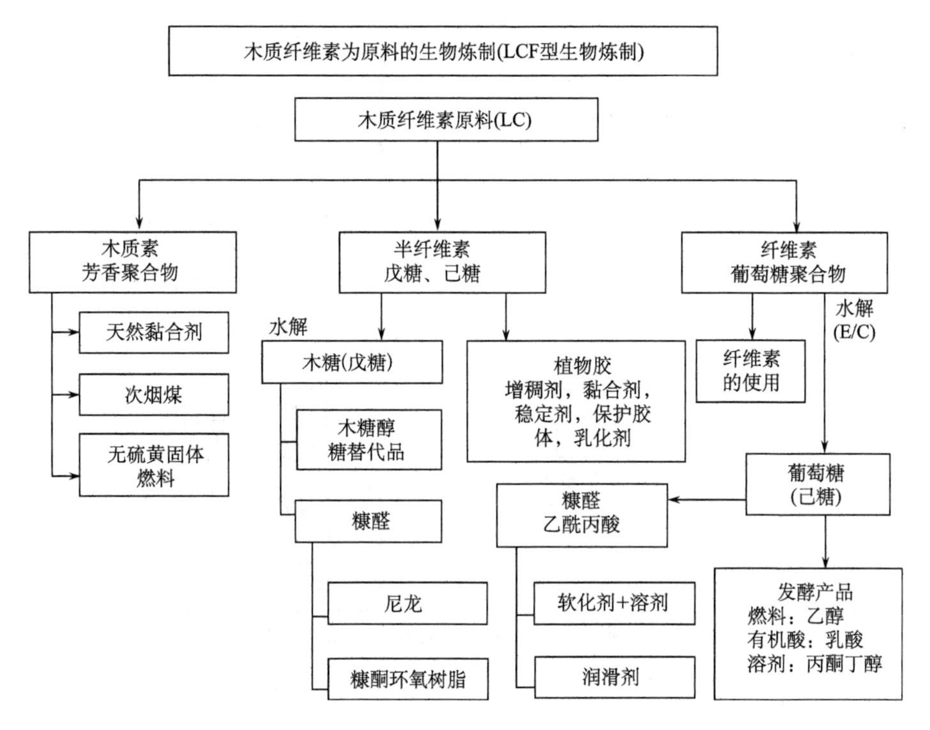

图 7-8　生物炼制厂有生产潜力的产品概况

生物炼制厂是将生物质经济且生态地转化为化学品、材料、燃料和能源的生产工厂，为了成功开发工业生物炼制技术以及生物基产品，有必要引进和推广建立生物炼制示范工厂。以下是几种常见生物质炼制多联产示范工艺路线：

(1) 玉米秸秆制备糠醛过程中全生物量利用途径，如图 7-9 所示。

(2) 玉米秸秆制备乙酰丙酸过程中全生物量利用途径，如图 7-10 所示。

(3) 以汽爆技术为平台实现秸秆黄原胶的分层多级转化，如图 7-11 所示。

(4) 秸秆乙酰化及其组分分离流程，如图 7-12 所示。

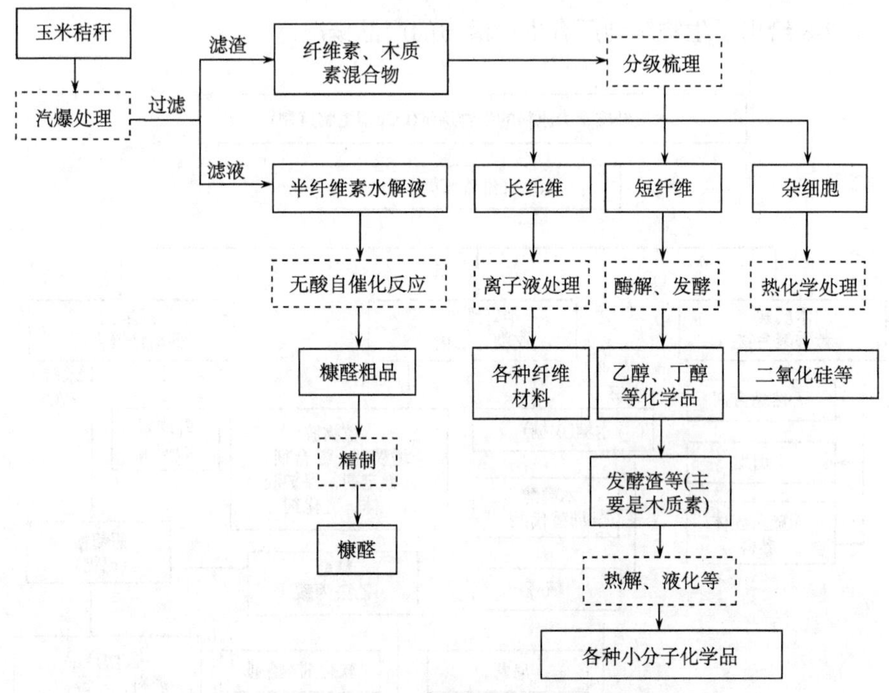

图 7-9　玉米秸秆制备糠醛过程中全生物量利用途径

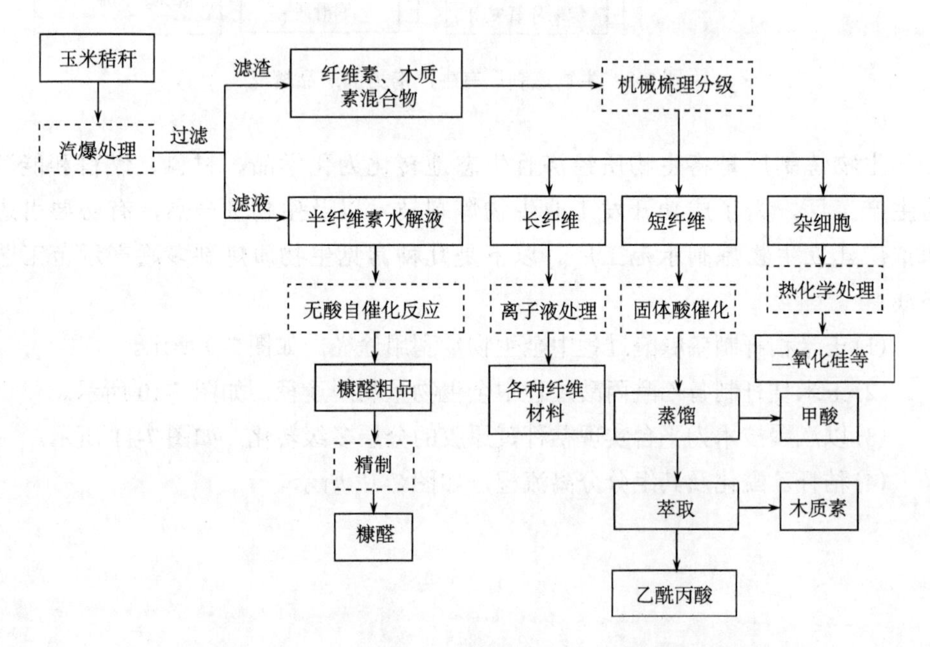

图 7-10　玉米秸秆制备乙酰丙酸过程中全生物量利用途径

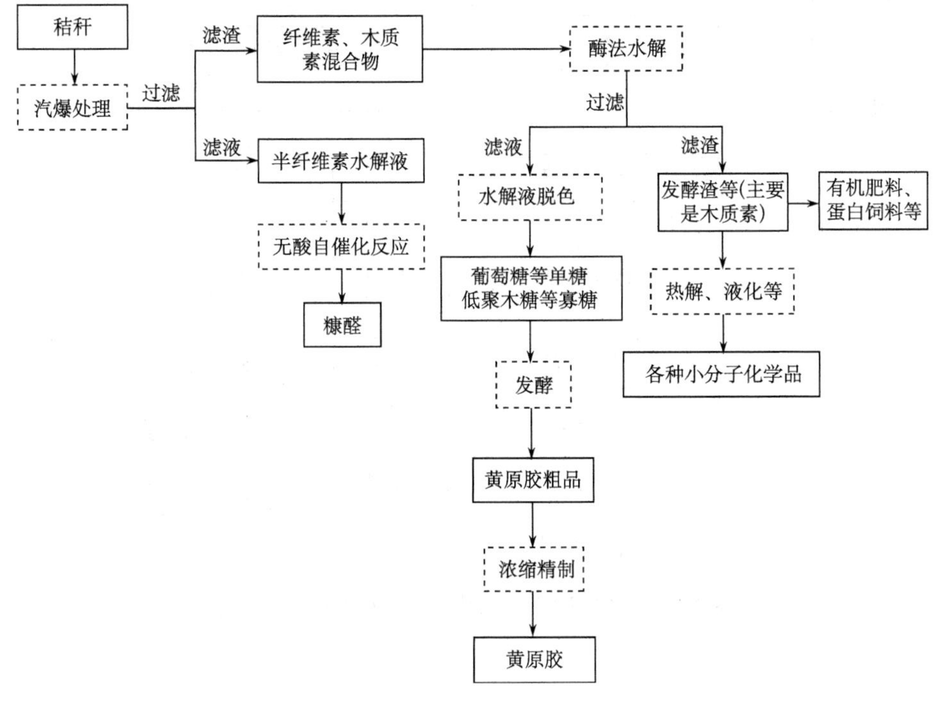

图 7-11　以汽爆技术为平台实现秸秆黄原胶的分层多级转化

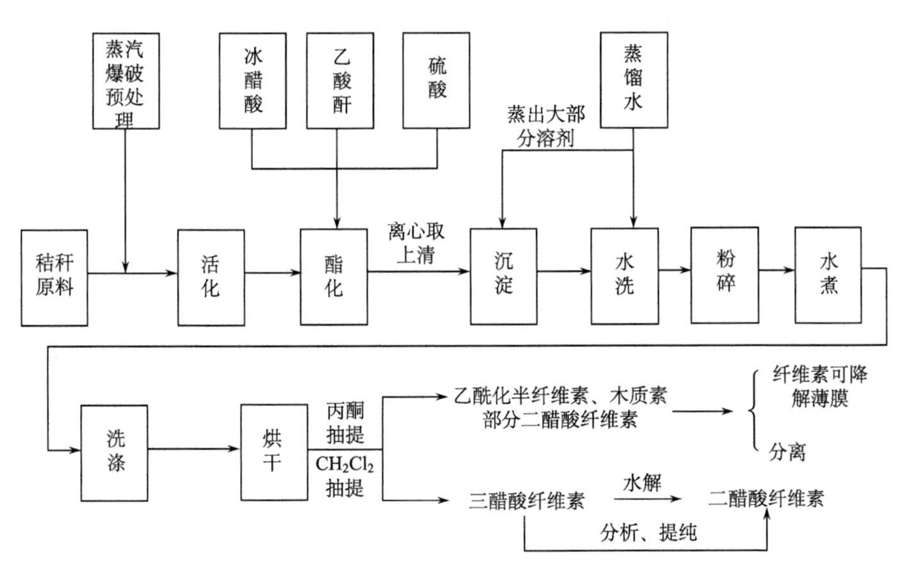

图 7-12　秸秆乙酰化及其组分分离流程

(5) 以羧甲基纤维素为主的秸秆生物量全利用，如图 7-13 所示。

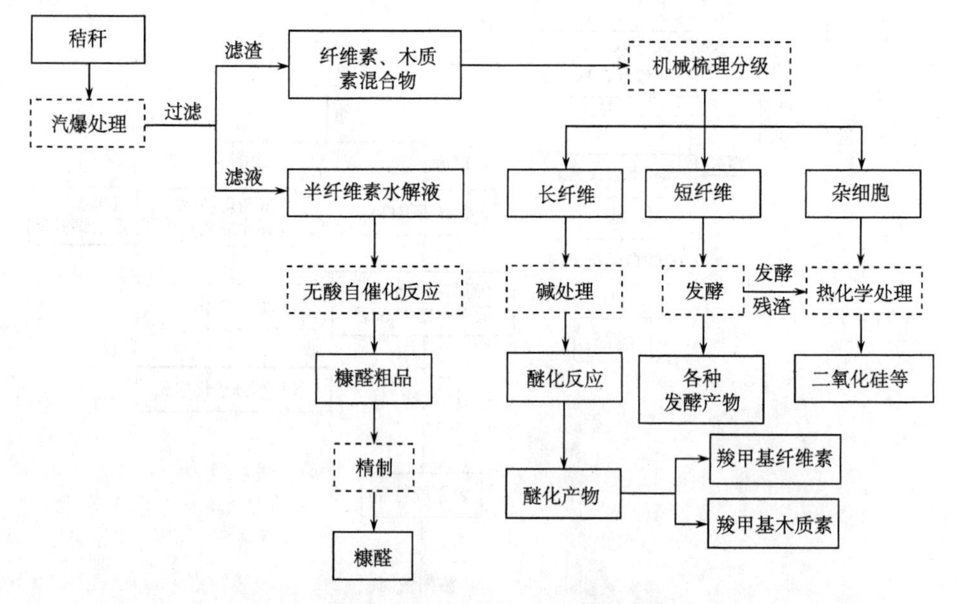

图 7-13　以羧甲基纤维素为主的秸秆生物量全利用

第8章 生物质催化转化制备新型平台化合物

平台化合物是指那些来源丰富，价格低廉，用途众多的一大类吨位(年产量大于10万t)的基本有机化合物，兼有产品和原料两种功能，可以由它合成一系列具有很大市场和高附加值的产品，如甲烷、乙醇、乙烯、乳酸等。20世纪之前的煤化工，制备了许多平台化合物，如苯、乙炔、甲烷等。到20世纪中期以后，来自石油化工的平台化合物如三烯三苯(乙烯、丙烯、丁二烯、苯、甲苯、二甲苯)等取代了煤化工产品，成了平台化合物的主要来源。进入21世纪之后，随着全球化石资源的渐趋枯竭，石油价格快速上升，量大且可再生的生物质能源未来将当仁不让地在能源和环保危机中大显身手，也给生物质等可再生资源生产新型平台化合物的发展带来了机遇。秸秆等可再生的生物质资源，与石油等资源相比价格低廉，利用生物质通过催化转化来生产新型平台化合物的技术已经逐步成熟，极具前景！

生物炼制以生物质(如淀粉、半纤维素、纤维素等)为原料，通过热化学、化学或生物方法等降解成为一些中间平台化合物，如生物合成气、糖类(如葡萄糖、木糖等)等，然后经过生物或化学方法加工成为平台化合物，如乙醇、甘油、乳酸等。

8.1 C_1平台化合物

C_1平台化合物包括生物质原料通过热裂解气化产生的 CO 和沼气发酵产生 CH_4。

8.1.1 生物质合成气

生物质合成气(biomass syngas，BS)，是在一定的温度和缺氧条件下，固体生物质通过热化学转化，可以转化为主要由CO、H_2构成的气相混合物，生物质合成气可以直接燃烧发电，也可以经过重整后通过费-托合成(F-T合成)产生甲醇、乙醇、二甲醚和异构烷烃等化学品。

生物质合成气发酵是一种由生物质间接制备乙醇的新方法，集成了热化学和生物发酵两种工艺过程，将全部生物质(包括木质素以及难降解的部分)通过流化床气化过程转化成合成气，然后利用厌氧微生物发酵技术将其转化为乙醇，既提高了生物质的利用率，也解决了木质素的处理问题。

8.1.2 甲烷

1. 甲烷的性质

甲烷(methane)，分子式CH_4，是最简单的有机物，也是含碳量最小(含氢量最大)的烃，是沼气、天然气、坑道气和油田气的主要成分。甲烷是无色、无味、可燃和微毒的气体，在水中溶解度很小。甲烷易燃，空气中的甲烷含量在5%～15.4%(体积分数)范围时，遇热源和明火有燃烧甚至爆炸的危险，与五氟化溴、氯气、次氯酸、三氟化氮、液氧、二氟化氧及其他强氧化剂接触反应剧烈。

工业上甲烷主要从天然气中获得，也可通过生物质厌氧消化(发酵)产生沼气，沼气净化、压缩后即得甲烷，由葡萄糖厌氧消化产甲烷的能量转换效率可高达87%，是其他生物质催化转化技术所难以达到的。

2. 甲烷的用途

在碳一化合物中，甲烷是当之无愧的平台化合物，可直接用作工业、民用气体燃料，还可以合成甲醇、甲醛、甲酸等一系列产品，通过水蒸气转化又能获得大量氢气。

尽管甲烷在室温和大气压下通常是惰性的，但在某些条件下仍会发生反应。依靠在电弧中裂化甲烷-氢(比例1∶2)，有50%的甲烷转变为乙炔。对甲烷的带压氧化作用已进行了广泛研究，在360℃和10MPa下，甲烷-氧气比为9∶1时，有17%的甲烷转变为甲醇，其他产物是甲醛、二氧化碳、一氧化碳和水。甲烷和硫在700～800℃下反应生成约65%硫化氢和30%二硫化碳。氯气在漫射日光作用下和甲烷反应得到所有可能的4种取代产品：一氯甲烷、二氯甲烷、三氯甲烷(氯仿)、四氯甲烷。

3. 甲烷的衍生物

甲醇(methanol)，结构式CH_3OH，是最简单的醇类。甲醇密度很小、挥发度高、无色、有毒、易燃，可以在空气中完全燃烧，并释出二氧化碳及水。甲醇用途广泛，是基础的有机化工原料和优质燃料，主要应用于精细化工、塑料等领域，可用来制造甲醛、乙酸、氯甲烷、甲胺、硫酸二甲酯等多种有机产品，也是农药、医药的重要原料之一。甲醇在深加工后可作为一种新型清洁燃料，添加在汽油里成为不同掺和比的甲醇汽油，可用作车用燃料，可以在不改变现行发动机结构的条件下，替代成品汽油使用，并可与成品油混用。

甲醛(formaldehyde)，结构式HCHO，是一种无色、有强烈刺激性气味的气体，易溶于水、醇和醚。甲醛在常温下是气态，通常以水溶液形式出现，35%～

40%的甲醛水溶液称为福尔马林。甲醛分子中有醛基，可发生缩聚反应，因此广泛用于工业生产中，是制造合成树脂、油漆、塑料和人造纤维的原料，是人造板工业制造脲醛树脂胶、三聚氰胺树脂胶和酚醛树脂胶的重要原料。

甲酸(formic acid)，又称蚁酸，结构式 HCOOH。蚂蚁和蜜蜂的分泌液中含有蚁酸，当初人们蒸馏蚂蚁时制得蚁酸，故有此名。甲酸无色而有刺激气味，且有腐蚀性，熔点 8.4℃，沸点 100.8℃。甲酸的结构特殊，它的一个氢原子和羧基直接相连，也可看作一个羟基甲醛。因此甲酸同时具有酸和醛的性质。在化学工业中，甲酸被用于橡胶、医药、染料、皮革等工业中。

8.2　C_2平台化合物

用生物质生产的主要 C_2 平台化合物包括乙醇、乙酸以及乙醇脱水产生的乙烯等。

8.2.1　乙醇

乙醇是碳二化合物中的基础化合物，生物质经过发酵产生的 C_2 化合物主要是乙醇，乙醇是乙醇燃料的主要原料，同时又是制备乙烯的主要原料。

1. 乙醇的性质

乙醇(ethanol)，俗称酒精，结构式 CH_3CH_2OH ，它在常温、常压下是一种易燃、易挥发的无色透明液体，它的水溶液具有特殊的、令人愉快的香味，并略带刺激性。乙醇溶于水、甲醇、乙醚和氯仿，能溶解许多有机化合物和若干无机化合物，具有吸湿性。

2. 乙醇的用途

乙醇是基本有机化工原料之一，可用于制燃料、涂料、合成橡胶、医药、洗涤剂、化妆品等。主要用途有：

(1) 不同浓度的消毒剂。以乙醇为主要原料制成的乙醇消毒剂，包括乙醇与表面活性剂、食用色素、护肤成分和食用香精等配伍的消毒剂，广泛使用在医院、家庭、实验室等场所。

(2) 烈性酒。乙醇是烈性酒的主要成分(含量和酒的种类有关系)。根据发酵工艺不同烈性酒中还会有乙酸乙酯、己酸乙酯等有关物质。

(3) 基本有机化工原料。乙醇可用来制取乙醛、乙醚、乙酸乙酯、乙胺等化工原料，也是制取染料、涂料、洗涤剂等产品的原料。

(4) 汽车燃料。乙醇是一种易燃液体，热值较低，汽化潜热较高，辛烷值较高，抗爆性能好，氧含量高。乙醇是烃基与羟基组成的化合物，在本质上决定了醇类可成为替代石油系燃料的内燃机燃料。车用乙醇汽油就是把变性燃料乙醇和汽油以一定比例混配成的一种汽车燃料。目前，在一些国家通常将乙醇按 10%比例与汽油混合配制成乙醇汽油(简称 E10 汽油)，使用它可节省石油 6%左右，并且 E10 汽油洁净、不污染环境、能减少温室气体排放。

8.2.2　乙烯

1. 乙烯的性质

乙烯(ethylene)，分子式 C_2H_4，在常温下为无色、易燃烧、易爆炸气体，密度 1.25g/L，难溶于水。乙烯是一种不饱和烃，分子双键里其中一个键容易断裂，能跟其他原子或原子团结合，可以与溴水发生加成反应，可以发生加聚反应，自身加聚成聚乙烯。

2. 乙烯的用途

乙烯作为石化工业最基本的原料之一，是生产各种有机化工产品的基础，系列主要产品如图 8-1 所示。乙烯及其生产过程中的丙烯、丁二烯等副产物和其下游产品聚乙烯、环氧乙烷、氯乙烯、苯乙烯等被广泛用于生产建设、人民生活和国防科技等各个领域。因此，世界上公认以乙烯的产量作为衡量一国(地区)石化业发展水平的标志。

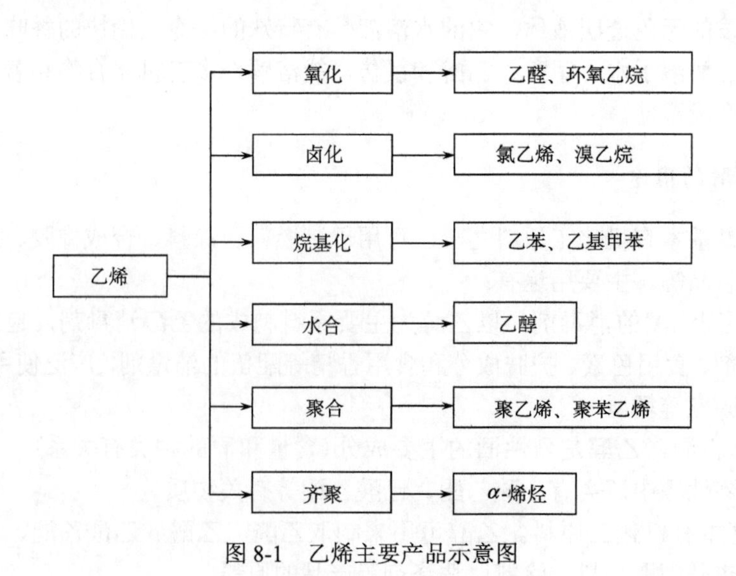

图 8-1　乙烯主要产品示意图

随着原油价格快速上升，乙醇经过化学催化剂(如氧化铝分子筛等)脱水生产乙烯在经济上已经可以与石油化工路线竞争，并在印度、中国等国家实现了工业化。由于乙烯的重要作用，可以预料生物乙醇路线生产乙烯的规模将快速扩大。

8.2.3　乙酸

1. 乙酸的性质

乙酸(acetic acid)，又称醋酸，结构式 CH_3COOH 。乙酸是无色液体，有强烈刺激性气味，易溶于水、乙醇、乙醚和四氯化碳，是弱酸，有腐蚀性。熔点 16.6℃，沸点 117.9℃，相对密度 1.0492(在 20℃下的质量与 4℃水的质量进行比较)，折光率 1.3716。纯乙酸在 16.6℃以下时能结成冰状的固体，所以常称为冰乙酸。

2. 乙酸的用途

乙酸是一种简单的羧酸，更是一个重要的化学试剂，在化学工业中用途非常广泛，作为一种重要的化工产品，其发展动态常常反映出整个化学工业的现状和前景。

乙酸具有羧酸的典型性质，能中和碱金属氢氧化物，能与活泼金属生成盐，这些金属盐都有重要用途。乙酸也可生成各种衍生物，如乙酸甲酯、乙酸乙酯、乙酸丙酯、乙酸丁酯等，可作为涂料和油漆工业的极好溶剂。乙酸酐与纤维素作用生成的乙酸纤维素可用于制造胶片、喷漆等，还是染料、香料、药物等工业中不可缺少的原料，并被广泛用作溶剂。大量乙酸用来制成乙酸乙烯，乙酸乙烯可用来合成塑料。它也是制造乙酸酐和乙酸纤维素的原材料，乙酸酐等又可以用来制造阿司匹林、食物(冰淇淋)、乳胶漆、各种染料和色素。在纺织工业中乙酸被用来作为调节 pH 的缓冲剂。乙酸还有一个很重要的用途就是制造环境友好的道路除冰剂——乙酸钙镁。

8.3　C_3 平台化合物

用生物质原料生产的主要 C_3 平台化合物包括甘油、乳酸、1，3-丙二醇、丙酸等。

8.3.1　甘油

1. 甘油的性质

甘油(glycerol)又称丙三醇，分子式 $C_3H_8O_3$ ，是一种有甜味的黏稠液体，所以称为甘油，是结构最简单而用途又最广泛的三元醇。

甘油相对分子质量为92.09，相对密度为1.2617，熔点为18.17℃，是一种无色、无嗅、有强烈吸湿性的黏性液体，是多种物质的优良溶剂，能与水、低碳醇类、部分酚类等无限互溶，同时具有保温性、高黏度和微生物易分解等特性。这些优越的物理性能和化学性能，使它成为重要的基本轻化工原料。

2. 甘油的用途

最初，甘油只作为皮肤的滋润剂。1846 年，Sobrero 将甘油与硝酸反应得到硝化甘油，后来诺贝尔将硝化甘油与硅藻土制成了安全炸药，甘油用量大为增加，甘油工业生产获得迅速发展。现在，甘油已是一种用途极广的重要轻化工原料。

甘油是无毒、安全的物质，在医药工业中用作溶剂和润滑剂；在食品工业中用作甜味剂、保湿剂和制备甘油单酯；在烟草工业中用作溶剂和保湿剂；在国防工业中用作炸药硝化甘油的原料、飞机和汽车燃料的抗冻剂；在涂料工业中用于生产醇酸树脂和酚醛树脂；在日用品化工中用于牙膏、香精的生产。此外，甘油还是聚醚的成分，用于制造聚氨基甲酸酯泡沫塑料；甘油催化氯代法合成环氧氯丙烷，可主要用于生产环氧树脂、增强树脂、氯醇橡胶、缩水甘油醚类等。

从甘油的消费结构看，欧美、日本等发达国家和地区主要用于合成树脂、医药和饮料等方面；国内精制甘油主要用于涂料和牙膏等方面，复合甘油主要用于油漆和造纸。

甘油作为重要的轻化工原料，通常制取的方法有：天然油脂皂化水解法、化学合成法(环氧氯丙烷丙烯醛法)和微生物发酵法。值得注意的是，生物柴油生产中会产生大量的副产品粗甘油。许多微生物包括细菌、酵母、霉菌、原生动物和藻类等，在特定的培养条件下都能合成甘油。

以甘油为原料，通过催化转化(图 8-2)，可以得到 1，3-丙二醇、正丁酸、乙酸、乙醇等平台化合物。

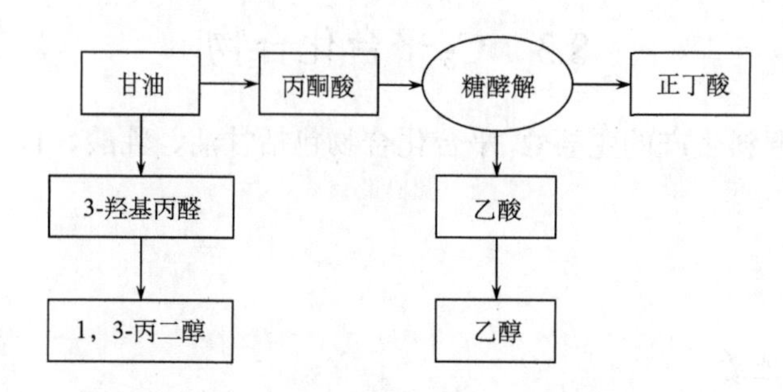

图 8-2　甘油(丙三醇)的催化转化产品

8.3.2　乳酸

1. 乳酸的性质

乳酸(lactic acid)又称 α-羟基丙酸或丙醇酸，分子式$C_3H_6O_3$，相对分子质量 90.08，结构式CH_3CH（OH）COOH 。乳酸分子中具有一个手性碳原子，因此具有旋光性，如图 8-3 所示。

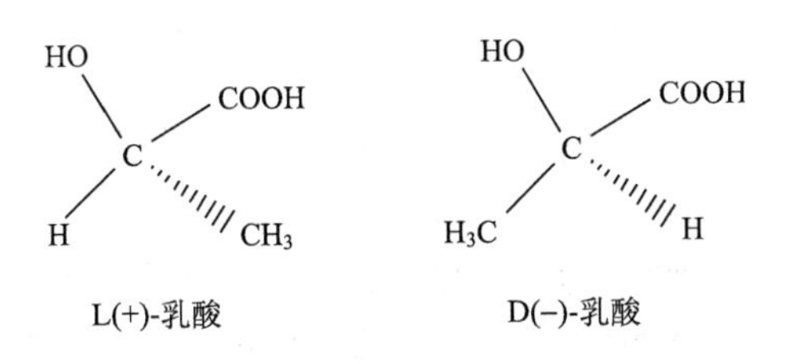

图 8-3　乳酸的结构

因此，乳酸有 L 型、D 型和 DL 型 3 种旋光异构体，其中 L-乳酸能被人体完全代谢，且不产生任何有毒副作用的代谢产物，D-乳酸的过量摄入则可能引起代谢紊乱甚至导致酸中毒。乳酸易溶于水、乙醇、甘油，微溶于乙醚，但不溶于氯仿、苯、汽油、二硫化碳等，熔点为 25～60℃，旋光度–2.67(15℃)。外消旋体为无色糖浆状液体或晶体，无臭、有酸味，有吸湿性，光学性质活泼，即使在极冷条件下也不凝固。

2. 乳酸的用途

L-乳酸为世界上公认的三大有机酸之一，广泛存在于自然界内，作为一种用途极为广泛的有机酸，由于深加工产品应用领域的开拓，它在全世界范围内供不应求，市场缺口迅速扩大。

乳酸在医药、食品、日用化工、石油化工、皮革、卷烟工业等领域有着广泛的应用。在食品工业上，乳酸是重要的酸味剂、防腐剂和还原剂。在医药和化妆品生产上，乳酸也扮演着重要的角色。乳酸溶液在临床上还作为透析液，其钙盐不仅是良好的补钙药，还可以作为凝血剂和防龋制剂。乳酸聚合物具有很好的生物相容性，可作为手术缝合线和制备缓释制剂。乳酸的其他盐和一些衍生物也是重要的化工产品，乳酸锑用于媒染，乳酸乙酯是低毒的溶剂和润滑剂。以乳酸为基础的化工产品如图 8-4 所示。

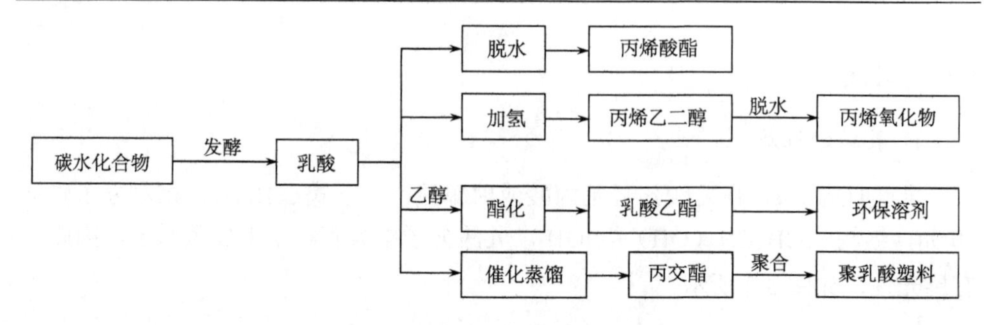

图 8-4　以乳酸为基础的化工产品

乳酸的生产分为发酵法和化学合成法两大类，目前，全世界 90%的乳酸均是选育特定的微生物用发酵法生产的。

乳酸是一种极具发展潜力的精细化学品，应用非常广泛，尤其是近年来开发出的以 L-乳酸作为单体合成的聚乳酸产品可生产易生物降解的农用地膜及其他塑料制品，有望解决全球“白色污染”问题，引起世界广泛关注。

3. 乳酸衍生物——聚乳酸塑料

聚乳酸(polylactic acid，PLA)为乳酸的主要衍生产物，是一种以可再生的植物资源为原料，经过化学合成制备的生物降解高分子，被使用后在自然条件下可以缓慢分解，最终可降解为二氧化碳和水返回自然界，重新进入植物的光合作用中，从而可以在人类和自然界形成一个良性循环，维持地球上的碳循环平衡，因此它是一种典型的绿色聚合物，能够满足可持续发展的要求。

聚乳酸无毒、无刺激性，具有优良的可生物降解性、生物相容性和力学性能，并可采用传统方法成型加工。因此，聚乳酸替代现有的聚乙烯、聚丙烯、聚石油基塑料产品已成为必然趋势。

1) 聚乳酸的性能

(1) 加工性能优异，能用普通设备进行挤出、注射、拉伸、纺丝、吹塑，具有良好的印刷性能和二次加工性能。

(2) 热稳定性好，加工温度可达 200℃左右，超过 230℃则会引起热降解。

(3) 有良好的抗溶剂性，在醇类、脂肪、烃类、食用油、机械油中均不溶。

(4) 使用后可自然降解、燃烧处理，PLA 一般在 3～6 个月会降解成低分子聚合物，6～12 个月分解为 CO_2 和 H_2O 。聚乳酸树脂燃烧时，所释放的热量约为聚苯乙烯、聚乙烯等树脂的一半，不产生有毒气体。

(5) 聚乳酸是热塑性塑料，其可塑性与聚苯乙烯和聚对苯二甲酸乙二酯相当，因而可用传统的成型加工方法加工。聚乳酸还可用成型法或吹塑法加工成透明容器和泡沫体。

(6) 聚乳酸的分子链含有有序排列的光学活性中心，其结晶性和刚性都比较高，因此在制备纤维和薄膜时，可定向拉伸以增强其强度，其透光率高达 94%以上。

(7) 抗张强度是聚乙烯薄膜的数倍，弹性与聚对苯二甲酸乙二酯相当。

(8) 聚乳酸也适用于高速熔融纺丝制成纤维，其抗张强度优良且和普通纤维一样，具有织布、染色等加工性能。

2) 聚乳酸的应用

根据聚乳酸的特性，可以开发出各式聚乳酸产品，包括薄膜、片材、纤维及绳带类产品。其具体应用领域如下：

(1) 餐饮业利用聚乳酸无毒、抗菌、良好的堆肥性，在食品包装、一次性餐具等方面推广应用。

(2) 胶黏剂中的应用。聚乳酸可以用来制备热熔胶，经过加热软化，凝固后很快形成较强的黏结力；也可以制备成普通胶黏剂，作为涂料、油墨及胶黏剂的黏结树脂，在有机溶剂中溶解后使用。

(3) 将聚乳酸改性为工程塑料，克服耐热性、抗冲击强度及成型性方面的问题，应用于制造车用脚垫、备用轮胎箱盖、笔记本电脑和手机外壳、光盘盘片等。

(4) 在农业、园艺、土木、畜牧业及水产等领域的制品由于在自然环境中使用，希望最终能够在自然环境中分解消失，维持一种和谐的自然生态循环，同时，这些制品希望至少在 2～3 年内维持一定强度。聚乳酸薄膜等制品则完全可以满足以上要求。

(5) 和其他生物降解塑料相比，聚乳酸耐热性、刚性及成型加工性最优，因此，聚乳酸在办公用品及日用品领域最具有推广应用的潜力，如制造透明文件夹、路标、鼠标垫、台历、购物袋、垃圾袋等。

(6) 聚乳酸有良好的生物相容性和降解性，在生物体内，PLA 最终降解产物是可以被活体细胞代谢的乳酸，最终能够完全降解为二氧化碳和水，再通过呼吸道、大小便、汗液等排出体外，对生物体非常安全。它具有自行在生物体内降解并排出体外的优点，避免了对患者造成二次伤害。近年来，因生产成本等问题，PLA 仍多应用于医药领域，如药物缓释材料、骨科内固定材料、医用缝合线和组织工程支架。

聚乳酸自身强度、脆性、阻透性、耐热性等方面的缺陷限制了其应用范围，因而增强改性聚乳酸已成为目前聚乳酸研究的热点和重点之一。

8.3.3　1，3-丙二醇

1. 1，3-丙二醇的性质

1，3-丙二醇(1，3-propanediol，1，3-PDO)又称 1，3-二羟基丙烷，结构式 $CH_2OHCH_2—CH_2—OH$，是无色透明、无味液体，与水、醇、醚等互溶，难溶于苯、氯仿，沸点为213.5℃，熔点为–27℃，密度1.053g/L(20℃)。

1，3-丙二醇与1，2-丙二醇一样在高温下可与羧酸缩合成酯，与异腈酸盐及酸性氯化物反应生成聚氨酯。1，3-丙二醇在酸性催化剂条件下与醛酮反应生成二氧代烷；与二元酸反应生成聚酯；与对苯二甲酸反应生成聚对苯二甲酸丙二醇酯(PTT)。

2. 1，3-丙二醇的用途

1，3-丙二醇是一种重要的化工原料，主要用于食品、化妆品和医药等行业，1，3-丙二醇可用于医药中间体的合成，如合成 1，3-二溴丙烷、3-溴-1-丙醇、1，3-二氯丙烷和作为医药产品的碳链延伸剂。

由于含有双功能基，1，3-丙二醇还可以参与多个化学合成反应，如二氧六环的合成，以 1，3-丙二醇为单体可以生产出具有可生物降解特性的性能优异的聚酯、聚醚、聚氨酯等合成高分子聚合物材料，这是 1，3-丙二醇最主要的用途。PTT 由对苯二甲酸与 1，3-丙二醇经缩聚反应而得，是一种具有独特力学性能和热学性能的聚酯材料，其纤维柔软，具有良好的弹性回复性和回弹率，伸长20%后的 PTT 纤维可恢复至原状，性能明显优于 PET(聚对苯二甲酸乙二醇酯)、PBT(聚对苯二甲酸丁二醇酯)等纤维；在全色范围内无须添加特殊化学品即能呈现出良好的连续印染特性和良好的着色性，色度牢固，染色成本较低，环境污染少；具有良好的抗紫外线、抗静电、抗臭氧、耐污、耐磨洗性质；还具有良好的生物降解性。PTT 纤维结合了现有聚酯(涤纶、尼龙、腈纶)的所有优点，如耐磨、高弹性、能连续印染、可生物降解等，同时又具有优良的回弹性、柔软性、染色性，较 PET、PBT 具有更优良的性能，是目前公认最好的传统聚酯升级换代品，最有可能在一定范围内取代涤纶和尼龙的合成纤维品种。

1，3-丙二醇可通过化学法和生物法生产，生物法以其可利用可再生资源、对环境污染小而越来越受到人们的重视，各国都致力于研发生物技术合成 1，3-丙二醇。

8.4　C_4平台化合物

C_4平台化合物包括丁醇、丁二醇、琥珀酸、富马酸、天冬氨酸等。

8.4.1　丁醇

1. 丁醇的性质

丁醇(butanol)即正丁醇、1-丁醇，是含有四个碳原子的饱和醇类，分子式C_4H_9OH，为有酒味的无色液体。在水溶性方面丁醇比乙醇低，但比戊醇、己醇等更长碳原子链的醇高，与乙醇和乙醚等其他多种有机溶剂混溶，其蒸气可与空气形成爆炸性混合物，爆炸极限 1.45%～11.25%(体积分数)。

2. 丁醇的用途

丁醇是重要的化工原料和有机溶剂，在工业、医药、食品中有广泛的用途。丁醇是有机合成中制取丁醛、丁酸、丁胺和乳酸丁酯等物质的原料，也可用作有机染料、醇酸树脂涂料添加剂、印刷油墨的溶剂、药物(如维生素、抗生素和激素)、油脂和香料的萃取剂以及脱蜡剂。丁醇更主要的用途在于制造广泛应用于橡胶和塑料制品之中的正丁酯类增塑剂的原料，包括邻苯二甲酸酯、脂肪族二元酸酯和磷酸酯等。

此外，作为比燃料乙醇更具有广泛应用前景的新型生物燃料，丁醇具有良好的水不溶性、低蒸气压、高热值等特点，与燃料乙醇相比，能够与汽油达到更高的混合比，能量密度接近汽油，更适合在现有的燃料供应和分销系统中使用。同时，与石油炼制的运输燃料相比，生物丁醇具有显著的环保效益，可有效减少石油精炼过程中温室气体的排放。

8.4.2　2，3-丁二醇

1. 2，3-丁二醇的性质

2，3-丁二醇(butanediol)，分子式$C_4H_{10}O_2$，是一种无色无味的手性化合物，有三种立体异构体：右旋、左旋和中间异构体形式。2，3-丁二醇相对分子质量 90.120，沸点较高(180～184℃)，凝固点较低(–60℃)。作为一种极具价值的液体燃料，其燃烧值为 27 198J/g，可与甲醇(22 081J/g)、乙醇(29 005J/g)相媲美。

2. 2，3-丁二醇的用途

作为化工中间体，2，3-丁二醇可以用来制备重要的工业有机溶剂甲乙酮；它经脱水后可转化为具有高燃烧值的丁二酮，后者在燃料添加剂方面具有广泛用途；它也可生成在合成橡胶上广泛应用的 2-丁烯和 1，3-丁二烯等橡胶单体；酯化形式的 2，3-丁二醇是合成聚亚胺的前体，可应用于药物、化妆品、洗液等；通过催化脱氢得到的二乙酰化形式的 2，3-丁二醇可以用作具有高价值香味的食品添加剂；2，3-丁二醇自身可以作为单体合成高分子化合物；左旋形式的 2，3-丁二醇由于其较低的凝固点可用作抗冻剂；另外通过缩合、聚合等反应，它也可生成其他化合物，如苯乙烯、辛烷和 2，3-丁二醇二乙酸酯等。作为添加剂，它可广泛应用于油墨、化妆品、洗液、防冻剂、熏蒸剂、软化剂、增塑剂、炸药和药物的手性载体等。在材料和纺织生产加工行业分别用来生产聚丁烯对苯二酸酯树脂、γ-丁内酯和斯潘德克斯弹性纤维等。它作为液体燃料添加剂更加引起了世界范围的重视，由于它如此广泛的用途，国际市场上的需求在不断高涨。由于 2，3-丁二醇结构较为特殊，化学法以石油裂解时产生的四碳类碳氢化合物在高温、高压下水解得到 2，3-丁二醇的成本很高，在微生物转化方面，尽管国际上 2，3-丁二醇的发酵工艺基本上达到了乙醇行业的水平，但由于总体上成本过高，一直没有实现工业化生产，因而它的用途也没有得到充分的开发。近年来，随着工业生产的蓬勃发展，2，3-丁二醇的需求量逐年增加。因此，2，3-丁二醇作为一种潜在的、非常有价值的化合物在国内外再次引起了广泛的关注。

8.4.3 琥珀酸

琥珀酸(succinic acid)又称丁二酸(butanedioic acid)，是一种重要的 C_4 平台化合物，因最早从琥珀中分离得到而得名。琥珀酸是 1，4-丁二醇、四氢呋喃、γ-丁内酯、*N*-甲基吡咯烷酮、己二酸等重要大宗化学品和专用化学品的基本原料，也是重要的食品添加剂和饲料添加剂。

1. 琥珀酸的性质

琥珀酸分子式 $C_4H_6O_4$，结构式 $HOOC—CH_2—CH_2—COOH$，相对分子质量为 118.09，纯净的琥珀酸是一种无色无臭的单斜棱柱状结晶体，有 α、β 两种晶型，相对密度 1.572，熔点 180～187℃，沸点 235℃，几乎不溶于苯、二硫化碳、四氯化碳和乙醚中，25℃在水中的溶解度为 6.8g/100g，琥珀酸是一种二元羧酸，在 25℃时，琥珀酸的解离常数分别为 $K_1=(6.52\sim6.65)\times10^{-5}$，$K_2=(2.2\sim2.7)\times10^{-8}$，0.1mol/L 水溶液的 pH 为 2.7。琥珀酸本身的性质使它具有许多重要的化学反应特性，产生许多化工产品，如图 8-5 所示。

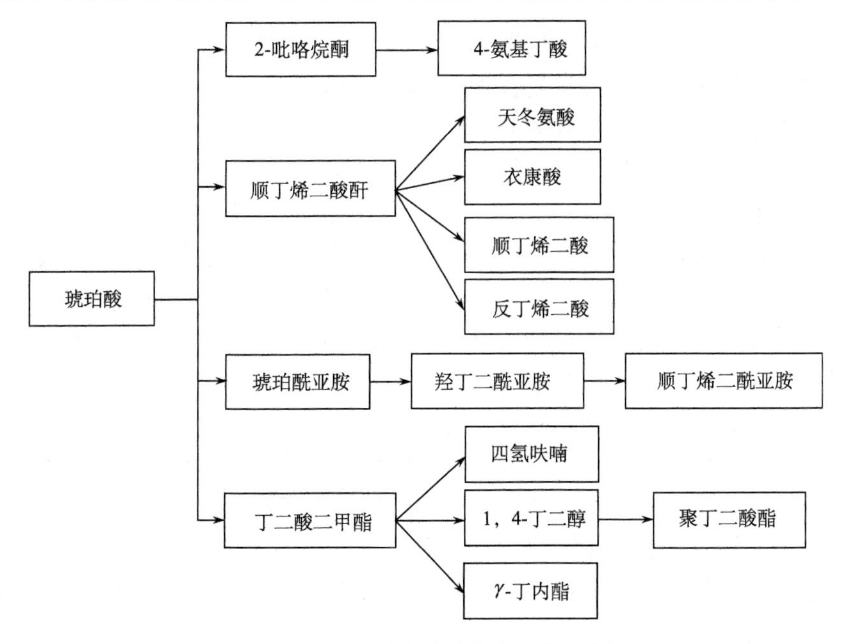

图 8-5　以琥珀酸为基础的主要化工产品

(1) 氧化作用：与 H_2O_2 反应，氧化为过氧丁二酸；$KMnO_4$ 作用下生成草酸、羟基丁二酸和酒石酸混合物。

(2) 还原作用：催化剂作用下还原为 1，4-丁二醇和四氢呋喃。

(3) 可与 SO_3 反应生成 2，3-二磺酸基丁二酸。

(4) 酯化反应：脱水可得一系列单酯和双酯。

(5) 卤代反应：与 PCl_3 、PCl_5 反应生成丁二酰氯。

(6) 与氨类化合物反应，生成丁二酰亚胺。

2. 琥珀酸的用途

琥珀酸因在食品、化工、医药、建筑、印染、洗涤等行业有广泛应用，已成为当今世界上产销量最大的有机酸。基于琥珀酸广泛的应用前景，美国能源部发布的报告 *Top Value Added Chemicals From Biomass* 将琥珀酸列为 12 种最有潜力的生物基平台化合物之首。

在食品行业中，自从诺贝尔奖获得者 Robert 证明琥珀酸对人类新陈代谢有积极的作用，并且不会在体内富集之后，琥珀酸就开始被广泛应用于食品工业。琥珀酸的钠盐可以有效改善炼制品的质量以及对酱油、豆酱等调味，可用作咸菜、香肠、火腿、罐头等的风味改良剂，还可用作奶粉、饼干、奶片的强化剂。此外，琥珀酸钠可替代味精等。

在医药行业中，琥珀酸可作为 pH 调节剂、防腐剂、助溶剂等，将一些水溶性较差的药物加工成琥珀酸盐复合物，这样就能改善其水溶性和提高生物利用度。琥乙红霉素即为一典型抗生素的琥珀酸盐产品，还可以用来合成解毒剂、镇静剂、抗生素以及氨基酸和维生素等药物。琥珀酸及其酸酐可用于制造维生素 A、维生素 B_6、止血药和可的松衍生物，琥珀酸的铵盐可作为镇静剂等。

在化工行业中，琥珀酸可以用作离子螯合剂，用于电镀行业以防止金属的点蚀和溶蚀。作为环境污染大的氰化物、氟硼酸等的替代物，广泛用作电镀液添加剂。另外，琥珀酸的衍生物也是良好的表面活性剂，是去垢剂、肥皂和破乳剂的组成成分，还可以用来生产脱毛剂、清洗剂、牙膏等。

在饲料行业中，琥珀酸可以增加瘤胃中丙酸盐的产生量，还可作为肝糖物质和蛋白质合成的前体物质，可作为反刍动物和单胃动物的饲料添加剂来替代抗生素，从而减少抗生素的使用；能够作为抑菌剂杀灭家畜肠道有害微生物菌群；可以有效地降低饲料的 pH，提高消化率，并且还具有超过抗生素的作用，包括降低食糜的 pH 和加强胰腺的分泌等，降低饲料的缓冲能力，更易于动物消化吸收，从而大大提高了饲料的生物效价。

生物可降解塑料聚-1，4-丁二醇琥珀酸酯(PBS)是琥珀酸最具发展潜力的重要应用领域。与 PLA 等其他生物降解塑料相比，PBS 耐热性能好，热变形温度接近 100℃，可用于制备冷、热饮包装和餐盒，克服了其他生物降解塑料耐热温度低的缺点；可在现有塑料加工通用设备上进行各类成型加工，是目前降解塑料加工性能最好的。另外，PBS 只有在堆肥、水体等接触特定微生物条件下才发生降解，在正常储存和使用过程中性能非常稳定。

8.5 C_5 平台化合物

C_5 平台化合物包括乙酰丙酸、糠醛、谷氨酸等。

8.5.1 乙酰丙酸

1. 乙酰丙酸的性质

乙酰丙酸(levulinic acid，LA)又名 4-氧化戊酸、左旋糖酸、戊隔酮酸，分子式 $CH_3COCH_2CH_2COOH$，白色片状，有吸湿性结晶，含有一个羰基的低级脂肪酸，因此它完全或者部分地溶于水、乙醇、乙醛、乙醚、乙二醇、乙二醇酯、苯酚等。

乙酰丙酸的分子中含有一个羧基和一个羰基，乙酰丙酸的羰基结构使其异构化得到烯醇式异构体。乙酰丙酸具有良好的反应活性，可以发生成盐、酯化、卤化、加氢、氧化、缩合等化学反应，合成各种各样的化学品。

2. 乙酰丙酸的用途

乙酰丙酸是一种重要的平台化合物，具有良好的反应活性，在工业上用于制备各种各样的有用化合物和新型的高分子材料，包括树脂、医药、农药、染料、溶剂、涂料、橡胶和塑料助剂、润滑油添加剂和表面活性剂等。在医药工业中，乙酰丙酸钙盐(果糖酸钙)为一种新型补钙制剂，既可制成片剂、胶囊，又可制成针剂或复配为针剂；同时其可用作食品营养强化剂，有助于骨质的形成并维持神经和肌肉的正常兴奋性。

在农药工业中，由乙酰丙酸制取的 δ-氨基乙酰丙酸(DALA)，是一种具有极高环境相容性及选择性、生物降解性的新型光活化除草剂，具有杀草机能而对谷类等农作物、人畜及动物无害。

乙酰丙酸乙酯还可用于烟草香精去除尼古丁，也用于水果保鲜。γ-戊内酯具有新鲜的果香、药香和甜香香气，且柔和持久，广泛地用于食用香精和烟用香精。α-当归内酯是一种香味成分，它能与烟香、焦糖香、巧克力香等香气混合，发出协调一致的香气，是一种良好的卷烟添加剂。

目前乙酰丙酸的生产方法主要有糠醇重排法和生物质水解法两种，糠醇重排法是以糠醇为原料，工艺流程短，产品质量稳定，但原料糠醇价格高且来源有限。生物质水解法的原理是可再生的木质纤维素原料在酸的催化水解作用下分解成单糖，再在酸的持续水解下脱水形成 5-羟甲基糠醛，最终进一步脱羧生成乙酰丙酸，其反应原理如下：

$$(C_6H_{10}O_5)_n + nH_2O \xrightarrow{[H^+]} nC_6H_{12}O_6$$

$$C_6H_{12}O_6 \xrightarrow{[H^+]} \text{5-羟甲基糠醛}(HOCH_2\text{–}C_4H_2O\text{–}CHO) + 3H_2O$$

$$HOCH_2\text{–}C_4H_2O\text{–}CHO \xrightarrow{[H^+]} CH_3\text{—}\underset{\underset{O}{\|}}{C}\text{—}CH_2CH_2COOH + HCOOH$$

8.5.2 糠醛

1. 糠醛的性质

糠醛(furfural)又称呋喃甲醛，是重要的杂环类有机化合物，分子式 $C_5H_4O_2$，无色至黄色液体，有杏仁样的气味，相对分子质量 96.06，熔点–36.5℃，沸点 161.1℃，微溶于冷水，溶于热水。糠醛能溶于乙醇、乙醚、丙酮、苯、乙酸、异丁醇、三氯甲烷、乙酸乙酯、己二醇、四氯化碳、氮苯、氮萘、松节油、甲苯等多种有机溶剂。

糠醛分子结构中具有呋喃环和醛基，化学性质活泼，在其分子结构中存在着羰基、双烯、环醚等官能团，所以它兼具醛、醚、双烯和芳香烃等化合物的性质，可以发生氢化、氧化、氯化、硝化等化学反应，可以制备大量衍生产品,如糠醛经氧化制取顺丁烯二酸、糠酸、呋喃甲酸；糠醛加氢可制取糠醇、甲基呋喃、甲基四氢呋喃；糠醛在强碱作用下生成糠醇及糠酸钠；糠醛可在脂肪酸盐或有机碱的作用下同酸酐缩合生成呋喃丙烯酸；糠醛与酚类化合物缩合生成热塑性树脂；与尿素、三聚氰胺缩合制造塑料；与丙酮缩合制取糠酮树脂等。

2. 糠醛的用途

糠醛主要用于香料、涂料、药物合成、合成纤维、合成树脂等领域。

1) 在香料中的应用

以糠醛为原料合成香料的研究开始于 20 世纪 60 年代，经过 50 多年的发展，如今已成为比较重要的一类香料产品。以糠醛为原料直接或间接合成的香料产品达数百种，它们作为香味修饰剂和增香剂广泛应用于食品、饮料、化妆品等行业。以糠醛为原料制备糠酸酯类化合物作为香料产品：糠酸甲酯(浓水果味)、糠酸乙酯(烧烤味)、糠酸丙酯(烧烤味)、糠酸丁酯(花香)、糠酸仲丁酯(绿天竺葵味)、糠酸异戊酯(巧克力味)、糖酸己酯(干燥的清新草味)、糠酸辛酯(焦样干香)、异丁酸糠酯(水果香味)等。

2) 在医药行业中的应用

以糠醛为原料可合成二百多种医药和农药产品，广泛用作灭菌剂、杀虫剂、杀螨剂及其他具有生理活性的医药和农药。目前应用量较大的有富马酸亚铁(治疗缺铁性贫血)、富马酸二甲酯(防霉、防腐剂)、富马酸二苄酯(除臭剂)、2-呋喃丙烯醛(杀虫剂)、5-(对硝基苯)-2-糠醛(硝基吱海因的中间体)、速螨酮(杀螨剂)、磺胺嘧啶(中间体，治疗细菌感染)等。

3) 在食品行业中的应用

糠醛可直接用作防腐剂，氧化生成的糠酸和还原生成的糠醇也可用作防腐剂，同时它们都是合成高级防腐剂的原料，如由糠醛制得的木糖醇，把它添加在口香糖、糖果、糖麦片中可预防龋齿。此外，以糠醛为原料还可以合成麦芽酚和乙基麦芽酚，麦芽酚和乙基麦芽酚具有令人愉快的焦糖香味，具有增香、增甜、保香、防腐和掩盖异味等功能，是优良的增香剂和食品添加剂，增香效果显著，乙基麦芽酚效果更佳，是麦芽酚的 6 倍，是香兰素的 24 倍。

4) 在合成树脂领域的应用

在合成树脂领域，用糠醛作原料可合成多种耐高温、机械强度好、电绝缘性优良并耐强酸、强碱和大多数溶剂腐蚀的树脂。糠醛树脂、糠酮树脂、糠醇树脂等广泛用于制作塑料、涂料、胶泥和黏合剂。用糠醛合成的呋喃树脂产品，具有良好的耐腐蚀性与热稳定性，可用作防腐涂料。呋喃树脂为铸造工业的黏结剂，它硬化速度快，砂芯强度高，可大大提高生产效率，呋喃树脂也可作呋喃环氧玻璃钢，它可提高产品耐温性和耐化学性，而且硬化慢，给施工带来方便。用糠醛代替甲醛生产的酚醛树脂性能优良，机械物理性能好，成本低，无污染。

5) 在溶剂方面的应用

糠醛可作有机溶剂，石油精制中，用糠醛以对煤柴油的饱和烃与不饱和烃分离。合成橡胶工业中，用作溶剂萃取分离丁二烯和其他烃，并生成淡色松香。糠醛可单独或和其他溶剂配混，可制清漆用的除漆剂，用在树脂配方中能降低黏度，在热固性树脂中加入糠醛能使树脂具有特殊性能，如抗腐蚀、耐高温、阻燃、优良的物理强度，这些性质在制造砂芯模具、复合玻璃纤维、灰浆水泥、泡沫塑料、绝燃材料、高碳复合材料黏合剂等材料中，具有工业方面的重要性。

糠醛目前不能通过化学合成，只能利用农副产品中的戊聚糖生产，由戊糖脱水环化制得(图 8-6)。

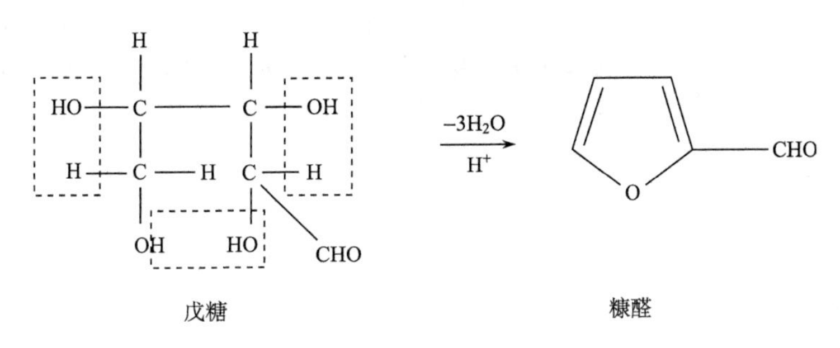

图 8-6　戊糖转化成糠醛的化学反应方程式

8.6　C_6平台化合物

C_6平台化合物包括柠檬酸、赖氨酸、葡糖酸等。

8.6.1　柠檬酸

1. 柠檬酸的性质

柠檬酸又名枸橼酸，学名 2-羟基丙烷-1，2，3-三羧酸，外观呈无色透明或半透明晶体，或粒状、微粒状粉末，无臭，具有强烈酸味，但令人愉快。柠檬酸在温暖空气中渐渐风化，在潮湿空气中微有潮解性。根据其结晶形态不同，分为一水柠檬酸和无水柠檬酸，一水柠檬酸分子式为$C_6H_8O_7 \cdot H_2O$，相对分子质量为210.14；无水柠檬酸分子式为$C_6H_8O_7$，相对分子质量为192.13。一水柠檬酸是由低温(≤36.6℃)水溶液中结晶析出，经分离、干燥后的产物，含结晶水量为8.58%，熔点70～75℃，其晶体形态为斜方棱晶，晶体较大；无水柠檬酸是由较高温度(>36.6℃)水溶液中结晶析出的，熔点153℃，其晶体形态为单斜晶系的棱柱形-双棱锥体。

2. 柠檬酸的用途

柠檬酸被广泛用于食品饮料、医药化工、清洗与化妆品、有机材料等领域，是目前世界上需求量最大的一种有机酸。

柠檬酸因其具有愉悦的酸味，安全无毒，被用作食品和饮料的酸味剂，广泛用于各种食品饮料产品中，如果汁、啤酒、乳制品及各种保健饮品等，食品饮料行业是柠檬酸的首要应用领域，因此食品饮料行业的兴衰对柠檬酸行业的发展起着至关重要的作用。

柠檬酸能与二价或三价的阳离子形成配合物，具有良好的金属离子螯合能力，可在自然界中被微生物分解为二氧化碳和水，柠檬酸钠可有效替代洗涤剂中三聚磷酸钠，从而有效避免水体磷污染，减轻水体富营养化，有效保护水体食物链，是一种高效环境友好型洗涤助剂，随着各国对含磷洗涤剂的限制，柠檬酸系列产品的需求将保持持续、稳定的增长。

8.6.2　赖氨酸

1. 赖氨酸的性质

赖氨酸(lysine)即2，6-二氨基己酸，是一种α-氨基酸，结构式为$HOOCCH(NH_2)(CH_2)_4NH_2$，赖氨酸的相对分子质量为146.19，熔点为215℃，广泛存在于动物蛋白质中，在植物蛋白内含量甚少。

赖氨酸属碱性氨基酸，有L型和D型两种构型，微生物生产的赖氨酸为L型，对人和动物的生命活动具有非常重要的意义，在生理作用方面可产生糖和酮。D型赖氨酸不参加转氨作用，且与精氨酸有拮抗作用，不能代替L型赖氨酸的生理功能。

2. 赖氨酸的用途

赖氨酸是合成脑神经、生物细胞核蛋白及血红蛋白不可缺少的成分，是动物自身不能合成、必须从食物中摄取的氨基酸之一，营养学家把它列为“第一缺乏氨基酸”，植物性蛋白质的“第一限制氨基酸”。若缺乏赖氨酸，其他氨基酸利用效率将明显降低，导致蛋白质合成障碍，使人和动物的生长发育受到严重影响。因此，赖氨酸在生物体的代谢中起着重要的作用，因而被广泛应用于食品、医药及饲料等工业。赖氨酸工业已成为世界上仅次于谷氨酸的第二大氨基酸工业。

L-赖氨酸产品主要分为食品级、医药级和饲料级三种规格。据统计，L-赖氨酸实际应用中动物饲料占 95%，其余为食品行业、医药工业。以饲料级的 L-赖氨酸产品为原料进行精制与提纯，就能生产出食品级与医药级的赖氨酸产品。

1) 食品行业

L-赖氨酸是控制人体生长的重要物质——抑长素中最重要也是最必需的成分，它对人的中枢神经和周围神经系统起着重要作用。人体不能自身合成 L-赖氨酸，必须从食物中吸取，赖氨酸是帮助其他营养物质被人体充分吸收和利用的关键物质，人体只有补充了足够的 L-赖氨酸才能提高食物蛋白质的吸收和利用，达到均衡营养，促进生长发育。

2) 医药行业

L-赖氨酸是人体必需的第一限制性氨基酸，可用于治疗营养不良症，对外伤、烙伤、手术患者的恢复具有显著效果。L-赖氨酸是合成脑神经、生殖细胞及血红蛋白的必需组分，人体缺乏 L-赖氨酸还容易导致功能性障碍和引起蛋白质代谢不良等。

缺乏 L-赖氨酸的症状包括疲劳、虚弱、恶心、呕吐、头晕、没有食欲、发育迟缓、贫血等。临床已经证明，L-赖氨酸对一些特定疾病是有益的。赖氨酸可作为利尿剂的辅助药物，治疗因血中氯化物减少而引起的铅中毒，与酸性药物(如水杨酸)生成盐类来减轻不良反应。

3) 饲料行业

赖氨酸是高效饲料所必需的添加剂。赖氨酸添加于饲料中，可提高饲料中的蛋白质利用率，强化饲料营养，易于动物消化吸收，增加料肉比。根据高效配合饲料要求，饲料中赖氨酸含量最低不能低于 0.16%，其赖氨酸含量标准必须控制在 0.16%～0.3%，这样才能提高饲料的利用率，提高养殖业的饲养料肉比。

8.6.3　葡糖酸

1. 葡糖酸的性质

葡糖酸(gluconic acid)，分子式 $C_6H_{12}O_7$，溶于水，微溶于醇，不溶于乙醚及大多数有机溶剂，无毒、无腐蚀性，是制备葡糖酸盐(钠、锌、铜、亚铁盐)、葡糖酸内酯的原料。

2. 葡糖酸的用途

葡糖酸是化工、医药及食品等产品的重要中间体，可用来生产葡糖酸的衍生物，也可直接作为一种产品，是一类重要的多用途的有机化工产品。葡糖酸可用于以下方面：葡糖酸在日常生活中可作为食品添加剂、营养增补剂、酸味剂，在饮料中可代替蔗糖改善饮料的口感和降低热能，而在对肠道有益菌群双歧杆菌增殖因子的研究中发现葡糖酸具有增殖双歧杆菌的作用，这一新发现使葡糖酸在食品工业中的应用将会更加广泛。它可用于配制清洗剂、织物加工和金属加工的助剂、皮革矾鞣剂、金属除锈剂、建筑工业上混凝土的塑化剂、生物降解的螯合剂、二次采油的防沉淀剂等，并且葡糖酸与钠、钙、锌、亚铁等金属的氧化物反应生成的相应的葡糖酸盐具有毒性小、副作用少、易被人体吸收的优点，在食品、医药、轻工业、化工等行业有着广泛的应用。葡糖酸钠作为优良的螯合剂用于水质处理、电镀等多个部门；葡糖酸钙、锌、亚铁、镁等用于食品行业，补充人体所需元素；葡糖酸内酯可用作酸味剂、防腐剂，主要用于制作内酯豆腐。

葡糖酸一般是由葡萄糖氧化而得，方法有生化氧化法(发酵法和氧化酶法)、化学催化法和电解氧化法。

8.7 C_{10}平台化合物

C_{10}平台化合物主要是阿魏酸。

1. 阿魏酸的性质

阿魏酸(ferulic acid)的化学名称为4-羟基-3-甲氧基肉桂酸，是植物界普遍存在的一种酚酸。阿魏酸有顺式和反式两种，顺式为黄色油状物，反式为白色至微黄结晶物，一般所说的阿魏酸指反式阿魏酸，分子式$CH_3OC_6(OH)CHCH—COOH$，相对分子质量为194.19，熔点174℃，微溶于冷水，可溶于热水，易溶于甲醇、乙醇、丙酮，难溶于苯、石油醚。阿魏酸对光和热敏感，在长时间光照下会发生异构体的转化或者降解，一般应避光保存。阿魏酸的结构如图8-7所示。

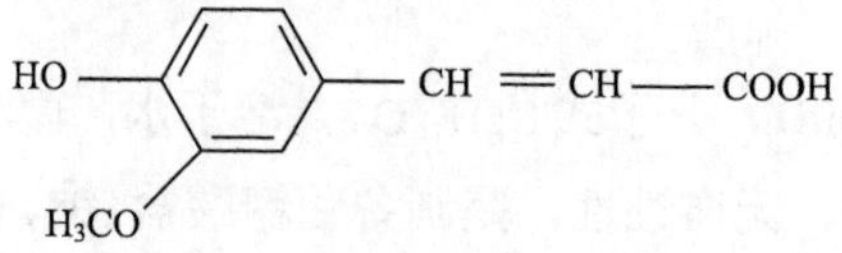

图8-7　阿魏酸的结构式

2. 阿魏酸的用途

阿魏酸是当归等很多中药材的有效成分。阿魏酸具有许多独特的功能，且毒性低。阿魏酸对流感病毒、呼吸道合胞体病毒(RSV)和艾滋病病毒都有显著的抑制作用，制成的产品有阿魏酸药剂利脉胶囊、心血康片(别名阿魏酸钠片)等。在保健品中应用最成功的案例为太太口服液，其标出的有效成分即为阿魏酸。

在日本，反式阿魏酸已被作为抗氧化剂应用于食品添加剂中。美国食品药品监督管理局已经允许使用天然物中的提取物(富含阿魏酸)作为抗氧化剂应用于肉类及面条的加工制品。由于阿魏酸可以使蛋白质与多糖、多糖与多糖之间产生交联，利用该性质可以将其用为食品交联剂，制备食物胶和可食性包装膜等。另外，反式阿魏酸可以作为机能促进物质用于运动食品。

在化妆品方面，反式阿魏酸因其吸收紫外线的性能强，有抗氧化性和美白效果，对皮肤的渗透性好，并且对皮肤癌有很有效的抑制作用，现已广泛应用于防晒类化妆品的开发，配入护肤、祛斑、防晒化妆品中。另外，阿魏酸是香兰素的前体，还可通过微生物进行生物转化而生产香兰素。

第 9 章　生物航空燃料的制备

煤油是轻质石油产品的一类，其主要成分是不同馏分的烃类化合物。作为三大成品油之一，煤油又分为航空煤油和灯用煤油两种，其中航空煤油是煤油的最主要品种，目前占煤油产量的 95%左右。

生物航空燃料(图 9-1)是指以动植物油脂或农林废弃物等生物质为原料，采用加氢法或费托合成技术生产的航空燃料。其基本性质与传统石油燃料相似，部分指标甚至优于传统航空煤油，生物航空煤油与石化航空煤油调和后可满足航空器动力性能和安全要求，可直接投入使用，无须制造商重新设计引擎或飞机。目前，生物航空煤油主要经过转化后作为调和成分，按 1%～50%的体积比与传统化石航空煤油调和后使用。

图 9-1　生物航空燃料

与地面交通运输工具有别，飞机在新燃料的选择方面有很大局限。在相当长一段时期内，由于技术原因，很多新能源如电能、太阳能、氢能、核能等均无法用于商业飞机。目前，航空业能选择的可替代能源只有生物液体燃料。动植物油脂或农林废弃物等原料来源广泛、可再生，其化学结构与石化航空煤油类似，可以直接替代传统的航空煤油。由于生物航空煤油的使用不需要重新设计引擎，航空公司和机场也无须开发新的燃料运输系统，生物航空煤油是石化航空燃料最具潜力的替代品。

航空燃油是指专门为飞行器使用而设计的燃油品种，可分为两大类：第一类是航空汽油，其主要成分为碳链长度为 $C_5 \sim C_8$ 的短链碳氢化合物，航空汽油用于装有活塞式发动机的飞机上，如通信机、气象机等小型飞机；另外一类是航空煤油，主要成分为 $C_8 \sim C_{16}$ 的直链/支链的烷烃、烯烃、芳香烃和环烷烃等中链烃分子，用于装有航空燃气涡轮发动机和冲压发动机的飞机使用，是航空工业和民航事业中飞机的主要燃料。

9.1　生物航空燃料的发展背景

9.1.1　生物航空燃料的试飞和商业运营

巴西是航空领域最早使用生物燃料的国家。早在 2004 年，巴西航空工业公司制造了以生物乙醇为燃料的“伊帕内玛”型农用飞机，成为世界上第一种批量生产、使用生物燃料的飞机。2010 年，一架空客 A320 飞机从里约热内卢起飞，在大西洋上空飞行 45 分钟后安全返回，这是南美地区首次利用生物燃料进行试飞。

一些欧美国家从 2008 年起陆续开展了生物航空煤油的研发和试验飞行。2008～2011 年，英国维珍航空公司、美国大陆航空公司、德国汉莎航空公司、法国航空公司、荷兰皇家航空公司等多家航空公司在大型客机上尝试使用生物航空煤油。2008 年 2 月 24 日，英国维珍航空公司率先以波音 747-400 飞机进行了生物燃料驱动，成为全球首个使用生物燃料驱动的客机，原料作物是椰子油和巴西棕榈油。2011 年 4 月起，德国汉莎航空公司在一架往返于法兰克福与汉堡的空客 A321 型客机上使用生物混合燃料，其中的一个引擎装有各占 50%的生物燃料和常规燃料。荷兰皇家航空公司采用餐饮废油提炼生物燃料，并于 2011 年 9 月首次使用生物燃料进行商业飞行，机型为波音 737，航线是从阿姆斯特丹到巴黎。英国汤普森航空公司于 2011 年 10 月成功推出由英国伯明翰飞往西班牙兰萨洛特的“餐饮废油航班”。2011 年 10 月，法国航空公司首次利用生物航空煤油进行商业航班试飞，由空客 A321 型客机完成，飞机从法国西南部城市、空客总部所在地图卢兹出发，经 1 个多小时飞行抵达巴黎奥利机场。

此外，欧洲宇航防务集团于 2010 年 7 月在德国柏林成功完成了钻石 DA42 飞机的首航，飞机使用的不是常规航空煤油，而是海藻生物航空燃料，说明生物航空燃料是能够替代常规化石航空燃料的。除民用领域外，生物航空煤油的性能在军用飞机上也进行了验证，2010 年 3 月 25 日，美国空军在佛罗里达州的空军基地用 A-10 雷神飞机，使用 50∶50 亚麻荠生物航空燃料与 JP-8 常规航空燃料的混合油成功完成试飞。

商业运营方面，2011 年，德国汉莎航空公司成为全球首家在日常运营中使用生物燃料的航空公司，截至 2012 年 1 月 17 日，德国汉莎航空公司在法兰克福和汉堡总计 1187 架次航班中使用了生物燃料。芬兰耐斯特石油公司和德国汉莎航空公司的航空生物燃料试验报告结果表明，在飞机的燃料系统中，没有检测到任何损坏或腐蚀的迹象，而且长期存储未显示对燃料质量有任何负面影响，相比常规石化航空喷气燃料，可降低1%燃料消耗。

9.1.2　生物航空燃料的投产情况

目前，国际石化巨头以及欧美大国纷纷投入到生物航空煤油的研发、生产之中，并形成了规模化的生产。

1. 国外生物航空燃料的发展

国外已有公司开发出多种生物航空燃料生产工艺。芬兰耐斯特石油公司于2003 年最先提出了通过脂肪酸加氢脱氧和临氢异构化制备生物柴油的方法，2007～2011 年，该公司已建成 4 套装置，年产航空生物燃料 30 万吨。芬兰耐斯特石油公司投资 1950 万美元在芬兰建设的生物航空燃料和可再生柴油示范装置于 2010 年投产。该装置以木材及其废弃物等为原料，先通过气化工序生产合成气，再通过费托合成工序生产合成油，最后通过加氢改质工序生产生物航空燃料。法国道达尔公司与德国伍德公司合作开发的生物航空燃料项目于 2009 年启动，该项目采用德国伍德公司开发的气化技术，以生物质为原料生产合成气，然后通过费托合成法生产合成油，最后通过加氢改质生产生物航空燃料。目前正在建设的中型装置有 2 套，一套建在法道达尔公司的生产基地，另一套建在法国的农业区贡比涅(Compiègne)。

生产生物航空燃料主要有加氢精制和费托合成途径。加氢精制生产生物航空燃料工艺，具有代表性的是美国环球油品公司以及合成油 Syntroleum Corporation 公司的 Bio-Synfining™ 工艺(图 9-2)。两种工艺均以动植物油脂为原料，生产出的航空煤油与常规喷气燃料碳数分布基本相同。美国环球油品公司在成功开发 Ecofining(绿色柴油)技术的基础上，又开发出多种航空生物燃料的工艺，2008 年在休斯敦建成加工能力为 8000 t/a 的示范装置，已批量生产满足 ASTM D 7566 标准要求的航空生物燃料，为多家航空公司和美国空军提供了试飞燃料。

美国 Solena 生物燃料公司与英国航空公司合作，以农林废弃物为原料，采用气化、费托合成工艺制备生物航空燃料，并在伦敦东部建设欧洲第一套生物质合成航空生物燃料装置。Solena 生物燃料公司的解决方案的核心是其专利的 Solena 等离子气化(SPG)技术，该技术以生物质为原料，通过高温处理生产合成气，再通过费托合成生产合成油，最后通过加氢改质生产生物航空燃料，同时生产石脑油和电力。该装置每年可将 50 万 t 的生物质转化成 1600 万 gal(1gal=3.785 41L)航空生物燃料。

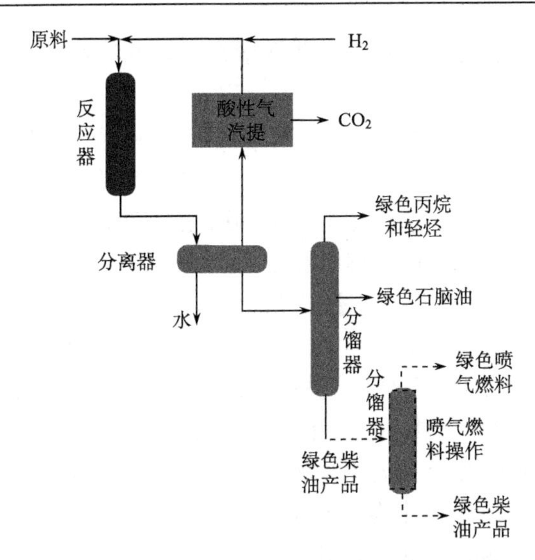

图 9-2　美国环球油品公司 Ecofining(绿色柴油)技术生产生物航空煤油流程图

德国科林工业公司投资建设的生物航空燃料示范装置位于德国弗赖贝格，以木材及其废弃物为原料，先通过气化生产合成气，再通过费托合成工艺用合成气生产合成油(2010 年开始生产合成油)，最后通过加氢技术生产生物航空燃料。

除了上述国家外，泰国和马来西亚的建设工作也已经启动。

2. 我国生物航空煤油的发展

中国石化自 2009 年开始研发生物航空煤油技术，2011 年中国石化杭州炼油厂改造建成了一套工业示范装置及调和设施，并成功进行了生物航空煤油的工业试验。2010 年 5 月 26 日，中国石油与中国国航、波音公司等联合签署了《关于中国可持续航空生物燃料验证试飞的合作备忘录》，于 2011 年在中国进行首次航空生物燃料的飞行演示。2011 年 10 月 28 日，中国国航成功完成了中国首次生物航空燃料的试飞，一架中国国航 747 飞机在北京上空进行了验证飞行，燃油由霍尼韦尔环球油品公司提供，燃油由航空生物燃料与标准航空石油燃料按照 50∶50 的比例调和而成，试飞持续近 1 个小时，标志着我国迈入了绿色喷气机时代。2012 年 2 月 28 日，中国民用航空局在北京举行中国石化 1 号生物航空煤油适航审定申请受理仪式，正式受理中国石化研发的 1 号生物航空煤油适航审定申请。2013 年 4 月 24 日，中国自主研发生产的以 1 号生物航空煤油为燃料的商业客机在上海首次试飞成功。2013 年 4 月 24 日 5 点 43 分，加注中国石化生物航空煤油的东方航空空客 320 型飞机经过 85 分钟飞行后，平稳降落在上海虹桥国际机场，试飞组按照验证飞行科目设置的全流程要求，对混合生物燃油加注配比、巡航阶段温度测定、飞行高度影响、航前航后发动机孔探检查，以及特殊情况处置等工作进行了测试。

自2012年2月28日，中国石化、东方航空、中国航油和空客公司密切合作，顺利完成了适航审定“规定动作”，并进行了发动机台架验证和试飞验证。专家组历时两年最终得出结论，中国石化1号生物航空煤油生产质量稳定，性能能满足实际使用要求，通过了适航审定程序和指标要求，完全具备商业化应用条件，可以颁发适航许可证书。2014年2月12日，中国民用航空局在北京正式向中国石化颁发1号生物航空煤油技术标准规定项目批准书(CTSOA)，中国第一张生物航空煤油生产许可证落户中国石化。这标志着备受国内外关注的国产1号生物航空煤油正式获得适航批准。2015年3月21日，加注中国石化1号生物航空煤油的海南航空HU7604航班波音737-800型客机(图9-3和图9-4)，搭载156名乘客和8名机组人员于8点20分从上海虹桥国际机场起飞，经过两个半小时的飞行后，于10点50分平稳降落在北京首都国际机场，标志着中国自主研发的1号生物航空煤油首次商业飞行取得圆满成功。

图9-3　海南航空737在上海虹桥国际机场加注航空生物燃料

图9-4　生物航油

9.1.3　生物航空燃料与减排

随着航空业的迅猛发展，全球航空每年消耗航空煤油约 15 亿～17 亿桶，其 CO_2 排放量约占航空业总排放量的 90%。虽然航空业温室气体排放量仅占温室气体排放总量的 2%～3%，但因其排放位置问题，航空煤油燃烧后造成温室效应的危害远远大于其他行业，航空业正面临严峻的温室气体减排挑战，航空业减排已经成为全球应对气候变化的焦点问题之一。

开发航空生物燃料被公认为是完成航空业减排的根本途径。

1. 环保法规日趋严格，促进航空生物燃料的发展

航空飞行中燃料燃烧产生的温室气体主要排放在平流层，排放危害远远大于其他行业，航空业减排已成为全球应对气候变化的焦点之一。“绿色、环保”将成为未来民航业发展的主题，在欧美等国家和地区也逐渐成为业界的共识。随着引擎技术的不断提高，飞机燃油消耗量与 40 年前相比降低了 70%，与 10 年前相比降低了 20%。开发研究新技术是航空运输业实现“绿色、环保”的关键，空中客车公司总裁兼首席执行官加卢瓦表示，“从 2020 年起，所有新设计的空中客车飞机与 2000 年设计的相比，二氧化碳排放量将减少 50%，氮氧化物排放将减少 80%，噪声将降低一半。”即便如此，也无法从根本上实现碳减排。使用航空生物燃料将是实现温室气体减排的根本途径，航空生物燃料的组成与石油基航空喷气燃料相似，性能相当，可满足航空器动力性能和安全要求，不需更换发动机和燃油系统，温室气体排放量明显低于石化航空喷气燃料，温室气体可减排 50%以上。

2. 欧盟“绿色天空”计划

2006 年欧盟委员会提议将航空运输业纳入碳排放交易体系(ETS)，2008 年欧洲议会通过了关于将航空运输业纳入 ETS 的草案，并于年底正式生效。2009 年，欧盟公布了受该草案约束的全球 2000 多家航空公司名单，上述航空公司在欧盟飞行均要遵守欧盟的“绿色天空”计划，从 2012 年开始承担减排责任(即将航空运输业纳入 EU-ETS)。“绿色天空”计划规定进出欧盟区域机场的航空运输公司将被分配一定的碳排放限额，航空公司碳排放总量小于限额的剩余部分可出售，而超出限额部分则需购买。根据欧盟航空碳排放交易指令，各航空公司的排放基准线为 2004～2006 年飞往和飞离欧盟地区的航班碳排放量年平均值。2012 年，各航空公司的累计碳排放量将不得超过 3 年平均值的 97%。到 2013 年，不得超过 3 年平均值的 95%。在起步阶段，各航空公司将获得一定比例的免费“配额”，即相应的排放额度。以 2012 年为例，航空公司 85%的排放配额都可以免费获得，此后，航空公司可免费获得的排放额度将会逐年下降。到 2013 年，这个比例将下

降到 82%。另外 3%将留给那些新进入航空业的公司。此后，在允许的排放总量逐年递减的同时，免费配额的比例也将逐年减少，直到 2020 年取消免费配额而全部采取拍卖方式发放。对于未能完全豁免的航空经营者，可向各管理成员国的有关当局申请免费排放额，对拒不执行的航企将施以超出规定部分每吨 100 欧元的罚款以及欧盟境内禁飞的制裁。

针对航空碳排放问题，国际航空运输协会提出一些举措如开发新技术，提高飞机发动机的燃油燃烧效率。国际航空运输协会认为，使用燃烧效率更高的飞机每年约可减少二氧化碳排放 1.3%，是其中最为重要的减排措施。但即使如此减排，仍不足以完成碳减排目标，更无法完成国际航空运输协会的承诺。越来越多的业内人士把希望寄托于生物燃料上。波音公司认为，航空生物燃料在生命周期内可减少 60%～80%的二氧化碳排放，发展生物燃料是航空运输业高速发展下减少二氧化碳排放的关键。许多国家开始大力推进生物航空燃料产业的发展，并采取各种措施加快生物航空燃料的研发进程，以应对愈加严苛的减排要求。

3. *我国航空业环保压力与能源安全压力*

根据我国发展规划，到 2020 年单位 GDP 二氧化碳排放将比 2005 年下降 40%～45%，交通运输业是减排的重点行业，航空业也必须做好减排工作。

欧盟公布的全球纳入欧盟碳排放交易体系的航空公司名单中我国航空公司超过 30 家，欧盟这项法案对我国航空业影响很大。我国作为世界第二航空大国和全球最大的航空消费市场，2015 年航空燃料消费量已达到 2000 万 t，依据欧盟碳排放交易体系，我国每年须向欧盟支付数亿元人民币。根据中国民用航空局的计算，我国 2020 年需要支付超过 30 亿元人民币，我国航空业即将面临严峻的减排与成本挑战。我国航空业温室气体减排压力巨大，航空生物燃料在我国航空业具有广阔的应用前景。

近年我国航空燃料产量平稳增长，2000～2008 年平均增幅约 7.2%，民航用煤油约有 40%需要依靠进口，2009 年我国进口 610 万 t 航空喷气燃料。2011 年国内航空喷气燃料消费量为 1700 万 t，2020 年航空喷气燃料需求量约 4000 万 t。虽然我国航空喷气燃料产量也将持续增加，但很长时间内仍然存在缺口，航空生物燃料的生产可填补市场对航空燃料的需要。

发展航空生物燃料是“绿色航空”的必由之路，也将是实现航空运输业可持续发展目标的必由之路。我国航空公司的机型较新且机龄较短，我国航空业燃烧效率已高于美国、日本等发达国家，因而通过改善机型等途径减排的剩余空间很小。目前我国多数航空公司通过优化航路、让飞机直线飞行以减少飞行距离来减少碳排放。但由于空域和航路的限制，还是难以选择最佳航线、最佳飞行高度和飞行速度，所以通过提高运行效率来减排的难度也很大。这表明这些都不是根本解决办法，航空生物燃料产业定能成为我国航空业实现减排的突破口，是应对欧盟碳排放贸易的有效手段。发展生物航空煤油对于保障我国能源安全、取得绿色低碳竞争优势具有重要战略意义。

9.1.4　生物航空燃料标准

我国使用的航空生物燃料除了满足美国材料与试验协会于2011年7月发布的ASTM 7566-11《含合成烃类的航空涡轮燃料标准》，同时还需满足中国民用航空局针对航空生物燃料制定的技术规范CTSO-2C701《含合成烃的民用航空喷气燃料》。航空煤油又称喷气燃料，馏程范围一般在130～280℃之间。要求密度高，冰点低。

喷气燃料的基本组成为不同的石油烃类和残留的少量非烃及添加剂。

目前我国生产的喷气燃料分为5个牌号：1号喷气燃料(RP-1)与2号喷气燃料(RP-2)为煤油型燃料，馏程为135～240℃，结晶点分别为60℃和50℃，两者均用于军用飞机和民航飞机。3号喷气燃料(RP-3)为较重煤油型燃料，馏程为140～240℃，结晶点不高于46℃，闪点大于38℃，用于民航飞机。4号喷气燃料(RP-4)为宽馏分型燃料，馏程60～280℃，结晶点不高于40℃，一般用于军用飞机。5号喷气燃料(RP-5)为重煤油型燃料，馏程为150～280℃，结晶点不高于46℃，闪点大于60℃，适用于舰艇上的飞机使用。进出口油品中以3号喷气燃料为常见。

目前，化石航空喷气燃料仍占据航空燃料主导地位，这就要求替代燃料的性质必须与现有的传统燃料性质相近，可与其完全互溶、可以任何比例进行混合和共同运输。航空生物燃料不含有芳烃成分，具有优异的热安定性、燃烧性和良好的材料相容性，除产品密度偏低外，其他性能指标均与化石航空喷气燃料一致。

ASTM D 7566标准被航空油料界认为是划时代的标准，极大地推动了航空替代燃料的发展。ASTM D 7566标准明确了通过生物质气化-费托合成-加氢处理所合成石蜡煤油(FT-SPK)、动植物油脂经加氢处理改质的石蜡煤油(HEFA-SPK)两种生物航空煤油可作为喷气燃料调和组分。ASTM D 7566规定制备的生物航空煤油还需与石油基航空喷气燃料按一定比例调和后才能在飞机上使用，调和后质量也必须与现行的航空喷气燃料标准规格完全一致。当前，我国尚未颁布生物航空煤油标准，在我国首次航空生物燃料试飞中，中国石油供应的生物燃料参照ASTM D 7566标准中相关要求进行生产，并与石油基3号喷气燃料进行掺调，调和出符合GB 6537—2018标准及适航审定要求的航空生物燃料试飞用油，该航空生物燃料在试飞过程中能完全满足发动机重新启动、飞行高度、加速性能等各项指标。

9.2　生物航空煤油的制备工艺

国内外已开发出多种航空生物燃料生产工艺线，其研究思路主要是将生物质转化为中间产物(生物质油或合成气)，再对中间产物(或天然油脂)进行改性制备生物航空燃料，主要工艺路线包括：天然油脂(或生物质油)加氢脱氧-加氢裂化/异构技术路线(加氢法)；生物质液化(气化-费托合成)-加氢提质技术路线；生物质热裂解(TDP)和催化裂解(CDP)技术路线。其中，加氢法和气化-费托合成法生产生物航空燃料的技术发展迅速。

根据原料的不同，航空生物燃料的生产工艺主要包括费托合成和加氢脱氧。通过费托合成工艺合成的烃类航空涡轮燃料被航空油料界认为完全符合 ASTM D 7566 标准要求，能够将其以最大体积比 50∶50 与传统喷气燃料调和，调和后燃料无需任何加工，可以直接加注于飞机。

9.2.1　加氢法

加氢脱氧工艺生产航空生物燃料是将动植物油脂或微藻油通过深度加氢生成加氢脱氧油。为使生产的加氢脱氧油达到直接与石油基燃料掺混的要求，加氢脱氧油需进一步通过加氢异构反应增加分子支链。该工艺由两步反应组成：①首先利用氢气与油脂反应，生成丙烷与石蜡烃，同时去除石蜡中的氧原子，并使所有烯烃转化成石蜡烃，原料油中的氧原子的脱去提高了燃料的燃烧热，而烯烃的饱和提高了燃料的热稳定性和氧化安定性；②加氢异构化反应可使石蜡烃异构化，降低石蜡烃的凝点，转化为符合喷气燃料范围的石蜡烃。该工艺的生产原理见图 9-5，合成过程见图 9-6。

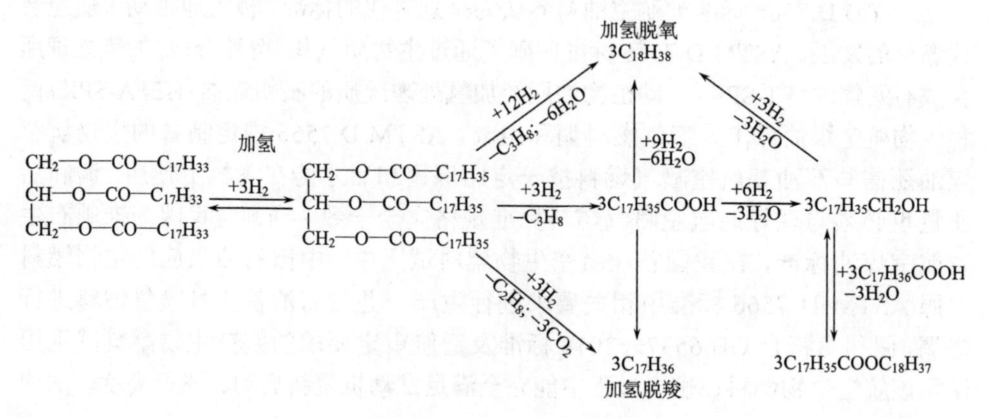

图 9-5　甘油三酯发生的加氢脱氧反应

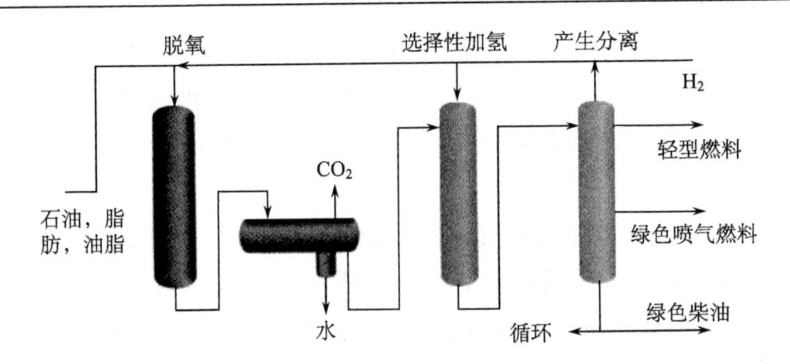

图 9-6　UOP 公司加氢脱氧工艺流程图

9.2.2　气化–费托合成法

合成气在催化剂作用下转化为液态烃的方法是由德国科学家 Frans Fischer 和 Hans Tropsch 于 1923 首先发明的，所以称为费托合成。利用费托合成技术，不但可以从煤炭中提炼汽油、柴油、煤油、航空润滑油等石油制品，而且还可以利用生物质制备航空燃油、润滑油等多种高附加值的产品。

利用费托合成法合成生物航空煤油是一种利用生物质间接合成液体燃料的方法。在高温、高压下通过热化学途径将生物质转化为合成气(主要成分为一氧化碳与氢气)，然后在催化剂的作用下，合成气生成各种烃类和含氧有机化合物，所得产品通过进一步加氢脱氧处理即可制成液体的航空生物燃料。即首先通过热化学途径将生物质转化为合成气，然后通过催化剂作用使合成气转变为液态的烃类，即获得了生物航空煤油。费托合成技术也是“煤变油”过程的核心技术，煤转化为合成气后，合成气转化为液态烃，即实现由固态煤向液体燃料的转变。

费托合成的主反应：

生成烷烃：$n\mathrm{CO}+(2n+1)\,\mathrm{H_2} \longrightarrow \mathrm{C}_n\mathrm{H}_{2n+2}+n\,\mathrm{H_2O}$

生成烯烃：$n\mathrm{CO}+2n\,\mathrm{H_2} \longrightarrow \mathrm{C}_n\mathrm{H}_{2n}+n\mathrm{H_2O}$

水煤气变换反应：$\mathrm{H_2O}+\mathrm{CO} \longrightarrow \mathrm{CO_2}+\mathrm{H_2}$

费托合成的副反应：

生成甲烷：$\mathrm{CO}+3\,\mathrm{H_2} \longrightarrow \mathrm{CH_4}+\mathrm{H_2O}$

生成甲醇：$\mathrm{CO}+2\,\mathrm{H_2} \longrightarrow \mathrm{CH_3OH}$

生成乙醇：$2\mathrm{CO}+4\,\mathrm{H_2} \longrightarrow \mathrm{C_2H_5OH}+\mathrm{H_2O}$

积炭反应：$2\mathrm{CO} \longrightarrow \mathrm{C}+\mathrm{CO_2}$

费托合成催化剂主要由 Co、Ni、Ru、Fe 等Ⅷ族金属制成，催化剂载体则由氧化铝、二氧化硅、高岭土或硅藻土等金属氧化物或盐类组成。合成催化剂在使用前需要通过 CO+ H_2 或 H_2 还原活化。目前，使用较成熟的间接液化催化剂主要有铁系和钴系两大类。目前，费托合成多采用 CO 基和 Fe 基催化剂。CO 基催化剂具有较高的链增长能力，反应过程稳定，不易积碳和中毒，产物中含氧化合物少，适用于制备航空生物燃料。

铁基催化剂又可分为熔铁及沉淀铁。熔铁催化剂主要用于高温费托合成，它具有比表面积低、孔容小、活性低等特点，适宜反应温度为 320～340℃，压力为 2.0～2.2MPa，合成产品多以低碳烃为主。沉淀铁催化剂具有高比表面积、大孔径及高活性的特点，适用于低温费托合成，反应温度为 220～270℃，压力为 3.0～5.0MPa，对碳链长为 5 以上的烃类选择性高，合成产品多以柴油和石蜡为主。同铁基催化剂相比，钴基催化剂具有活性高、重质烃选择性高，在反应过程中稳定、不易积碳和中毒等优点，因而被广泛应用在费托合成工艺中制备航空生物燃料。研究表明，钴基催化剂的活性相是金属相，表面碳化钴物相的形成常伴随着催化剂失活，催化剂的单位活性与其分散度无关。催化剂的使用是费托反应的关键技术之一，因而寻找活性高、选择性高、稳定性好、价格低廉且具有工业应用前景的催化剂对费托合成航空生物燃料技术的工业化应用具有重要意义。

总体而言，国际上生物航空燃油几乎全由油脂原料制取，然而由于油脂的成本高昂，除各大航空公司进行试飞或局部航线示范飞行外，生物航空煤油尚未进行规模化应用。2014 年 12 月 22 日《科技日报》报道，由中国科学院广州能源研究所承担的国家 863 计划“生物质水相催化合成生物航空燃油”课题取得了重要进展。课题组人员以秸秆等木质纤维素类生物质及木薯等非粮生物质为原料，研发出了生物质高效水热解聚-水相化学催化合成生物航空燃油新技术，并设计建成了国际上首座生物质水相催化合成生物航空燃油中试装置，生产的生物航空燃油经国家石油产品质量监督检验中心检测，达到了国际生物航空燃油 ASTM D 7566 标准，具备了应用于航空飞行的质量可行性。研发团队突破核心技术，研制了高水热稳定的水相化学催化材料及水相合成反应器，形成了拥有自主知识产权的生物质水相化学催化合成生物航空燃油成套技术及装置，成果已获得多项国内外发明专利授权。中试结果表明，8～10 吨秸秆类生物质原料可生产 1 吨生物航空燃油产品，生产成本约为 8000～10 000 元/吨，通过进一步优化及提高催化效率，生产成本可再降低(目前航空燃油价格在 7000～8000 元/吨)。我国在这一技术领域率先取得突破，有望成为率先掌握纤维素生物航空燃油生产技术的国家。

9.3　生物航天油面临的挑战与展望

9.3.1　生物航天油面临的挑战

在相当长的一段时期，很多新能源如电能、太阳能、氢能、核能等无法作为燃料用于商业飞行。目前，航空业能选择的可替代能源只有生物燃料。我国航空生物燃料发展正处于起步阶段，航空公司还没有大规模使用生物航空燃料。虽然航空生物燃料开发应用已经取得一些进展，但我们仍面临一些亟待解决的重要问题。

1. 原料来源不稳定

如何扩大航空生物燃料原料来源，确保原料可持续供给是发展生物航空燃料产业的最根本问题。我国航空生物燃料主要是以木本油料作物和地沟油为原料，木本油料受季节和地域的影响较大，而在种植方面为避免占用粮食耕地，也只能尽量选用荒地、坡地等边际土地，寻找木本油料合适的种植地区是开发木本油料考虑的首要问题。据估算，全国每年可形成地沟油 500 万～600 万 t，而 1t 地沟油大约能够产出 0.5t 生物航空煤油，远远不能满足市场需求。

目前，航空生物燃料原料种类以小桐子、亚麻芥、盐土植物以及微藻为主。这些原料具有“不与民争粮，不与粮争地”的优势。其中，小桐子作为木本油料作物中含油率最高的一种植物，耐干旱、耐贫瘠、不占用耕地、耕作栽培成本低，果实的含油率为 35%～41%，每 3t 小桐子可提炼出约 1t 小桐子毛油，经过进一步精炼之后，可生产航空生物煤油、生物柴油等生物燃料。中国科学院广州能源研究所承担的国家“863”项目“纤维素类生物质高效转化利用技术”、“生物质水相催化合成生物航空燃油”课题是利用纤维素类能源植物制造生物天然气和生物航空燃油，前景十分可观。

2. 生产工艺需改进

现在较成熟的工艺是对原料油进行加氢脱氧和异构化，燃料中残存少量的脂肪酸酯类等非烃类化合物，可使航空燃料冰点升高，运输和储存稳定性变差，这些是影响航空生物燃料性能的重要因素之一。费托合成的航空生物燃料虽然在组成、物理化学性质等方面与传统石油基航空煤油相似，但是由于几乎不含硫以及芳烃，燃料润滑性能较差。

就麻风树油生产生物航空燃料的技术而言，中国石化和中国石油都拥有生产润滑油基础油的两段加氢(加氢处理、加氢异构)技术。就生物质生产生物航空燃料的技术而言，武汉凯迪控股投资有限公司自主开发的生物质气化合成液体燃料技术于 2008 年底通过专家组鉴定，2009 年建设示范工厂，可以生产柴油、汽油和化工产品。

3. 生产成本较高

目前生物航油的价格是普通航油的 2～3 倍左右，成本较高是制约生物航空煤油实现产业化的瓶颈。从原料到航空生物煤油，首先会产生两种直接成本：一方面，原料的购买和运输等要付出成本，另一方面，原料的处理需要成本。除此之外，还有外部的间接成本。一是所有的处理过程势必造成新的污染源，包括排放二氧化碳和其他污染物；二是进一步处理剩余物的需要。

目前生物航空煤油已经开始了商业化应用，生物燃料技术虽然已具备工业化生产能力，但目前原料成本占整个成本的 85%，其他炼制过程和消耗却只占 15%。换句话说，原料收集和原料成本将决定整个产品的价格。废弃油脂量有限，且价格昂贵，在成本上还是无法满足航空运营的需求。

与传统航空煤油相比，生物航空煤油不仅原料可以再生、具有可持续性，而且无须对发动机进行改装，且具有环保优势。生物航空煤油作为石油基航空煤油的有力补充，不仅可以有效降低碳排放，也可作为拓展非石油资源生产航空煤油的新途径，减轻我国对进口石油过分依赖的压力，具有广阔的发展前景。从长远看，寻找可大规模应用于商业开发的生物航空燃料已成为全球航空业的当务之急，也促使包括飞机制造商、航空公司、发动机生产商在内的航空产业链上的成员们通力合作，努力开发民用飞机可使用的航空生物燃料，实现绿色飞行和可持续发展。

中国民用航空局预计 2020 年航空燃料消耗量将超过 4000 万 t，生物航空燃油预计约占航空燃油总量的 1/3，可达 1200 万 t。我国每年农林废弃生物质资源量约折合 9 亿 t 标准煤，其中秸秆年产量约 6 亿 t，林业生产和木材加工废弃物约 3 亿 t，再加上木薯等非粮生物质，资源丰富。综上所述，我国作为世界航空运输业大国，为了兑现我国政府减少二氧化碳排放的承诺，应该采取积极有效的措施，加速发展我国生物航空燃料产业。今后，我国科研机构应继续与大型石油石化公司强强联合，进一步加大航空生物燃料研发投入，不断降低航空生物燃料生产成本，使生物航空燃料产业蓬勃发展。

9.3.2 生物航天油发展展望

生物汽油和生物航空燃料均是清洁的可再生能源，主要以储量丰富的木质纤维素类生物质或废弃的农林作物为原料，与石油化工技术体系具有较好的兼容性，可以作为石油基液体燃油的有力补充，是开辟非石油资源替代生产生物汽油和航空燃油的有效途径，可以减轻我国对进口石油过分依赖的压力。但是生物液体燃料在全球范围内刚刚起步，尚处在工业化试验和示范阶段，需进一步进行大量的实验和摸索，离真正的产业化还有很长的路要走。对于这种生物液体燃料产业化推动进程，仍有一些关键问题值得关注：①缺乏专用的生物汽油/航油燃料的相关评价体系；②原料地域性和季节性强，难以满足全年生产；③一些关键生产技术有待完善；④原料综合利用还有待于进一步加强。这些问题对于未来生物液体燃料炼制工厂至关重要，如能得到国家生物燃料行业相关政策的扶持，生物液体燃料将在解决国家对液体燃料的重大需求、提升生物质能规模化利用水平、维持国家稳定和社会可持续发展等方面具有广阔的应用前景。

参 考 文 献

白雁斌. 生物可降解聚乳酸的合成[D]. 兰州: 西北师范大学, 2006.

陈洪章, 王岚. 生物基产品制备关键过程及其生态产业链集成的研究进展——生物基产品过程工程的提出[J]. 过程工程学报, 2008, 8: 676-681.

陈庆岭, 李星云. 1, 3-丙二醇研发状况及工业化展望[J]. 化工中间体, 2009: 19-23.

蓝平, 蓝丽红, 谢涛, 等. 生物质合成气制备及合成液体燃料研究进展[J]. 化学世界, 2011, 52: 437-441.

李东, 袁振宏, 王忠铭, 等. 生物质合成气发酵生产乙醇技术的研究进展[J]. 可再生能源, 2006: 57-61.

林斌. 生物质能源沼气工程发展的理论与实践[M]. 北京: 中国农业科学技术出版社, 2010.

卢正东. 发酵与分离耦合高强度生产 L-乳酸的研究[D]. 武汉: 华中科技大学, 2010.

马鸣, 陈伟, 姜健准, 等. 我国天然气资源的开发利用现状[J]. 石油化工, 2005, 34: 394-398.

许科伟. 污泥厌氧消化过程中乙酸累积的微生态机理研究[D]. 无锡: 江南大学, 2010.

杨斌. 绿色塑料聚乳酸[M]. 北京: 化学工业出版社, 2007.

Agirrezabal-Telleria I, Gandarias I, Arias P L. Heterogeneous acid-catalysts for the production of furan-derived compounds (furfural and hydroxymethylfurfural) from renewable carbohydrates: A review[J]. Catal Today, 2014, 234: 42-58.

Akiyama G, Matsuda R, Sato H, et al. Cellulose hydrolysis by a new porous coordination polymer decorated with sulfonic acid functional groups[J]. Adv Mater, 2011, 23 (29): 3294-3297.

Albert J, Lüders D, Bösmann A, et al. Spectroscopic and electrochemical characterization of heteropoly acids for their optimized application in selective biomass oxidation to formic acid[J]. Green Chem, 2014, 16 (1): 226-237.

Amarasekara A S, Wiredu B. Aryl sulfonic acid catalyzed hydrolysis of cellulose in water[J]. Appl Catal A: Gen, 2012, 417-418: 259-262.

An D, Ye A, Deng W, et al. Selective conversion of cellobiose and cellulose into gluconic acid in water in the presence of oxygen, catalyzed by polyoxometalate-supported gold nanoparticles[J]. Chemistry, 2012, 18 (10): 2938-2947.

Besson M, Gallezot P, Pinel C. Conversion of biomass into chemicals over metal catalysts[J]. Chem Rev, 2014, 114 (3): 1827-1870.

Cai H, Li C, Wang A, et al. Zeolite-promoted hydrolysis of cellulose in ionic liquid, insight into the mutual behavior of zeolite, cellulose and ionic liquid[J]. Appl Catal B: Environ, 2012, 123-124: 333-338.

Charmot A, Katz A. Unexpected phosphate salt-catalyzed hydrolysis of glycosidic bonds in model disaccharides: Cellobiose and maltose[J]. J Catal, 2010, 276 (1): 1-5.

Chen J, Fang X, Duan X, et al. PVP-stabilized heteropolyacids as reusable self-assembling catalysts for alcoholysis of cellulosic saccharides[J]. Green Chem, 2014, 16 (1): 294-302.

Cheng M X, Shi T, Guan H Y, et al. Clean production of glucose from polysaccharides using a micellar heteropolyacid as a heterogeneous catalyst[J]. Appl Catal B: Environ, 2011, 107(1-2): 104-109.

Ding D, Wang J, Xi J, et al. High-yield production of levulinic acid from cellulose and its upgrading to γ-valerolactone[J]. Green Chem, 2014, 16(8): 3846-3853.

Dornath P, Cho H J, Paulsen A, et al. Efficient mechano-catalytic depolymerization of crystalline cellulose by formation of branched glucan chains[J]. Green Chem, 2015, 17(2): 769-775.

Fang Z, Zhang F, Zeng H Y, et al. Production of glucose by hydrolysis of cellulose at 423 K in the presence of activated hydrotalcite nanoparticles[J]. Bioresource Technol, 2011, 102(17): 8017-8021.

Gaspar A R, Gamelas J A F, Evtuguin D V, et al. Alternatives for lignocellulosic pulp delignification using polyoxometalates and oxygen: A review[J]. Green Chem, 2007, 9(7): 717-730.

Gliozzi G, Innorta A, Mancini A, et al. Zr/P/O catalyst for the direct acid chemo-hydrolysis of non-pretreated microcrystalline cellulose and softwood sawdust[J]. Appl Catal B: Environ, 2014, 145: 24-33.

Guo H, Lian Y, Yan L, et al. Cellulose-derived superparamagnetic carbonaceous solid acid catalyst for cellulose hydrolysis in an ionic liquid or aqueous reaction system[J]. Green Chem, 2013, 15(8): 2167-2174.

Guo H, Qi X, Li L, et al. Hydrolysis of cellulose over functionalized glucose-derived carbon catalyst in ionic liquid[J]. Bioresource Technol, 2012, 116: 355-359.

He Y, Hoff T C, Emdadi L, et al. Catalytic consequences of micropore topology, mesoporosity, and acidity on the hydrolysis of sucrose over zeolite catalysts[J]. Catal Sci Technol, 2014, 4(9): 3064-3073.

Hegner J, Pereira K C, DeBoef B, et al. Conversion of cellulose to glucose and levulinic acid via solid-supported acid catalysis[J]. Tetrahedron Lett, 2010, 51(17): 2356-2358.

Hu L, Zhao G, Tang X, et al. Catalytic conversion of carbohydrates into 5-hydroxymethylfurfural over cellulose-derived carbonaceous catalyst in ionic liquid[J]. Bioresource technol, 2013, 148: 501-507.

Joshi S S, Zodge A D, Pandare K V, et al. Efficient conversion of cellulose to levulinic acid by hydrothermal treatment using zirconium dioxide as a recyclable solid acid catalyst[J]. Ind Eng Chem Res, 2014, 53(49): 18796-18805.

Kim S J, Dwiatmoko A A, Choi J W, et al. Cellulose pretreatment with 1-n-butyl-3-methylimidazolium chloride for solid acid-catalyzed hydrolysis[J]. Bioresource Technol, 2010, 101(21): 8273-8279.

Klein M, Varvak A, Segal E, et al. Sonochemical synthesis of HSiW/graphene catalysts for enhanced biomass hydrolysis[J]. Green Chem, 2015, 17(4): 2418-2425.

Kobayashi H, Fukuoka A. Synthesis and utilisation of sugar compounds derived from lignocellulosic biomass[J]. Green Chem, 2013, 15(7): 1740-1763.

Kobayashi H, Yabushita M, Komanoya T, et al. High-yielding one-pot synthesis of glucose from cellulose using simple activated carbons and trace hydrochloric acid[J]. ACS Catal, 2013, 3(4):

581-587.

Kupiainen L, Ahola J, Tanskanen J. Hydrolysis of organosolv wheat pulp in formic acid at high temperature for glucose production[J]. Bioresource Technology, 2012, 116: 29-35.

Lai D M, Deng L, Li J, et al. Hydrolysis of cellulose into glucose by magnetic solid acid[J]. ChemSusChem, 2011, 4 (1) : 55-58.

Li C, Yoshimoto M, Fukunaga K, et al. Characterization and immobilization of liposome-bound cellulase for hydrolysis of insoluble cellulose[J]. Bioresource Technol, 2007, 98 (7) : 1366-1372.

Li H, Zhang Q, Liu X, et al. $InCl_3$-ionic liquid catalytic system for efficient and selective conversion of cellulose into 5-hydroxymethylfurfural[J]. RSC Adv, 2013, 3 (11) : 3648-3654.

Li J, Ding D J, Deng L, et al. Catalytic air oxidation of biomass-derived carbohydrates to formic acid[J]. ChemSusChem, 2012, 5 (7) : 1313-1318.

Li X, Jiang Y, Wang L, et al. Effective low-temperature hydrolysis of cellulose catalyzed by concentrated $H_3PW_{12}O_{40}$ under microwave irradiation[J]. RSC Adv, 2012, 2 (17) : 6921-6925.

Lin S, Su G, Zheng M, et al. Synthesis of flower-like Co_3O_4-CeO_2 composite oxide and its application to catalytic degradation of 1, 2, 4-trichlorobenzene[J]. Appl Catal B: Environ, 2012, 123-124: 440-447.

Liu F, Kamat R K, Noshadi I, et al. Depolymerization of crystalline cellulose catalyzed by acidic ionic liquids grafted onto sponge-like nanoporous polymers[J]. Chem Commun, 2013, 49 (76) : 8456-8458.

Liu M, Jia S, Gong Y, et al. Effective hydrolysis of cellulose into glucose over sulfonated sugar-derived carbon in an ionic liquid[J]. Ind Eng Chem Res, 2013, 52 (24) : 8167-8173.

Lu Y, Sun Z, Huo M. Fabrication of a micellar heteropolyacid with Lewis-Brønsted acid sites and application for the production of 5-hydroxymethylfurfural from saccharides in water[J]. RSC Adv, 2015, 5 (39) : 30869-30876.

Mao X, Guo G, Huang J, et al. A novel method to prepare chitosan powder and its application in cellulase immobilization[J]. J Chem Technol Biotechnol, 2006, 81 (2) : 189-195.

Marzo M, Gervasini A, Carniti P. Hydrolysis of disaccharides over solid acid catalysts under green conditions[J]. Carbohydrate Research, 2012, 347 (1) : 23-31.

Noda Y, Wongsiriwan U, Song C, et al. Sequential combination of acid and base for conversion of cellulose[J]. Energy Fuels, 2012, 26 (4) : 2376-2385.

Ogasawara Y, Itagaki S, Yamaguchi K, et al. Saccharification of natural lignocellulose biomass and polysaccharides by highly negatively charged heteropolyacids in concentrated aqueous solution[J]. ChemSusChem, 2011, 4 (4) : 519-525.

Onda A, Ochi T, Yanagisawa K. Selective hydrolysis of cellulose into glucose over solid acid catalysts[J]. Green Chem, 2008, 10 (10) : 1033-1037.

Pang J, Wang A, Zheng M, et al. Hydrolysis of cellulose into glucose over carbons sulfonated at elevated temperatures[J]. Chem Commun, 2010, 46 (37) : 6935-6937.

Pang Q, Wang L, Yang H, et al. Cellulose-derived carbon bearing-Cl and-SO_3H groups as a highly selective catalyst for the hydrolysis of cellulose to glucose[J]. RSC Adv, 2014, 4 (78) : 41212-41218.

Rataboul F, Essayem N. Cellulose reactivity in supercritical methanol in the presence of solid acid catalysts: Direct synthesis of methyl-levulinate[J]. Ind Eng Chem Res, 2011, 50: 799-805.

Reichert J, Brunner B, Jess A, et al. Biomass oxidation to formic acid in aqueous media using polyoxometalate catalysts–boosting FA selectivity by *in-situ* extraction[J]. Energy Environ Sci, 2015, 8(10): 2985-2990.

Ren H, Zhou Y, Liu L. Selective conversion of cellulose to levulinic acid via microwave-assisted synthesis in ionic liquids[J]. Bioresource Technol, 2013, 129: 616-619.

Richard E R, Wilhelminma M S, Joel E G. The alcoholysis of cellulose[J]. J Am Chem Soc, 1946, 68: 1383-1385.

Rinaldi R, Palkovits R, Schuth F. Depolymerization of cellulose using solid catalysts in ionic liquids[J]. Angewandte Chemie, 2008, 47(42): 8047-8050.

Shatalov A A, Evtuguin D V, Neto C P. Cellulose degradation in the reaction system O_2/heteropolyanions of series$[PMo_{(12-n)}V_nO_{40}]^{(3+n)-}$[J]. Carbohyd Polym, 2000, 43: 23-32.

Shimizu K, Furukawa H, Kobayashi N, et al. Effects of Brønsted and Lewis acidities on activity and selectivity of heteropolyacid-based catalysts for hydrolysis of cellobiose and cellulose[J]. Green Chem, 2009, 11(10): 1627-1632.

Shuai L, Pan X. Hydrolysis of cellulose by cellulase-mimetic solid catalyst[J]. Energy Environ Sci, 2012, 5(5): 6889-6894.

Sun Y, Zhuang J, Lin L, et al. Clean conversion of cellulose into fermentable glucose[J]. Biotechnol Adv, 2009, 27(5): 625-632.

Sun Z, Cheng M, Li H, et al. One-pot depolymerization of cellulose into glucose and levulinic acid by heteropolyacid ionic liquid catalysis[J]. RSC Adv, 2012, 2(24): 9058-9065.

Sun Z, Tao M, Zhao Q, et al. A highly active willow-derived sulfonated carbon material with macroporous structure for production of glucose[J]. Cellulose, 2015, 22(1): 675-682.

Tagusagawa C, Takagaki A, Takanabe K, et al. Layered and nanosheet tantalum molybdate as strong solid acid catalysts[J]. J Catal, 2010, 270(1): 206-212.

Takagaki A, Tagusagawa C, Domen K. Glucose production from saccharides using layered transition metal oxide and exfoliated nanosheets as a water-tolerant solid acid catalyst[J]. Chem Commun, 2008, (42): 5363-5365.

Tian J, Wang J H, Zhao S, et al. Hydrolysis of cellulose by the heteropoly acid $H_3PW_{12}O_{40}$[J]. Cellulose, 2010, 17: 587-594.

Tran D N, Balkus K J. Perspective of recent progress in immobilization of enzymes[J]. ACS Catal, 2011, 1(8): 956-968.

Vilcocq L, Castilho P C, Carvalheiro F, et al. Hydrolysis of oligosaccharides over solid acid catalysts: A review[J]. ChemSusChem, 2014, 7(4): 1010-1019.

Vo H T, Widyaya V T, Jae J, et al. Hydrolysis of ionic cellulose to glucose[J]. Bioresource Technol, 2014, 167: 484-489.

Wang P, Yu H B, Zhan S H, et al. Catalytic hydrolysis of lignocellulosic biomass into 5-hydroxymethylfurfural in ionic liquid[J]. Bioresour Technol, 2011, 102: 4179-4183.

Wölfel R, Taccardi N, Bösmanna A, et al. Selective catalytic conversion of biobased carbohydrates to formic acid using molecular oxygen[J]. Green Chem, 2011, 13: 2759-2763.

Xiong H, Pham H N, Datye A K. Hydrothermally stable heterogeneous catalysts for conversion of biorenewables[J]. Green Chem, 2014, 16 (11): 4627-4643.

Yang Y, Hu C W, Abu-Omar M M. Synthesis of furfural from xylose, xylan, and biomass using $AlCl_3 \cdot 6H_2O$ in biphasic media via xylose isomerization to xylulose[J]. ChemSusChem, 2012, 5: 405-410.

Yoichi I, Shiro S. Chemical conversion of cellulose as treated in supercritical methanol[J]. Cellulose, 2001, 8: 189-195.

Zakzeski J, Anna L J, Weckhuysen B M. The catalytic valorization of lignin for the production of renewable chemicals[J]. Chem Rev, 2010, 110: 3552-3599.

Zhang C, Wang H, Liu F, et al. Magnetic core-shell Fe_3O_4@C-SO_3H nanoparticle catalyst for hydrolysis of cellulose[J]. Cellulose, 2012, 20 (1): 127-134.

Zhang Y H, Lynd L R. Toward an aggregated understanding of enzymatic hydrolysis of cellulose: Noncomplexed cellulase systems[J]. Biotechnol Bioeng, 2004, 88 (7): 797-824.

Zhao Q, Sun Z, Wang S, et al. Conversion of highly concentrated fructose into 5-hydroxymethylfurfural by acid–base bifunctional HPA nanocatalysts induced by choline chloride[J]. RSC Adv, 2014, 4 (108): 63055-63061.

Zhao S, Cheng M, Li J, et al. One pot production of 5-hydroxymethylfurfural with high yield from cellulose by a Bronsted-Lewis-surfactant-combined heteropolyacid catalyst[J]. Chem Commun, 2011, 47 (7): 2176-2178.

Zhao X, Wang J, Chen C, et al. Graphene oxide for cellulose hydrolysis: how it works as a highly active catalyst?[J]. Chem Commun, 2014, 50 (26): 3439-3442.

Zheng H W, Sun Z, Yi X H, et al. A water-tolerant $C_{16}H_3PW_{11}CrO_{39}$ catalyst for the efficient conversion of monosaccharides into 5-hydroxymethylfurfural in a micellar system[J]. RSC Adv, 2013, 3 (45): 23051-23056.

Zhou L L, He Y M, Ma Z W, et al. One-step degradation of cellulose to 5-hydroxymethylfurfural in ionicliquid under mild conditions[J]. Carbohyd Polym, 2015, 117: 694-700.

Zuo Y, Zhang Y, Fu Y. Catalytic conversion of cellulose into levulinic acid by a sulfonated chloromethyl polystyrene solid acid catalyst[J]. ChemCatChem, 2014, 6 (3): 753-757.